水体污染控制与治理科技重大专项“十三五”成果系列丛书
中线总干渠水污染事故及生态调控多阶段综合调度技术

明渠输水工程
常态与应急调控技术研究

雷晓辉　孔令仲　龙岩　郑和震　甘治国　王浩 等　著

中国水利水电出版社
www.waterpub.com.cn
·北京·

内 容 提 要

本书共分为 7 章。第 1 章为绪论；第 2 章为明渠数值仿真模型及简化积分时滞模型研究；第 3 章为常态小扰动下的实时控制算法研究；第 4 章为部分控制建筑不可控情况下的实时控制算法研究；第 5 章为明渠输水工程突发水污染快速预测研究；第 6 章为明渠输水工程突发水污染多目标应急调度；第 7 章为结论与展望。

本书主要面向调水工程水力调控、突发水污染处置等相关专业的教师和研究生以及长距离调水工程运行调度与管理领域的技术人员。

图书在版编目（CIP）数据

明渠输水工程常态与应急调控技术研究 / 雷晓辉等著. -- 北京 : 中国水利水电出版社, 2020.12
（水体污染控制与治理科技重大专项“十三五”成果系列丛书）
ISBN 978-7-5170-9303-9

Ⅰ. ①明… Ⅱ. ①雷… Ⅲ. ①明渠－输水－水利工程－运营管理－研究 Ⅳ. ①TV672

中国版本图书馆CIP数据核字(2020)第269278号

书　　名	水体污染控制与治理科技重大专项“十三五”成果系列丛书 **明渠输水工程常态与应急调控技术研究** MINGQU SHUSHUI GONGCHENG CHANGTAI YU YINGJI TIAOKONG JISHU YANJIU
作　　者	雷晓辉　孔令仲　龙岩　郑和震　甘治国　王浩　等 著
出版发行	中国水利水电出版社 （北京市海淀区玉渊潭南路 1 号 D 座　100038） 网址：www. waterpub. com. cn E－mail：sales@waterpub. com. cn 电话：（010）68367658（营销中心）
经　　售	北京科水图书销售中心（零售） 电话：（010）88383994、63202643、68545874 全国各地新华书店和相关出版物销售网点
排　　版	中国水利水电出版社微机排版中心
印　　刷	清淞永业（天津）印刷有限公司
规　　格	184mm×260mm　16 开本　11.25 印张　260 千字
版　　次	2020 年 12 月第 1 版　2020 年 12 月第 1 次印刷
定　　价	**62.00** 元

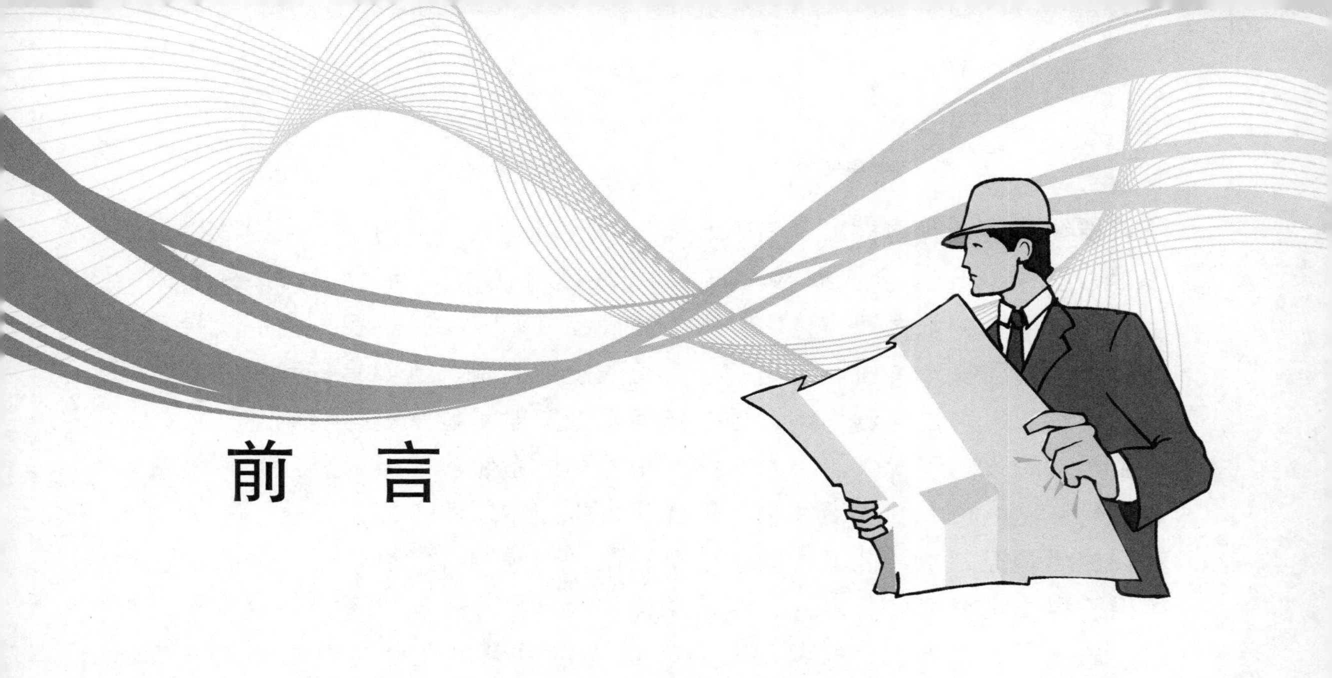

前　言

水是人类生存最重要的物质基础，是国民经济发展的战略资源和生态环境保护最主要的因素。充足的水资源是人类社会经济的可持续发展的基础条件。全球用水量在20世纪增加了6倍，其中农业用水量增加了7倍，工业用水量更是增加了20倍。近十几年来，全球用水量正以每年4%～8%的速度持续增长，但可供人类使用的水资源却没有显著增加。水资源供需矛盾成为制约经济、社会发展的主要因素。水资源短缺问题已成为举世瞩目的重要问题之一。

建立调水工程，实现水资源重新分配，是缓解区域缺水危机的重要手段。建设调水工程来实现水资源在区域间的重新分配具有悠久的历史。公元前3400年，古埃及就开始引尼罗河水来灌溉埃塞俄比亚高原南部。公元前3000年，印度沿着印度河两岸发展引水灌溉，到目前已经形成了贯通东西、横亘南北的复杂调水系统。公元前260年，中国修建了都江堰工程引岷江水灌溉成都平原。大型调水工程的兴建在20世纪60年代达到了高潮。截至21世纪初，世界上至少已有39个国家建成了360多项调水工程。但是由于水量控制理论和实时控制应用水平的落后以及工程的配套设备差，在输运水过程中存在着大量的浪费。据统计，美国输水系统的弃水、漏水量平均达60L/(d·人)，占实际用水量的10%～15%，北京城市管网的弃水、漏水量占实际用水量的20%～40%。而灌溉输水渠系多采用人力主观调控，难于精确控制水量，加上渠道渗漏和蒸发的影响，渠系输水过程中的水资源利用率更低。采用先进的实时控制理论提高水位和流量控制水平就显得极其重要。

为了缓解北方地区的水资源短缺问题、优化水资源配置、促进社会经济的可持续发展，我国提出了南水北调工程战略。其中，南水北调中线以及东线工程已于2014年全面通水。南水北调中线工程通水至今，仍然处于人力主观调控为主的水力调控阶段，难于精确控制水量，且耗费人力。工程在实现闸门的远程操作方面已经具备了完善的硬件设备，比如具备完善的远程闸控系统和实时水位监测系统，但是如何根据实时水位来调控节制闸，还处于人工经验阶段。现代化的用水实践要求输配水系统应能及时反应用户终端流量变化，需以极大的灵活性来实现优化供水。常态稳定输水情况下的人力主观调控尽管控制水平低下，输水效率较低，但是同样能够保证工程安全。但如果工程面临突发应急事件，经验调控就极容易产生次生事故。其中最危险的应急情况为突发水污染应急工况。突发水污染事件可导致水体的水质恶化，影响供水水质安全、造成巨大经济损失，甚至会造成恶劣的社会影响。因此对于突发水污染事件，要求应急反应迅速，且对应急调控中的水污染扩散防控要求较高。如何在应急调控过程中实现水污染扩散控制的同时兼顾渠池的水位安全成为一个难点。而大型现代化输水明渠系统最常见的应急事件为控制建筑物的不可调控应急事件。现代化的明渠输水系统主要采用电子设备来操作控制建筑物，这种方式尽管实现了远程控制，但是也造成了控制建筑物在突发断电时的不可调控，并且闸门、泵站检修等也都会造成控制建筑物在短时间内的不可调控。针对南水北调中线工程中的常态控制问题以及潜在的应急工况下的调控问题，本书开展了明渠输水工程在常态以及应急态下的明渠调控算法研究。

全书采用控制理论和算法来处理大型明渠输水工程在常态下的水位实时控制问题，应急水污染事件发生后的水力控制问题、水污染控制问题，以及闸门无法正常调节下的水位控制问题，通过实时控制来保证输水工程在多种工况下的安全可靠运行。研究成果对保证输水明渠的安全输水、提高明渠的控制水平、提高输水系统的水资源利用效率和效能具有重要意义。

本书由前言和7章内容构成，前言主要由王浩、雷晓辉、甘治国撰写；第1章主要由孔令仲、郑和震、杨艺琳撰写；第2章主要由孔令仲、郑和震撰写；第3章主要由郑和震、张云辉撰写；第4章主要由孔令仲、田雨撰写；第5章主要由郑和震、龙岩撰写；第6章主要由龙岩、郑和震撰写；第7章主要由王浩、雷晓辉撰写。最后由龙岩、廖卫红对全书进行统稿。

本书得到水体污染控制与治理科技重大专项“多水源格局下城市供水安全保障技术体系构建”项目-南水北调中线输水水质预警与业务化管理平台课题（2017ZX07108－001）的资助，同时也获得国家重点研发计划课题“高寒区供水渠道突发险情应急调度与抢险技术”（2017YFC0405105）、“十三五”重点研发计划课题“河流、河口污染的溯源与治理规划”（2017YFC0406004）等项目的资助。本书编写过程中参考了许多研究者的有关成果，在此一并致谢。

限于编者水平和时间，书中不足之处在所难免，恳请读者批评指正。

作者

2020年6月

目 录

第1章
绪　论

1.1　明渠实时自动化控制模型与算法研究进展

传统意义上的渠道运行控制，基本依靠人工操作，控制过程完全依赖闸门操作员的操作经验，是典型的劳动密集型管理模式。这种运行模式存在着诸多显而易见的弊端，比如节制闸调控过程主观因素多，水量难于精确控制，极易造成弃水或供水不足，从而引起不同流域、行政管理机构间的水权纠纷[1]。为消除明渠输水过程中人工调控的主观影响，20 世纪 30 年代，国外开始了灌溉渠道自动控制的实践。法国尼尔皮克（Neyrpic）公司研制了一系列用于明渠自动控制的水力自动控制结构和灌溉渠道自动化设备，1937 年第一个上游常水位自动控制闸门 AMIL 安装于阿尔及利亚的灌溉工程中，实现了灌溉渠道水力自动化调节[2-3]。为减少工程施工量，人工输水渠道多采用下游常水位运行模式[4]，结合渠道具体运行方式，20 世纪 40 年代末，Neyrpic 公司开发出 AVIO、AVIS 等一系列闸门[5]，这些闸门凭借设备投资小，技术简单、易普及等优势，在发展中国家得到了一定的应用[6]。1952 年，美国加利福尼亚中央流域工程首次使用小人（Little Man）[7]三点式当地控制器对弗里安特肯渠道运行进行控制，其本质上属于比例-积分-微信（PID）控制[8]。之后人们为提高控制精度，将简单的控制算法写入到控制芯片，进行闸门的自动化设计，并由此设计出比例＋比例复位（P＋PR）[9]、常水位控制逻辑（BIVAL）[10]等 PID 衍生类控制闸门，自动化闸门的设计逐步转化为自动化控制算法的研究。20 世纪中后期，研究人员相继提出了针对特定工程的渠道控制算法，发展实施了集中监测与控制的渠道控制系统，比较著名的有美国中亚利桑那调水工程[11]和加利福尼亚输水工程[12]。我国渠道调控运行方面研究起步于 20 世纪 90 年代，虽然起步较迟，但发展很快，伴随着南水北调等跨流域调水工程建成使用，其研究与应用工作逐步引领世界研究前沿[13]。

1.1.1　渠系控制方程建模研究进展

系统的数学模型是由自身的参数和结构决定的。渠道系统控制模型是分析渠道响应特性、设计渠道控制算法、构造渠道控制系统的基础。20 世纪 30 年代起，国外便出现了对渠道运行控制模型的研究热潮。开发出来的许多渠道运行控制模型依靠自动控制原理，将计算机控制技术和数值分析方法融合于明渠非恒定流数学模型之中，但却只有少

数被投入到工程的实际应用中，原因在于这些模型受到多方面的限制，如模型精度、建模方法以及应用成本等。渠道控制建模主要采用两类方法：一类是机理分析法，即对圣维南（St. Venant）方程组进行线性化、离散化、拉氏变化等数学处理，推导出控制模型；另一类是系统辨识法，也称试验建模方法，即利用模拟仿真、模型试验或原型观测数据来构建黑箱灰箱控制模型。

1. 完全非线性圣维南方程组模型

该类模型为非线性模型，通过离散处理圣维南方程组导出，能够准确表现渠道水流的非线性特性，但由于结构复杂，难以直接应用于反馈渠道控制器设计，一般用于反演计算和开环控制。由于保留了水流的非线性特性，非线性圣维南方程组模型精度一般较其他模型要高。反演计算方法里面代表性的有 Walie[31] 提出的闸门步进（Gate Stroking）模型，Fubo Liu[14] 提出的反解圣维南方程常水位法（Constant Level control method based on the Inverse Solution of the Saint Venant equations，CLIS）等。传统水力学模型的数学推导比较复杂，在很多工况下无解或解不收敛，而且计算得到的值一般脱离实际情况，因此无法应用于指导实际工程调控。此外，非线性圣维南方程组模型也不便使用控制理论来进行系统特性分析[15]。

2. 有限非线性模型

Liu[16]等在研究过程中用差分格式在时间和空间上对圣维南方程组做了离散化处理，建立了有限非线性模型。此类模型优点在于原理简单，对控制设计的简化处理使其具有非常广的适用性，在不同类型的渠道系统中都有比较好的应用效果，并且其维持了渠道系统非线性的特性，建模较准确。然而这一模型也存在以下缺点：一方面，由于同样属于非线性模型，和完全非线性模型一样，应用于优化控制情况时，受模型复杂、计算量偏大、耗时较长等缺陷限制，存在难以结合优化算法应用的问题；另一方面，该模型基于数值方法，故其对临界流量有一定要求。Xu 等[17]采用前向估计方法将非线性模型下的预测控制模型简化为时变参数线性控制模型，得到了基于有限非线性模型的预测控制结构，使得非线性模型下的渠道控制算法实施研究成为当下的研究热点。

3. 有限线性模型

该类模型采用在工作点附近线性化处理圣维南方程组的方式，得到明渠系统的状态空间模型，从而建立有限线性模型[18-19]。在这种模型中，渠池间的耦合关系被隐含在模型内部，系统仿真显示与控制动作计算都在渠道状态空间中完成。该类模型大多以整个渠道为单元进行建模，便于从整体上分析渠道的控制特性，处理渠池间的耦合关系，从而实现优化求解[20]。主要方法是采用有限差分格式线性化处理圣维南方程组得到的集中式状态空间模型。但该算法存在着和有限非线性模型进行控制算法分析时同样的问题，而且这种控制模型是根据在特定工况点下的线性假设得到，还存在使用工况受限的问题，故该类模型近年来的研究相对较少。

4. 简化线性模型

该类模型以圣维南方程组为基础，将圣维南方程组线性离散化并进行拉氏变换或者Z变化，在频域内分析渠池的主要特征并对模型做简化处理。这类模型以

Schuurmans[21]提出的积分滞后（ID）模型为代表。ID模型假设渠道中的流动主要以均匀流为主，模型适用于有明显恒定流区和回水区的渠道。事实上，并非所有的渠道在任何工况下都有明显的回水区，例如，渠道底坡较缓、流量过大时，渠池的恒定流区和回水区区分就不是很明显。简化圣维南方程组模型是近年来的研究热点。该类模型多以单个渠池为建模单元，具有结构简单、计算量较小等优势，但其在模型精度、适用范围等方面仍需进一步提高。

5. 基于辨识的黑箱灰箱模型

完全基于圣维南方程组推导渠道控制模型有两个弊端：第一，推导过程较困难，工作量大；第二，随着渠道运行时间的增长，渠道的某些水力参数（如糙率）会随之发生变化，进而导致所建控制模型的精度有所降低，所以一些学者提出运用系统辨识技术建立渠道运行黑箱灰箱控制模型，如黑箱模型[22]、神经元模型[23]、模糊模型[24]等，这些模型理论上能够考虑系统的非线性特性，但是这类控制算法应用在多渠池系统时，存在着数据量输入、输出量过大的情况，难以采用黑箱模型来进行多渠池系统识别，因此该类模型难以用于多渠池系统的实际应用。

1.1.2 渠系自动化控制算法研究进展

控制算法是渠道实时控制的核心。算法根据渠道控制变量的实时信息，通过一定的规则和逻辑进行数值处理运算，最终产生控制结构的输出动作。明渠闸门控制算法设计包括控制逻辑结构选择与参数整定两方面工作。渠道控制算法主要分为前馈控制算法、反馈控制算法及预测控制算法。

1. 前馈控制算法

前馈控制系统是指系统的控制动作不受系统被控变量影响的一类控制系统。在前馈控制系统中，既不需要对被控变量进行测量，也不需要将被控制量反馈到系统的输入端与参考输入进行比较。前馈控制算法的控制动作量根据被控系统的动力特性、目标输出和预测扰动计算得到，不与目标值进行比较反馈。

渠道前馈控制算法主要有反解圣维南方程法[25]和蓄量补偿法[26-27]。反解圣维南方程法主要是将控制点水位设为固定边界，通过推求逆着波的传播方向的流量逆时间解来得到满足固定水位的流量变化过程。其中比较有代表性的有基于反解圣维南方程常水位法[28-29]和闸门步进[30]等前馈控制算法。此类方法虽理论上较为理想，但其假定水位为定水位，计算工况较为苛刻。且由于水流在传播过程中会随着传播距离发生扩散，该类算法经常出现无解或解不合理的情况，所以并不适用于实际渠道的运行控制。

基于反解圣维南方程的前馈控制方法在理论求解上尚存在未能解决的问题，无法应用于实际工程，因此国外渠道控制的研究学者们提出了基于蓄量（流量）补偿概念的经验式前馈控制算法。蓄量补偿法的核心内容为确定流量补偿量和补偿时间。Bautista采用两个稳定状态间的蓄量变化为补偿对象，利用蓄量与补偿流量的比值简化计算补偿时间，对蓄量补偿前馈控制算法进行了设计，该算法被应用于美国盐河输水工程中进行相关研究[31-32]。国内研究人员借鉴国外研究成果开展了大量蓄量补偿算法改进的研究，

崔巍等[33]对蓄量补偿的时间进行了分析，得出了改进蓄量补偿方法。姚雄基于蓄量补偿的提前调控思路，提出了流量主动补偿运行模式[34]。作为目前科学研究及实际应用最为广泛的一种前馈控制算法，蓄量补偿算法同时也是渠道管理自动控制软件 SacMan 和美国水资源保护实验室系统 USWCL 前馈控制模块的核心算法。由于前馈控制算法是根据已知的分水扰动信息，利用仿真模型来制定闸控决策的，故当仿真模型存在误差、出现未知取水或其他扰动时，其实用性也会大大降低。

2. 反馈控制算法

在反馈控制系统中，需要利用测量仪器对被控变量进行检测，再将测得的值和目标值做比较，两者之间的偏差会被反馈给控制系统，然后系统中的控制器会实施一个调整动作，将被控变量调整到目标值。当控制系统中有多个控制目标时，反馈控制根据控制的逻辑结构可以分为分布式控制算法和集中式控制算法。分布式控制指的是每个控制目标采用一个控制器或者单独的控制算法进行控制；集中式控制指的是通过一个控制算法或者控制系统来实现多个目标的控制。渠道自动控制中常用的分布式反馈控制算法主要是 PID 控制算法及其衍生类型；而集中式控制算法主要是线性二次型（linear quadratic regulator，LQR）反馈控制算法。

分布式反馈控制算法主要围绕 PI 控制结构改进与参数整定这两个方面开展研究。目前，已研制出的 P＋PR、BIVAL 等系列算法均为当地 PID 控制算法的改进形式。这些算法将控制点水位实际值和目标值的差值作为控制算法输入，通过水力学控制模型和传递函数反馈计算，输出闸门调控序列。在当地 PID 控制模式下，渠道被认为是由一个个被闸门隔离的单渠池串联而成的输水系统[35]，控制系统搭建只是独立闸门控制器的简单串联，闸门子系统之间协同性考虑不足，因而无法解决多渠段运行中存在的滞后、渠池间耦合作用、渠段槽蓄大幅变化工况下的渠道安全等问题。为适应长距离输水渠道、大分水工况下的安全调控运行，需要在现有的当地 PID 控制结构下嵌入前馈控制[36-37]，并需要在上下游闸门联动模块增设解耦环节[38]。PID 控制算法设计的核心内容是 PID 参数整定，其通常采用的整定方法是经验公式法。由于分布式控制器未能考虑渠池间的耦合作用，在多串联渠池中的应用效果会变差[39]。

集中反馈控制算法是将渠池的调控运行看成一个整体，利用水力学控制模型设计闸控系统，运用参数估计、状态反馈等技术手段建立闸群向量控制序列，从而实现闸群协同控制。集中反馈控制算法目前主要是 LQR 控制算法。针对 LQR 控制算法，Malaterre[40]基于简化的渠道控制模型设计了最优二次型控制算法；Clemmens 等[41]采用线性响应模型构建离散时间状态空间方程，完成了线性二次型最优控制器的设计，以 ASCE 测试渠道和模拟情景进行数值模拟，结果显示控制效果总体稳定，但未知取水变化情景下部分渠池出现漫溢现象。国内学者也开展了相应研究：崔巍和王长德进一步讨论了控制参数的取值问题，利用二次性能指标得到最优控制方案[42]；王忠静等[43]设计了 LQR 控制算法并与 PI 控制进行了对比分析，结果表明 LQR 集中控制下的渠池恢复稳定时间以及水位变幅情况远好于 PI 控制。

3. 预测控制算法

模型预测控制（model predictive control，MPC）是目前工业过程控制中应用最多的现代控制算法之一，在水利系统也已有相当广泛的应用，可广泛应用于渠道、河流、水电站等过程水位、流量、水质的控制[44-46]。控制系统的当前控制动作是在每一个采样瞬间通过求解一个有限时域开环最优控制问题而获得。过程的当前状态作为最优控制问题的初始状态，解得的最优控制序列只实施第一个控制作用。MPC 的本质是一种优化控制思想，与使用的控制模型和优化求解方法无关。

在明渠控制中，控制算法应用于串联渠池时，通常采用线性模型来进行控制动作下的明渠响应预测，因此常用的 MPC 控制为线性 MPC 控制。线性 MPC 控制在形式上与 LQR 算法类似，但其内部模型具有预测作用，能在已知扰动情况下发挥前馈的作用，且有限时域下的控制目标也使其具有考虑各种控制约束的能力。MPC 最突出的特点是能够应对已知扰动和处理多种实际约束。Wahlin[47] 讨论了基于简化渠道控制模型的 MPC 算法设计，将算法应用于美国土木工程师协会推荐的模拟测试渠道，并且分析了算法在渠池工况下的鲁棒性；Van Overloop 等[48] 首次将 MPC 控制算法应用于实际的工程渠道中，并与 MPC 算法应用在渠道仿真模型的效果进行了对比。Cen 等[49] 考虑了控制结构高度的限制因素和渠道运行中的约束，通过性能指标优化求解，得到满足实际运行要求的最优控制，但考虑约束也大大增加模型求解难度。我国研究人员也开展了相应的研究，王长德等[50] 研究了等体积运行单渠池的预测控制算法；安宁[51] 基于广义预测理论对明渠预测控制算法进行设计，建立了渠系自动运行数学模型；崔巍等[52] 以渠道离散模型为基础，运用模型预测控制对多渠段渠道进行集中控制，并对 5 种渠道运行工况进行仿真，结果显示水流在各种工况下均能快速平顺稳定，有效解决了渠道耦合和时滞问题。

1.2　明渠突发水污染应急调控研究进展

1.2.1　污染物输移扩散过程预测

利用水质模型预测分析突发水污染事故发生后污染物的输移扩散过程，是应急调度的前提。Grifoll 等[53] 在巴塞罗那港建立三维水质模型，对突发油类污染事件进行分析并评估风险；Galabov 等[54] 在布尔加斯湾基于 MOTHY 水质模型模拟 20 个地点可能存在的石油泄漏污染事件，来评估石油泄漏污染的影响范围；Saadatpour 等[55] 在伊拉姆水库建立二维水质模型，对不同污染程度有毒物质进行分析；Zhang 等[56] 建立一维水质模型，应用于松花江突发水污染事故的分析；Hou 等[57] 建立可模拟突发水污染事故的实时动态预警模型，并分析了新安江苯酚泄漏事故后苯酚在钱塘江的扩散过程；Fan 等[58] 耦合 SIAQUA－IPH 水质模型与 GIS，分析了南帕拉伊巴河流域的荧光素钠点源污染在多种情景下的扩散过程；王庆改等[59] 在汉江中下游基于 MIKE11 建立一维水力学水质模型，分析了突发水污染事故（有毒化学品）后污染物的运移扩散过程及其

影响；白莹[60]基于MIKE在黄河分别建立一维和二维模型，对突发水污染事故（硝基苯、镉、氨氮）进行模拟、预警和风险评估；解建仓等[61]基于Multi-Agent建立水污染扩散模型，应用于松花江流域的突发水污染事故的模拟；封桂敏[62]在黄河宁夏段分别建立一维和二维水动力学水质模型，对突发水污染事故（COD）进行分析；白辉等[63]在赣江万安段基于MIKE11建立一维水动力水质模型，预测突发水污染事故（铅）后的污染物迁移过程；宋筱轩等[64]建立河流突发水污染事故仿真模型，基于动态数据驱动进行实时修正，可提高结果的准确性和可靠性，并在两个突发水污染实例中得到验证；吴辉明等[65]在淮河干流建立一维水力学水质模型，对突发水污染事故（不可降解物）后污染物的输移扩散过程进行分析。在南水北调中线干渠，Tang等[66]基于MIKE11建立了一维水力学水质模型，分析了中线干渠突发水污染后的污染物扩散过程，情景设置分为3种输水流量和4种污染物（磷肥、氰化物、石油、铬）及3种污染量；朱德军[67]分别建立一维和二维水流水质模型，分析了典型渠段突发水污染事故（保守物质）后污染云团的运动规律；周超等[68]在中线邢石界至古运河南段（邢古段）建立一维水质模型，分析了突发水污染事故后（有毒农药三唑磷）污染物扩散的规律；王兴伟等[69]在京石段基于MIKE11建立一维水力学水质模型，分析了货车倾翻事故导致污染物（氰化钠）入渠后的污染团迁移扩散过程；宋国栋[70]利用渠道模型试验，分析了突发水污染事故（机油、氨氮、NaCl、红墨水）后污染物的输移规律。

此外，建立突发水污染快速预测模型能提高突发水污染事故影响预测的效率。王俊能等[71]利用人工神经网络建立模型对河道突发水污染（重金属）后的扩散过程进行快速预测；刘婵玉[72]和龙岩等[73]基于HEC-RAS建立中线干渠一维水力学水质模型，设置并分析了多种突发水污染情景（保守物质），并拟合数值模拟结果，提出了峰值输移距离、污染带长度和峰值浓度的快速预测公式。

1.2.2 突发水污染事故应急调度

突发水污染事故应急调度主要利用闸门、大坝和泵站等控制建筑物调蓄水体，达到降低事故危害的目的[74]。Cheng等[75]基于模糊综合评价方法建立评价模型，来分析针对突发水污染事故的应急措施的可行性，评价指标包括完整性、可操作性、有效性、灵活性、快捷性、合理性6个；Lian等[76]在三峡水库基于CE-QUAL-W2建立二维水力学水质模型，根据模拟结果，提出三峡水库长、中、短期调度规则来抑制藻类水华的爆发；辛小康等[77]在长江宜昌段基于MIKE21建立二维水力学水质模型，针对该河段的3种突发水污染事故（COD_{Mn}），各设置5种三峡水库应急调度方案并对其进行模拟，结果表明针对不同事故的应急调度方案效果各异；丁洪亮等[78]在汉江丹襄段建立二维水力学水质模型，针对该河段的突发水污染事故（COD），设置4种丹江口水库应急调度方案并进行模拟，结果表明丹江口水库应急调度仅对离水库较近的江段有较好的调控效果；魏泽彪[79]在南水北调东线小运河段基于MIKE11建立一维水力学水质模型，针对突发水污染事故（铅和苯酚），制订相应的应急调度方案并进

行模拟，对效果进行简单的比较分析；桑国庆等[80]在南水北调东线两湖段建立一维水力学水质模型，针对突发水污染事故（甲醇）后污染物的扩散过程和渠道水位变幅约束，设置多种应急调度方案并进行模拟，选出合适的闸泵联合应急调度方案；王帅[81]在南水北调东线胶东干线建立一维水力学水质模型，针对突发水污染事故（BOD和氨氮），在事故渠池设置多种同步和异步闭闸方案，并对应急调度下的污染物扩散和水位波动进行模拟分析；王家彪[82]在西江流域建立河库水流水质耦合模拟模型，针对贺江突发水污染事故（镉），设置多种水库群应急调度方案并进行模拟，对各方案的水库工程自身影响、对下游河道影响和对污染物流动进程影响进行简单的评价分析。

不同于单一渠池中发生突发水污染事件工况，多渠池串联情况比单渠池更为复杂，除考虑单渠池内的应急响应外，还需要考虑单渠池应急响应对其他渠池的影响，对其他渠池也要进行相关应急响应。一旦发生突发水污染事故，则以事故发生的渠池（两座节制闸之间的渠段为一个渠池）为界，将干渠分为事故渠池、事故渠池上游和事故渠池下游共3段（图1.2.1）进行闸门群联合应急调度。聂艳华[83]针对严重突发水污染事故制订多种闸门群应急调度方案，并利用一维水力学模型进行模拟，通过简单分析比较最大壅高水位、总退水量、渠段水位稳定时间、稳定水位与目标水位差值等参数，得出相对较好的方案；练继建等[84]在典型明渠段基于HEC-RAS建立一维水力学水质模型，针对突发水污染事故（保守物），综合考虑水力安全和控制污染物扩散范围两项目标，提出事故渠池的应急调度方案并进行模拟，通过对比节制闸操作复杂度和渠道水位变化等指标，认为同步闭闸方式比异步闭闸方式更为合理；房彦梅等[85]建立一维水力学水质模型，针对突发水污染事故（不可降解物），设置包含是否启用退水闸的多种应急调度方案进行模拟，通过分析水位波动过程、是否退水等指标，认为应根据突发水污染事故特征制订相应的应急调度方案；陈翔[86]建立一维水力学水质模型，针对突发水污染事故（不可降解物），在事故渠池对比分析了同步闭闸方式、异步闭闸方式以及是否开启退水闸的水力响应过程，在事故渠池上游段和事故渠池下游段建立了末状态维持闸前常水位的应急调度方法；龙岩等[87]基于HEC-RAS建立一维水力学水质模型，针对突发水污染事故（可溶物），在事故渠池设置多种同步、异步闭闸方案，模拟分析了闸控下的污染物扩散过程；Long等[88]针对突发水污染事故建立调控技术、社会影响、经济影响和环境影响等指标并进行风险评估，服务于事故渠池、事故渠池上游段和事故渠池下游段的联合应急调度。

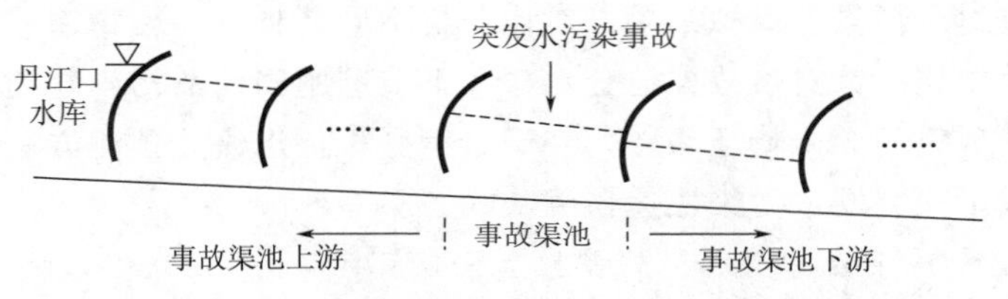

图1.2.1 串联明渠突发水污染事故下分段示意图

1.3 主要研究内容

针对明渠输水工程的实时自动化控制以及突发水污染情况下的应急调控，本书主要介绍了以下的内容。

1. 明渠数值仿真模型及简化模型研究

建立包含节制闸和分水口内边界的明渠仿真模型，用于代替实际渠道生成实时水位信息，实施控制算法并展示控制效果。以南水北调中线干线工程中的节制闸为例，归纳总结常用的4个闸门水力计算公式的适用条件和优缺点，并基于最小二乘法和实测数据提出闸门水力计算参数的辨识方法，校准中线干渠61座弧形节制闸的水力计算参数；根据工程属性数据和实测数据，验证水力学模型的可靠性。利用明渠仿真模型，采用参数辨识法来识别明渠简化积分时滞模型的特征参数。归纳总结积分时滞模型的基本假设和推导过程，利用均匀流假设下的积分时滞模型特征参数理论解公式，建立特征参数简化计算公式。

2. 常态小扰动下的明渠实时控制算法研究

针对常态下的明渠实时控制，分别采用PI控制、LQR控制和MPC控制算法来实现小扰动下的实时控制。针对PI控制参数的取值问题，LQR控制算法的参数取值问题以及MPC控制算法的取值问题展开分析。并将算法应用于长串联渠池大、中、小初始流量工况下的较大分水扰动情况，对算法的鲁棒性进行分析。针对渠池可能存在的共振问题，在PI控制、LQR控制和MPC控制中加入低通滤波器来避免共振引起的渠池失稳，并分析低通滤波器加入对控制效果的影响。

3. 部分控制建筑不可控应急情况下的实时控制算法研究

针对部分控制建筑在不可控工况下无法建立全渠段控制模型的情况，将整个渠段划分为多个渠段单元来分别进行控制算法设计。针对中间段的进、出口节制闸不可控情况，采用水位差控制使渠池的水位变化趋势接近一致，降低渠系中的最大水位变幅，达到分摊扰动的效果。考虑到存在部分渠池的水位偏差允许值较小的情况，通过在水位差控制目标中加入水位权重，并重新构建控制模型来进行算法设计，利用控制算法达到水位偏差加权值一致的效果。并分别针对水位偏差模式开展MPC控制算法和LQR控制算法下的控制效果分析。

4. 明渠输水工程突发水污染快速预测研究

基于水力学水质数值模拟模型，通过渠池流量、事故发生位置、污染物质量等大量突发水污染事故组合情景的模拟结果，对比分析不同情景下污染物输移扩散过程，总结污染物输移扩散规律；针对事故渠池分水口和下节制闸闸前的污染物到达时间、峰值浓度和峰值浓度出现时间3个特征参数，基于量纲分析提出快速预测方法，且利用情景模拟结果建立中线干渠突发水污染快速预测公式。

5. 明渠突发水污染应急情况下的调控算法研究

针对明渠突发水污染应急工况，分别对事故渠池、事故渠池上游和事故渠池下游开

展突发水污染应急调控算法研究。针对事故渠池内的调控，基于水污染不可扩散至下游节制闸处的原则，通过建立快速预测公式快速预测水污染的扩散范围，制定事故渠池的关闸策略。针对事故渠池上游段，开展在突发出口节制闸关闭情况下的实时控制研究，利用 MPC 能考虑约束的特点，实现水位涨幅不超过限制水位。而在涨幅必然会超过水位涨幅的情况下，在事故渠池上游段的最末端渠池内有退水闸的情况下，在控制模型考虑退水闸的作用，利用 MPC 控制算法优化退水闸和节制闸的动作，保证在水位壅高不超过限制水位的情况下达到弃水最少。而在事故渠池上游段的最末端渠池内没有退水闸的情况下，通过在控制模型中考虑出口节制闸的动作以及出口节制闸最终关闭的需求，优化事故渠池上游段的最末端出口节制闸，达到控制水位不超过限制水位的目的。在事故渠池下游段，遵循各渠池维持闸前常水位的应急调度方法，提出事故渠池下游段可供水量的计算方法。

第 2 章 明渠数值仿真模型及简化积分时滞模型研究

明渠仿真模型是进行明渠运行特性分析的前提，也是进行控制算法研究和调度方案制订的基础。本书研究的各种工况和算法主要是根据实时水位信息来制定控制策略，因此需要仿真模型来代替真实模型生成实时水位信息。在进行渠池常态控制以及应急调控分析前，首先要建立一个完整的明渠仿真模型。另外，明渠仿真模型一般不直接用于生成明渠实时控制指令，原因在于：①引起水位变化的扰动大多数是不可预知的，相当于仿真模型的外边界情况未知；②渠池水位控制问题是在分米以及厘米级别上的控制，大型串联明渠中仿真模型的精度很难达到分米级别，在工况变化后的模拟精度甚至更差；③即使用足够精度的仿真模型进行优化求解，因其计算量较大，无法及时生成控制指令。因此还需要对圣维南方程组进行简化，利用简化后的模型进行明渠实时控制策略优化。这里以简化的渠池模型来描述渠池的流量变化与水位变化之间的关系，后续可利用简化积分时滞模型来进行渠池的实时控制算法设计。

2.1 明渠数值仿真模型及其求解方法研究

2.1.1 明渠非恒定流模拟及其求解方法

明渠仿真模型通常采用圣维南方程组描述，圣维南方程组建立在一系列假设基础之上，本书所研究输水渠道亦满足该假设。假设如下：

（1）过水断面上的流速为均匀分布，流线弯曲小，过水断面动水压强分布符合静水压强分布规律。

（2）假设断面水面水平，垂直方向的加速度可忽略，水流为长波渐变的瞬时流态，水面波动连续渐变。

（3）河床为定床，河床底坡 $i \leqslant 0.1$。

（4）仅考虑沿程水头损失，局部水头损失可以忽略不计，边界糙率的影响和紊动可采用恒定流阻力公式计算：

$$\begin{cases} \dfrac{\partial A}{\partial t}+\dfrac{\partial Q}{\partial x}=q_1 \\ \dfrac{\partial}{\partial t}\left(\dfrac{Q}{A}\right)+\dfrac{\partial}{\partial x}\left(\dfrac{Q^2}{2A^2}\right)+g\,\dfrac{\partial H}{\partial x}+g\left(S_{\mathrm{f}}-S_0\right)=0 \end{cases} \tag{2.1.1}$$

式中：A 为过水断面面积，m^2；Q 为流量，m^3/s；x、t 分别为空间坐标和时间坐标；q_1 为单位长度渠道旁侧入流，m^3/s；S_0、S_f 分别为渠道底坡和水力坡度；H 为水深，m；g 为重力加速度，m/s^2。

其中，渠道的水力坡度 S_f 可由 Manning - Strickler 公式进行计算：

$$S_f=\frac{Q^2n^2}{A^2R^{4/3}} \tag{2.1.2}$$

式中：R 为断面的水力半径，m。

圣维南方程是一阶拟线性双曲型偏微分方程，含有水位和流量两个独立变量，方程在数学上难以求得解析解，因此一般选用数值方法求解。常见数值方法有特征线法、有限体积法和有限差分法。特征线法沿方程特征线构造数值网格，将双曲型偏微分方程组转换为常微分方程组求解，特征线法物理意义明确，数学上也直观，但存在着中间插值不足等问题。有限体积法通过选取有限水体单元，利用水量平衡和水量交换原理进行求解，方法控制解的总变差不增，保证数值解不出现震荡。有限差分法将方程中微商用差商来表示，然后联解线性方程组，以求得近似解。差分方法又分显式和隐式两种格式，显格式由当前已知时间层推求下一时间层，公式简单且易于编程实现，但该方法计算结果波动大，稳定性受时间步长限制；隐格式求解则隐含下一时间层变量，需联立求解线性方程组，该方法虽在计算上更为复杂，但具有无条件稳定的特性。综合对比各种方法，本书采用有限差分方法中的普里斯曼（Preissmann）四点偏心隐格式[89]（图2.1.1）来求解圣维南方程组，实现渠道水流计算。

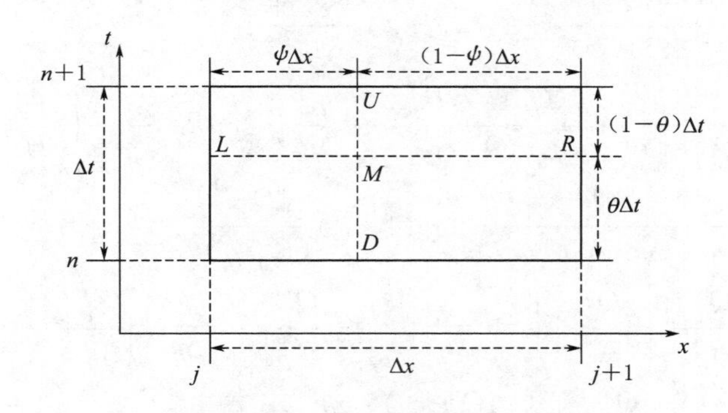

图 2.1.1 Preissmann 四点偏心格式

由四点偏心格式可知，网格偏心点 M 的函数值为

$$f=\theta f_U+(1-\theta)f_D=\theta[\psi f_{j+1}^{n+1}+(1-\psi)f_j^{n+1}]+(1-\theta)[\psi f_{j+1}^n+(1-\psi)f_j^n] \tag{2.1.3}$$

式中：f 为某一点上的变量；j 为除首末端外的河道断面编号；n 为时间步长序列编号；θ 为时间权重系数，$0\leqslant\theta\leqslant1$；$\psi$ 为空间权重系数，$0\leqslant\psi\leqslant1$。

网格偏心点 M 的差商为

$$\frac{\partial f}{\partial t}=\frac{f_U-f_D}{\Delta t}=\psi\frac{f_{j+1}^{n+1}-f_{j+1}^n}{\Delta t}+(1-\psi)\frac{f_j^{n+1}-f_j^n}{\Delta t} \tag{2.1.4}$$

$$\frac{\partial f}{\partial x}=\frac{f_{\mathrm{R}}-f_{\mathrm{L}}}{\Delta x}=\theta\frac{f_{j+1}^{n+1}-f_{j}^{n+1}}{\Delta x}+(1-\theta)\frac{f_{j+1}^{n}-f_{j}^{n}}{\Delta x} \tag{2.1.5}$$

将式（2.1.1）中的偏微分变量（$\frac{\partial A}{\partial t}$、$\frac{\partial Q}{\partial x}$、$\frac{\partial H}{\partial x}$等）采用式（2.1.4）和式（2.1.5）中的形式进行离散，可得

$$a_{2j}\Delta H_j+b_{2j}\Delta Q_j+c_{2j}\Delta H_{j+1}+d_{2j}\Delta Q_{j+1}=e_{2j} \tag{2.1.6}$$

$$a_{2j+1}\Delta H_j+b_{2j+1}\Delta Q_j+c_{2j+1}\Delta H_{j+1}+d_{2j+1}\Delta Q_{j+1}=e_{2j+1} \tag{2.1.7}$$

其中

$$\Delta H_j=\Delta H_j^{n+1}-H_j^*$$

$$\Delta Q_j=\Delta Q_j^{n+1}-Q_j^*$$

式中：Q_j^*、H_j^* 表示循环迭代计算过程的更新值（下文上标中带 * 号同）；系数 a_{2j}、b_{2j}、c_{2j}、d_{2j}、e_{2j}、a_{2j+1}、b_{2j+1}、c_{2j+1}、d_{2j+1}、e_{2j+1} 都是由上一时刻的值 Q^n、H^n 和迭代值 Q^*、H^* 所确定的，各个参数的计算表达式如下：

$$a_{2j}=\frac{(1-\psi)B_j^*}{\Delta t};\ b_{2j}=-\frac{\theta}{\Delta x};\ c_{2j}=\frac{\psi B_{j+1}^*}{\Delta t};\ d_{2j}=\frac{\theta}{\Delta x};$$

$$\begin{aligned}e_{2j}=&-\frac{\psi}{\Delta t}(A_{j+1}^*-A_{j+1}^n)-\frac{1-\psi}{\Delta t}(A_j^*-A_j^n)-\frac{\theta}{\Delta x}(Q_{j+1}^*-Q_j^*)-\frac{1-\theta}{\Delta x}(Q_{j+1}^n-Q_j^n)\\&+\theta[\psi q_{j+1}^{n+1}+(1-\psi)q_j^{n+1}]+(1-\theta)[\psi q_{j+1}^n+(1-\psi)q_j^n];\end{aligned}$$

$$a_{2j+1}=\frac{(1-\psi)Q_j^*B_j^*}{\Delta t(A_j^*)^2}+\frac{\theta(Q_j^*)^2B_j^*}{\Delta x(A_j^*)^3}-\frac{g\theta}{\Delta x}-2\theta g(1-\psi)\frac{S_{f,j}^*}{K_j^*}\left(\frac{\partial K}{\partial H}\right)_j^*;$$

$$b_{2j+1}=\frac{1-\psi}{\Delta tA_j^*}-\frac{\theta Q_j^*}{\Delta x(A_j^*)^2}+2g\theta(1-\psi)\frac{|Q_j^*|}{(K_j^*)^2};$$

$$c_{2j+1}=-\frac{\psi Q_{j+1}^*B_{j+1}^*}{\Delta t(A_{j+1}^*)^2}-\frac{\theta(Q_{j+1}^*)^2B_{j+1}^*}{\Delta x(A_{j+1}^*)^3}+\frac{\theta g}{\Delta x}-2g\theta\psi\frac{S_{f,j+1}^*}{K_{j+1}^*}\left(\frac{\partial K}{\partial H}\right)_{j+1}^*;$$

$$d_{2j+1}=\frac{\psi}{\Delta tA_{j+1}^*}+\frac{\theta Q_{j+1}^*}{\Delta x(A_{j+1}^*)^2}+2g\theta(1-\psi)\frac{|Q_j^*|}{(K_{j+1}^*)^2};$$

$$\begin{aligned}e_{2j+1}=&-\frac{\psi}{\Delta t}\left(\frac{Q_{j+1}^*}{A_{j+1}^*}-\frac{Q_{j+1}^n}{A_{j+1}^n}\right)-\frac{1-\psi}{\Delta t}\left(\frac{Q_j^*}{A_j^*}-\frac{Q_j^n}{A_j^n}\right)-\frac{\alpha\theta}{2\Delta x}\left[\left(\frac{Q_{j+1}^*}{A_{j+1}^*}\right)^2-\left(\frac{Q_j^*}{A_j^*}\right)^2\right]\\&-\frac{\alpha(1-\theta)}{2\Delta x}\left[\left(\frac{Q_{j+1}^n}{A_{j+1}^n}\right)^2-\left(\frac{Q_j^n}{A_j^n}\right)^2\right]-\frac{g\theta}{\Delta x}(H_{j+1}^*-H_j^*)-\frac{g(1-\theta)}{\Delta x}(H_{j+1}^n-H_j^n)\\&-g\theta[\psi S_{f,j+1}^*+(1-\psi)S_{f,j}^*]-g(1-\theta)[\psi S_{f,j+1}^n+(1-\psi)S_{f,j}^n]+gS_0\end{aligned}$$

对于渠池的首末断面，需补充边界条件，得到类似式（2.1.6）和式（2.1.7）的方程，见式（2.1.8）和式（2.1.9）：

$$a_{2j}\Delta H_j+b_{2j}\Delta Q_j+c_{2j}\Delta H_{j+1}+d_{2j}\Delta Q_{j+1}=e_{2j} \tag{2.1.8}$$

$$a_{2j+1}\Delta H_j+b_{2j+1}\Delta Q_j+c_{2j+1}\Delta H_{j+1}+d_{2j+1}\Delta Q_{j+1}=e_{2j+1} \tag{2.1.9}$$

式（2.1.8）和式（2.1.9）中系数需根据外边界条件确定。

由式（2.1.6）～式（2.1.9），对河道所需计算的 m 个断面可得到关于流量水位增变量 ΔQ、Δh 的 $2m$ 个方程，形成以下矩阵方程组：

$$\boldsymbol{A X}=\boldsymbol{D} \tag{2.1.10}$$

其中，$\boldsymbol{A}$、$\boldsymbol{X}$、$\boldsymbol{D}$ 分别为

$$\boldsymbol{A}=\begin{pmatrix} a_1 & b_1 & & & & & & \\ a_2 & b_2 & c_2 & d_2 & & & & \\ a_3 & b_3 & c_3 & d_3 & & & & \\ & & a_4 & b_4 & c_4 & d_4 & & \\ & & a_5 & b_5 & c_5 & d_5 & & \\ & & \vdots & \vdots & \vdots & \vdots & & \\ & & & & a_{2m-2} & b_{2m-2} & c_{2m-2} & d_{2m-2} \\ & & & & a_{2m-1} & b_{2m-1} & c_{2m-1} & d_{2m-1} \\ & & & & & & a_{2m} & b_{2m} \end{pmatrix},$$

$$\boldsymbol{X}=\begin{pmatrix} \Delta H_1 \\ \Delta Q_1 \\ \Delta H_2 \\ \Delta Q_2 \\ \Delta H_3 \\ \vdots \\ \Delta Q_{m-1} \\ \Delta H_m \\ \Delta Q_m \end{pmatrix},\quad \boldsymbol{D}=\begin{pmatrix} e_1 \\ e_2 \\ e_3 \\ e_4 \\ e_5 \\ \vdots \\ e_{2m-2} \\ e_{2m-1} \\ e_{2m} \end{pmatrix}$$

方程组（2.1.10）中系数矩阵 $\boldsymbol{A}$ 为大型稀疏矩阵，可采用双扫描法进行求解方程组（2.1.10）。

2.1.2 明渠内边界处理

节制闸和分水口在整个明渠系统中属于内边界。对于内边界而言，在水流计算时，每增加一个内边界，会导致计算断面增加，需要补充计算方程。若原先的渠池计算断面处变为内边界，则渠池计算断面增加数为 1，需要额外提供 2 个计算方程来进行渠池计算。

闸门是调水工程上一种重要的水力控制建筑物，通过调节闸门开度可有效调节渠道的水位和流量[91]。闸门出流的水力计算作为确定闸门开度调节的依据，对渠道水流模拟和运行调度均具有重要意义[92]。闸门出流的水力计算采用过闸流量方程来表述。其中，根据过流形态的区别，闸门出流可分为自由出流和淹没出流两种情况。自由出流情况下流量只与闸前水位有关，而在淹没出流情况下，流量与闸前、后的水位差有关。这里可将方程写作以下形式：

$$Q=C_{\mathrm{d}} l G \sqrt{2g(H_0-H_{\mathrm{s}})} \tag{2.1.11}$$

式中：C_{d} 为过闸流量系数；l 为闸门宽度，m；G 为闸门开度，m；H_0 为闸前水深，m；

H_s 为闸后水深，在自由出流的情况下，可设 H_s 恒等于 0。

节制闸处除提供式（2.1.11）外，还需提供流量平衡方程：

$$Q_{up}=Q_{down} \tag{2.1.12}$$

式中：Q_{up}为节制闸上游断面流量；Q_{down}为节制闸下游断面流量。

在节制闸处开度不变的情况下，过闸流量与上、下游水深的关系式为

$$Q=f(H_{up},H_{down}) \tag{2.1.13}$$

同样，按照式（2.1.6）和式（2.1.7）形式将式（2.1.12）和式（2.1.13）进行线性化离散，可得到类似于 j 断面的关于 ΔQ_j 和 ΔH_j 的线性方程组。方程组的各个参数的值为

$a_{2j}=0.0$；$b_{2j}=1.0$；$c_{2j}=0.0$；$d_{2j}=-1.0$；$e_{2j}=Q_j^*-Q_{j+1}^*$；

$a_{2j+1}=-\dfrac{\partial f}{\partial H_j}$；$b_{2j+1}=0.0$；$c_{2j+1}=-\dfrac{\partial f}{\partial H_{j+1}}$；$d_{2j+1}=0.0$；$e_{2j}=f(H_j^*,H_{j+1}^*)-Q_j^*$

分水口是渠道向外界供水的通道，分水口的分水流量变化造成渠池的水位变化，因此分水流量变化一般被认为是外界的扰动。分水口建模主要依据水量平衡方法。约定下标 e 表示分水口前渠道断面；下标 f 表示分水口后渠道断面；H_e、Q_e 分别为分水口前渠道断面的水位和流量；H_f、Q_f 分别为分水口后的渠道断面的水位和流量；Q_i 为分水口的取水流量。根据水量平衡原理，分水口处的流量满足如下关系：

$$Q_e=Q_f+Q_i \tag{2.1.14}$$

对于分水口前后 e 断面和 f 断面的水位关系，当分水口间距很小时，可以认为其瞬时水位相等，即有

$$H_e+Stage_e=H_f+Stage_f \tag{2.1.15}$$

式中：$Stage_e$、$Stage_f$ 分别为分水口前后断面的底高程。

同样，按照式（2.1.6）和式（2.1.7）形式将式（2.1.14）和式（2.1.15）进行线性化离散，可得到类似于 j 断面的关于 ΔQ_j 和 ΔH_j 的线性方程组。方程组的各个参数的值为

$a_{2j}=0.0$；$b_{2j}=1.0$；$c_{2j}=0.0$；$d_{2j}=-1.0$；$e_{2j}=Q_j^*-Q_{j+1}^*+Q_i$；

$a_{2j+1}=1.0$；$b_{2j+1}=0.0$；$c_{2j+1}=-1.0$；$d_{2j+1}=0.0$；$e_{2j}=H_j^*-H_{j+1}^*+Stage_e-Stage_f$

这样，无论是节制闸内边界还是分水口内边界，在增加了 n 个内边界的情况下，都能增加 $2n$ 个方程，这样能保证前述方程组（2.1.10）有定解。

由以上内容即可完成仿真模型数值模拟公式的推导和求解过程，可知内边界以及明渠段具有相似的方程。应用 C++面向对象建模的思想，采用分层结构和模块化建模，即可开发一维水力学数值模拟模型。

2.1.3　闸门水力计算参数辨识

闸门出流的水力计算一般采用基于能量方程或量纲分析推导得出的公式，且含有多种系数，在实际应用时可能会产生较大误差[93]。

根据结构型式的不同，闸门分为平板闸门和弧形闸门两种。在中线干渠上，节制闸

均为弧形闸门且闸底坎为宽顶堰[68]，而分水口和退水闸大部分为平板闸门。但是，分水口和退水闸的底坎形式和闸前闸后水位实测数据无法获取，而且在一维水力学水质模型中仅作为出流边界[109]。平板闸门的水力计算公式与弧形闸门类似，本书仅对弧形闸门水力计算进行深入研究，在两类水力计算公式分析的基础上，提出基于实测数据驱动的参数辨识方法，并根据中线节制闸运行的实测数据校准水力计算公式的参数，同时也可推广应用到平板闸门上。

2.1.3.1 闸门水力计算公式

闸门存在堰流和闸孔出流两种现象，堰流（宽顶堰时：闸门相对开度大于0.65）时闸门下缘脱离水面而无法控制水流，闸孔出流（宽顶堰时：闸门相对开度小于等于0.65）时水从渠道和闸门下缘间的孔口流出并受闸门控制。在中线干渠，闸门需调节水流，因此本书仅考虑闸孔出流。闸孔出流又分为自由出流和淹没出流两种，自由出流时过闸流量仅受闸前水深的影响，淹没出流时则受闸前水深和闸后水深的共同影响。

图2.1.2为弧形闸门闸孔出流的示意图。图2.1.2中，e 为闸门开度，H_0 为闸前水深，H_1 为闸前水头（$H_1=H_0+\frac{\alpha v^2}{2g}$），$v$ 为闸前水流速度，α 为流速分布系数，h_c 和 h 分别为自由出流和淹没出流条件下的收缩断面水深（最小水深），H_s 为闸后水深，g 为重力加速度，c 为弧形闸门转轴与闸门关闭时落点的高差（铰高），R 为弧形闸门的半径，θ 为弧形闸门下缘切线与水平方向的夹角。

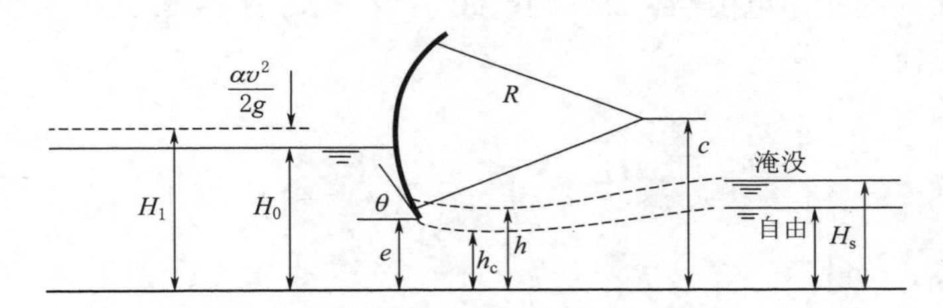

图2.1.2 弧形闸门闸孔出流示意图

选择4个广泛应用的弧形闸门水力计算公式进行分析，其中3个公式（李炜《水力学》公式、Henry公式和Jain公式）基于能量方程推导得到，第4个公式（量纲分析公式）基于量纲分析推导得到。

1. 李炜《水力学》公式

李炜等[94]在《水力学》教材中应用能量方程推导出了闸门在自由和淹没出流条件下的出流计算公式。此外，根据大量模型试验和原型观测资料，给出了垂直收缩系数的关系表格、流量系数的经验公式和淹没系数的曲线图。

收缩断面水深 h_c 可通过式（2.1.16）计算：

$$h_c=\varepsilon e \tag{2.1.16}$$

式中：ε 为垂直收缩系数。对于弧形闸门，可按表2.1.1确定。

表 2.1.1　　弧形闸门垂直收缩系数 ε

θ	35°	40°	45°	50°	55°	60°	65°	70°	75°	80°	85°	90°
ε	0.789	0.766	0.742	0.72	0.698	0.678	0.662	0.646	0.635	0.627	0.622	0.62

其中 θ 用式（2.1.17）计算：

$$\theta=\left(\arccos\frac{c-e}{R}\right)\frac{180^\circ}{\pi} \tag{2.1.17}$$

（1）自由出流。

判定条件为

$$\frac{H_s}{h_c}\left(\frac{H_s}{h_c}+1\right)\leqslant 4\varphi^2\left(\frac{H_1}{h_c}-1\right) \tag{2.1.18}$$

式中：流速系数 φ 综合反映水头损失和收缩断面流速分布不均的影响，对坎高为 0 的宽顶堰型闸门可取 $\varphi=0.95\sim0.97$；对有底坎的宽顶堰型闸门，可取 $\varphi=0.85\sim0.95$。

出流计算公式为

$$Q=\mu le\sqrt{2gH_1} \tag{2.1.19}$$

式中：Q 为流量；μ 为流量系数；l 为闸门宽。

流量系数 μ 的计算公式为

$$\mu=\left(0.97-0.81\frac{\theta}{180^\circ}\right)-\left(0.56-0.81\frac{\theta}{180^\circ}\right)\frac{e}{H_1} \tag{2.1.20}$$

式（2.1.20）的使用范围为：$25^\circ\leqslant\theta\leqslant 90^\circ$，$0.1\leqslant e/H_1\leqslant 0.65$。

（2）淹没出流。

判定条件为

$$\frac{H_s}{h_c}\left(\frac{H_s}{h_c}+1\right)>4\varphi^2\left(\frac{H_1}{h_c}-1\right) \tag{2.1.21}$$

出流计算公式为

$$Q=\sigma_s\mu le\sqrt{2gH_1} \tag{2.1.22}$$

式中：σ_s 为淹没系数。

淹没系数 σ_s 具体表达式复杂，是 e/H_0 和 z/H_0（z 为闸前闸后水深之差）的函数

$$\sigma_s=f\left(\frac{e}{H_0},\frac{z}{H_0}\right) \tag{2.1.23}$$

以 z/H_0 和 σ_s 为纵横坐标，以 e/H_0 为参数，画出淹没系数曲线（图 2.1.3）供查用。

2. Henry 公式

Henry[95] 做了大量实验，提出了平板闸门在自由出流和淹没出流情况下统一流量系数 C_d 的计算方法，并得到了曲线图。Rajaratnam 等[96]随后证实了 Henry 的试验结果是可靠的。Buyalski[97] 将 Henry 公式应用到弧形闸门的过闸流量计算上。Swamee[98] 为适应计算机发展要求，将曲线图进行数字化，并给出了此情况下弧形闸门

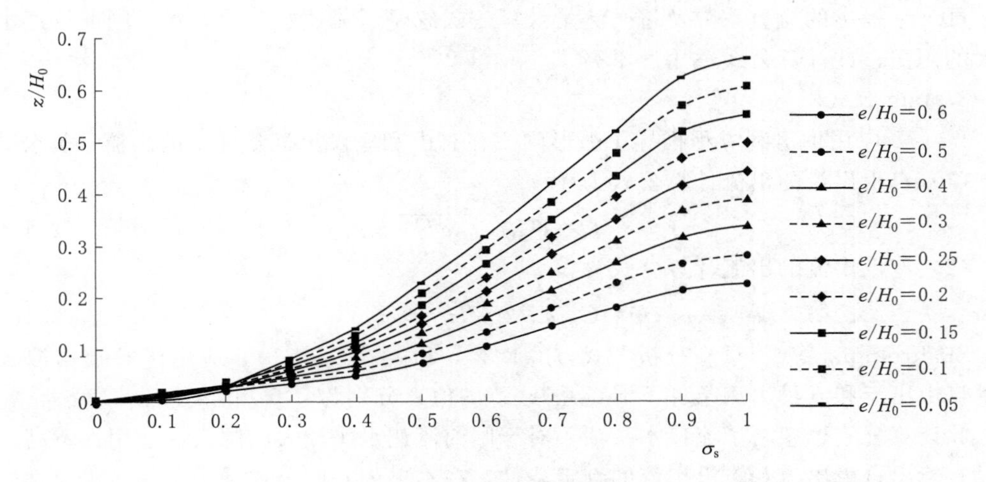

图 2.1.3 淹没系数曲线

在自由出流和淹没出流下的水力计算经验公式。

(1) 自由出流。

判定条件为

$$H_0 \geqslant 0.81 H_s \left(\frac{H_s}{e}\right)^{0.72} \tag{2.1.24}$$

流量系数 C_d 经验公式为

$$C_d = 0.611\left(\frac{H_0 - e}{H_0 + 15e}\right)^{0.072} \tag{2.1.25}$$

出流计算公式为

$$Q = C_d le\sqrt{2gH_0} = 0.864 le\sqrt{gH_0}\left(\frac{H_0 - e}{H_0 + 15e}\right)^{0.072} \tag{2.1.26}$$

(2) 淹没出流。

判定条件为

$$H_s < H_0 < 0.81 H_s \left(\frac{H_s}{e}\right)^{0.72} \tag{2.1.27}$$

流量系数 C_d 经验公式为

$$C_d = 0.611\left(\frac{H_0 - e}{H_0 + 15e}\right)^{0.072}(H_0 - H_s)^{0.7}\left\{0.32\left[0.81 H_s\left(\frac{H_s}{e}\right)^{0.72} - H_0\right]^{0.7} + (H_0 - H_s)^{0.7}\right\}^{-1} \tag{2.1.28}$$

出流计算公式为

$$\begin{aligned} Q &= C_d le\sqrt{2gH_0} \\ &= 0.864 le\sqrt{gH_0}\left(\frac{H_0 - e}{H_0 + 15e}\right)^{0.072}(H_0 - H_s)^{0.7}\left\{0.32\left[0.81 H_s\left(\frac{H_s}{e}\right)^{0.72} - H_0\right]^{0.7} + (H_0 - H_s)^{0.7}\right\}^{-1} \end{aligned} \tag{2.1.29}$$

Henry 提出的流量系数及过闸流量计算公式忽略了流速水头项。对于闸前流速水头较大的闸门，此计算公式适用性不高。

3. Jain 公式

Jain[99]应用伯努利方程推导了弧形闸门在自由和淹没出流条件下的出流计算公式。

(1) 自由出流的出流计算公式为

$$Q=C_{\mathrm{d}}le\sqrt{2gH_0} \tag{2.1.30}$$

(2) 淹没出流的出流计算公式为

$$Q=C_{\mathrm{d}}le\sqrt{2g(H_0-H_{\mathrm{s}})} \tag{2.1.31}$$

Shahrokhnia 等[90]重新分析了式 (2.1.30) 和式 (2.1.31)，应用试验数据拟合得到了自由出流和淹没出流条件下流量系数 C_{d}的值，分别为 0.57 和 0.89。

此计算公式也忽略了流速水头项，对于闸前流速水头较大的闸门，适用性不高。由于没有给出自由出流和淹没出流的判定条件，在本书中对此公式采用李炜《水力学》公式或 Henry 公式中的判定条件。

4. 量纲分析公式

Shahrokhnia 等[90]基于量纲分析法推导出了弧形闸门在自由出流和淹没出流条件下的流量与开度、闸前闸后水头差之间的关系式，如下

$$\left(\frac{q^2}{g}\right)^{1/3}=ie\left(\frac{\Delta h}{e}\right)^j \tag{2.1.32}$$

$$Q=ql \tag{2.1.33}$$

式中：q 为闸门单位宽度的流量；Δh 为闸门前后的水头差，$\Delta h=H_1-H_{\mathrm{s}}$；$i$ 和 j 为常数系数。

此公式物理概念比较清晰，仅有两个常数系数，率定工作简单。Shahrokhnia 等[90]利用 Buyalski[97]的试验数据对 i 和 j 分别进行率定，得到：自由出流条件下 $i=0.88$，$j=0.4$；淹没出流条件下 $i=1.14$，$j=0.33$。

由于没有给出自由出流和淹没出流的判定条件，本书采用李炜《水力学》公式或 Henry 公式中的判定条件。

2.1.3.2　闸门水力计算参数辨识模型

弧形闸门水力计算公式的参数与模型试验或原型数据有关，在实际应用时误差可能较大，所以实际应用时需根据实测数据对各参数进行校准。在中线干渠实际运行调度中，节制闸半径、宽度、过闸流量、开度、闸前闸后水深等数据均可进行测量。本书应用最小二乘法[100]寻找数据的最佳函数匹配，从而辨识相关参数。

1. 能量方程推导的公式

经过分析，基于能量方程的 3 种弧形闸门水力计算公式［式 (2.1.19) 和式 (2.1.22)、式 (2.1.26) 和式 (2.1.29)、式 (2.1.30) 和式 (2.1.31)］可写为统一形式：

$$q=Ca \tag{2.1.34}$$

式中：q 为流量；a 为闸前闸后水深、闸门宽和开度的函数；C 为需要辨识的参数（统

一流量系数)。则 q 和 a 为已知量，C 为未知量。

对应上述 3 个计算公式的 C 和 a 的数值见表 2.1.2。对于在自由出流或淹没出流条件下有 n 组实测数据的闸门，对第 i 组数据，式（2.1.34）可改写为

$$a_iC=q_i \quad (i=1,2,\cdots,n) \tag{2.1.35}$$

表 2.1.2　　统一形式的方程参数

出流	方程参数	李炜《水力学》公式	Henry 公式	Jain 公式
自由	a	$le\sqrt{2gH_1}$	$le\sqrt{2gH_0}$	$le\sqrt{2gH_0}$
	C	μ	C_d	C_d
淹没	a	$le\sqrt{2gH_1}$	$le\sqrt{2gH_0}$	$le\sqrt{2g(H_0-H_s)}$
	C	$\sigma_s\mu$	C_d	C_d

其矩阵形式为

$$AC=Q \tag{2.1.36}$$

其中　$A=[a_1,a_2,\cdots,a_n]^T$；$Q=[q_1,q_2,\cdots,q_n]^T$。

实测参数（如流量、水位）存在误差，导致矩阵 A 和 Q 存在误差，所以根据式（2.1.35）只能辨识出参数 C 的估计值 $\hat{C}$，即

$$\zeta=Q-A\hat{C} \tag{2.1.37}$$

式中：ζ 为拟合误差，$\zeta=[\zeta_1,\zeta_2,\cdots,\zeta_n]^T$。

为了得到参数 C 的最优估计 $\hat{C}_m$，最小二乘辨识算法的准则是 ζ_i 的平方和最小，即

$$\min s=\sum_{i=1}^{n}\zeta_i{}^2=\sum_{i=1}^{n}(q_i-\hat{C}a_i)^2 \tag{2.1.38}$$

当 s 最小时，$\frac{\partial s}{\partial \hat{C}}=0$，即

$$\frac{\partial s}{\partial \hat{C}}=\sum_{i=1}^{n}2(q_i-\hat{C}a_i)a_i=0 \tag{2.1.39}$$

可得

$$\hat{C}_m=\sum_{i=1}^{n}(q_ia_i)/\sum_{i=1}^{n}a_i{}^2 \tag{2.1.40}$$

选择自由或淹没出流的 n 个实际工况后，可分别计算出流量系数的最优值 $\hat{C}_m$。

2. 量纲分析推导的公式

基于量纲分析的弧形闸门水力计算公式［式（2.1.32）］可改写成如下形式：

$$y=ix^j \tag{2.1.41}$$

在式（2.1.41）中，y 和 x 为已知量；i 和 j 为未知量，即为需要辨识的参数。其中

$$x=\frac{\Delta h}{e};\ y=\frac{(q^2/g)^{\frac{1}{3}}}{e} \tag{2.1.42}$$

对式（2.1.42）两端取对数，则变为

$$\lg y=\lg i+j\lg x \tag{2.1.43}$$

令 $x'=\lg x$，$y'=\lg y$，则式（2.1.43）变为

$$y'=\lg i+jx' \tag{2.1.44}$$

对于有 n 组实测数据的闸门，对第 k 组数据，式（2.1.44）可改写为

$$jx'_k+\lg i=y'_k \quad (k=1,2,\cdots,n) \tag{2.1.45}$$

其矩阵形式为

$$jX+I=Y \tag{2.1.46}$$

其中　$X=[x'_1,x'_2,\cdots,x'_n]^{\mathrm{T}}$；$Y=[y'_1,y'_2,\cdots,y'_n]^{\mathrm{T}}$；$I=[\lg i,\lg i,\cdots,\lg i]^{\mathrm{T}}$。

实测参数（如流量、水位）存在误差，导致矩阵 X 和 Y 存在误差，所以根据式（2.1.45）只能辨识出参数 i 和 j 的估计值 $\hat{i}$ 和 $\hat{j}$，即

$$\zeta=Y-\hat{j}X-\hat{I} \tag{2.1.47}$$

式中：ζ 为拟合误差，$\zeta=[\zeta_1,\zeta_2,\cdots,\zeta_n]^{\mathrm{T}}$。

为了得到参数 i 和 j 的最优估计 $\hat{i}_{\mathrm{m}}$ 和 $\hat{j}_{\mathrm{m}}$，最小二乘辨识算法的准则是 ζ_k 的平方和最小，即

$$\min s=\sum_{k=1}^{n}\zeta_k{}^2=\sum_{k=1}^{n}(y'_k-\hat{j}x'_k-\lg\hat{i})^2 \tag{2.1.48}$$

当 s 最小时，$\frac{\partial s}{\partial\hat{i}}=0$（等价于 $\frac{\partial s}{\partial(\lg\hat{i})}=0$），$\frac{\partial s}{\partial\hat{j}}=0$，即

$$\frac{\partial s}{\partial(\lg\hat{i})}=-2\sum_{k=1}^{n}(y'_k-\hat{j}x'_k-\lg\hat{i})=0 \tag{2.1.49}$$

$$\frac{\partial s}{\partial\hat{j}}=-2\sum_{k=1}^{n}(y'_k-\hat{j}x'_k-\lg\hat{i})x'_k=0 \tag{2.1.50}$$

联立式（2.1.49）和式（2.1.50），可得

$$\hat{j}_{\mathrm{m}}=\frac{\sum_{k=1}^{n}x'_k\sum_{k=1}^{n}y'_k-n\sum_{k=1}^{n}(x'_ky'_k)}{\left(\sum_{k=1}^{n}x'_k\right)^2-n\sum_{k=1}^{n}x'_k{}^2} \tag{2.1.51}$$

$$\hat{i}_{\mathrm{m}}=10^{\left(\sum_{k=1}^{n}y'_k-\hat{j}_m\sum_{k=1}^{n}x'_k\right)/n} \tag{2.1.52}$$

选择自由或淹没出流的 n 个实际工况后，可分别计算出参数的最优值 $\hat{i}_{\mathrm{m}}$ 和 $\hat{j}_{\mathrm{m}}$。

2.1.3.3　验证及应用

参数辨识模型验证是其应用的前提，首先对比分析 3 座典型节制闸的 4 个水力计算公式的参数辨识前后的流量计算结果，证明参数辨识模型的可靠性和适用性，然后在中线干渠的其余 58 座节制闸进行应用。

1. 方法验证

（1）节制闸及其工况选择。以中线干渠第 1、第 31 和第 60 座节制闸（表 2.1.3）为例进行应用，因为这些节制闸处于关键断面上（近似分别位于干渠的首部、中间和尾部），

受到中线局调度管理过程的重要关注，且流量、开度或水位变化相对较大，闸孔数也能包含中线节制闸的3种类型（中线各节制闸的闸孔数为2、3或4），具有较强的代表性。

表2.1.3　　所选节制闸基本信息

编号	节制闸名称	桩号/km	底高程/m	闸孔数	单孔宽/m	半径/m	铰高/m
1	陶岔渠首闸	0	138.3	3	8.67	14	11
31	黄水河支节制闸	591.274	93.235	4	6.5	11	8
60	坟庄河节制闸	1172.289	55.596	2	5.4	11	9.51

在获取的工程实际运行的实测数据中，挑选各节制闸的9组稳定工况（表2.1.4），稳定工况是指闸门的前后水位和流量在一段时间内基本不变。原始数据中开度为各闸孔的开度，分别用“/”隔开；陶岔渠首闸中间一孔未启用，说明闸门净宽为17.34m。在实际运行中，已启用的闸孔开度在同一时间一般相同，如果各孔开度不一样但差异较小，可取其平均值作为闸门开度。已有研究[94]证明在闸孔出流条件下，边闸及闸墩对流量影响很小，因此，本书没有考虑侧收缩系数。陶岔渠首闸连着丹江口水库，水库水体流速极小；目前干渠的流速在0.5m/s左右，流速水头仅约1cm，因此，各节制闸闸前的流速水头忽略不计。

表2.1.4　　节制闸工况表

编号	工况	时　　间	闸前水位/m	闸后水位/m	开度/m	实测流量/(m^3/s)
1	1	2015.11.3 8：00	150.630	146.350	0.92/0/0.92	95.281
	2	2015.11.7 8：00	150.580	146.380	0.95/0/0.95	98.562
	3	2015.11.11 8：00	150.790	146.500	1.04/0/1.04	110.510
	4	2015.11.14 8：00	151.140	146.690	1.18/0/1.18	124.810
	5	2015.11.20 8：00	151.460	146.570	1.15/0/1.15	127.130
	6	2015.11.22 8：00	151.430	146.540	1.13/0/1.13	127.300
	7	2015.12.10 8：00	151.180	146.570	1.065/0/1.065	114.730
	8	2016.1.4 8：00	150.750	146.280	0.99/0/0.99	106.350
	9	2016.1.16 8：00	150.500	146.380	0.925/0/0.925	96.794
31	1	2015.8.2 4：00	99.945	98.887	0.65/0.65/0.65/0.70	65.300
	2	2015.9.5 2：00	100.115	98.987	0.65/0.65/0.65/0.60	61.990
	3	2015.9.22 4：00	100.035	98.897	0.70/0.70/0.70/0.70	68.240
	4	2015.9.23 12：00	100.085	98.967	0.75/0.75/0.75/0.75	73.130
	5	2015.9.30 14：00	99.885	98.807	0.70/0.65/0.65/0.70	65.250
	6	2015.10.30 10：00	100.175	99.027	0.55/0.53/0.53/0.55	54.520
	7	2015.11.2 8：00	100.185	99.037	0.60/0.58/0.58/0.60	58.990
	8	2016.2.24 20：00	99.955	98.797	0.52/0.45/0.45/0.52	51.000
	9	2016.3.4 10：00	99.825	98.737	0.52/0.52/0.50/0.52	52.930

续表

编号	工况	时　间	闸前水位/m	闸后水位/m	开度/m	实测流量/(m^3/s)
60	1	2015.7.13 5：00	61.501	61.252	2.25/2.25	40.180
	2	2015.7.13 16：00	61.701	61.202	1.70/1.70	38.340
	3	2015.7.15 2：00	61.641	61.122	1.60/1.60	36.640
	4	2015.7.17 6：00	61.541	61.192	1.95/1.95	37.620
	5	2015.7.21 16：00	61.501	61.142	1.90/1.90	37.570
	6	2015.7.23 10：00	61.571	61.172	1.80/1.80	37.530
	7	2015.7.31 10：00	61.531	61.132	1.85/1.85	38.300
	8	2015.8.13 2：00	61.481	61.152	2.05/2.05	39.180
	9	2015.8.15 14：00	61.461	61.152	2.10/2.10	39.280

（2）原公式计算结果。针对上述 3 座节制闸的 9 组工况，通过李炜《水力学》公式和 Henry 公式中的判别条件分析，均处于淹没出流状态。评价各公式计算精度的指标是相对误差（RE）和平均相对误差（MRE）：

$$RE = |(Q - Q_m)/Q_m| \times 100\% \tag{2.1.53}$$

$$MRE = \sum_{i=1}^{n} RE_i / n \tag{2.1.54}$$

式中：Q 为计算流量；Q_m 为实测流量；n 为数据量。

3 座节制闸应用李炜《水力学》公式和 Henry 公式得到的参数见表 2.1.5。3 座节制闸应用 4 个计算公式得到的流量及其与实测流量的相对误差分析如下。

表 2.1.5　　李炜《水力学》公式和 Henry 公式对应的参数

编号	公　式	参数	工况								
			1	2	3	4	5	6	7	8	9
1	李炜《水力学》	$\theta/(°)$	42.1	42.2	42.6	43.2	43.1	43	42.7	44.4	44
		μ	0.762	0.761	0.758	0.753	0.755	0.756	0.758	0.742	0.745
		σ_s	0.603	0.604	0.609	0.618	0.641	0.64	0.623	0.65	0.622
	Henry	C_d	0.262	0.262	0.270	0.282	0.295	0.294	0.280	0.319	0.298
31	李炜《水力学》	$\theta/(°)$	48.2	48	48.4	48.8	48.3	47.3	47.7	46.9	47.1
		μ	0.719	0.722	0.717	0.713	0.718	0.73	0.726	0.734	0.731
		σ_s	0.432	0.438	0.45	0.447	0.44	0.432	0.435	0.438	0.431
	Henry	C_d	0.188	0.188	0.2	0.201	0.194	0.175	0.182	0.175	0.175
60	李炜《水力学》	$\theta/(°)$	48.7	44.8	44	46.6	46.2	45.5	45.9	47.3	47.7
		μ	0.621	0.669	0.676	0.645	0.649	0.658	0.653	0.636	0.632
		σ_s	0.195	0.344	0.357	0.259	0.267	0.287	0.292	0.251	0.239
	Henry	C_d	0.182	0.21	0.21	0.195	0.196	0.197	0.203	0.198	0.196

对于第1座节制闸，4个计算公式得到的流量和相对误差分别如图2.1.4（a）和图2.1.4（b）所示，各工况的计算流量与实测流量的变化趋势保持一致，但是相对误差与实测流量的变化趋势并不严格一致。李炜《水力学》公式的流量计算值均比实测值大，相对误差范围为17.855%～21.884%，平均值为20.03%。Henry公式的流量计算值均比实测值小，相对误差范围为19.622%～31.969%，平均值为27.36%。Jain公式的流量计算值均比实测值大，相对误差在33.874%～38.057%，平均值为36.35%。量纲分析公式的流量计算值均比实测值大，相对误差范围为29.464%～33.509%，平均值为31.86%。

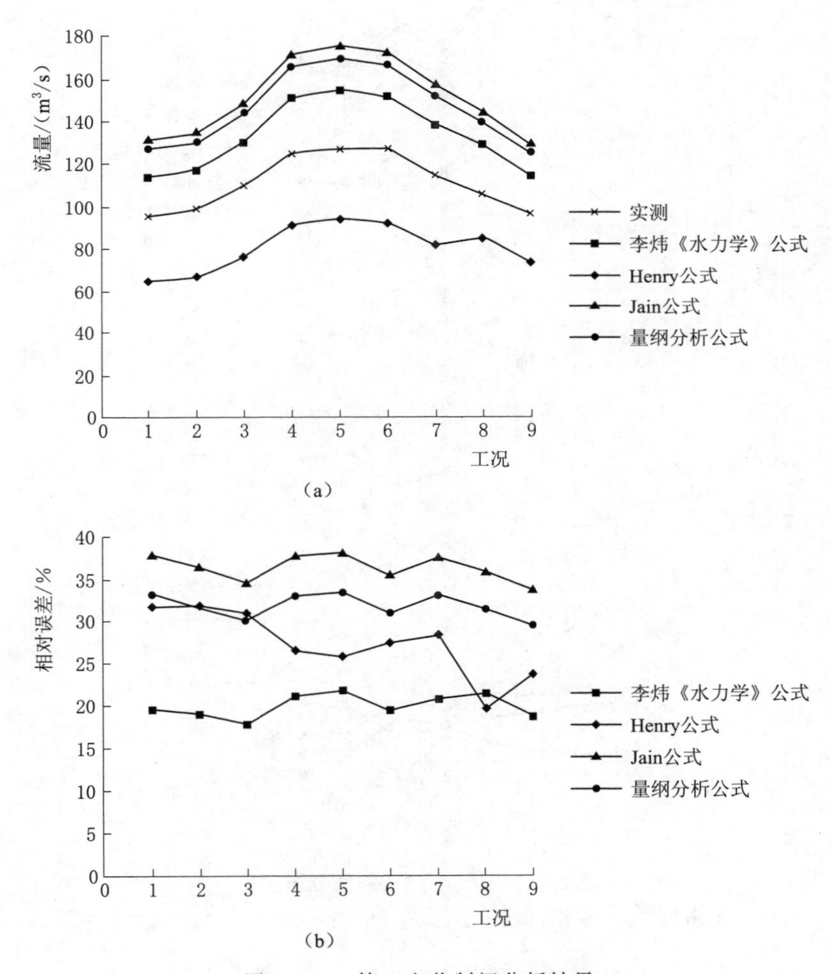

图2.1.4 第1座节制闸分析结果

（a）第1座节制闸4个公式各工况流量计算结果；（b）第1座节制闸4个公式各工况相对误差

对于第31座节制闸，4个计算公式得到的流量和相对误差分别如图2.1.5（a）和图2.1.5（b）所示，各工况的计算流量与实测流量的变化趋势保持一致，但是相对误差与实测流量的变化趋势并不严格一致。李炜《水力学》公式的流量计算值均比实测值

小，相对误差范围为 0.739%～9.36%，平均值为 4.484%。Henry 公式的流量计算值均比实测值小，相对误差范围为 37.72%～50.398%，平均值为 43.718%。Jain 公式的流量计算值均比实测值大，相对误差在 4.024%～12.161%，平均值为 8.871%。量纲分析公式的流量计算值均比实测值大，相对误差范围为 1.187%～9.246%，平均值为 5.98%。

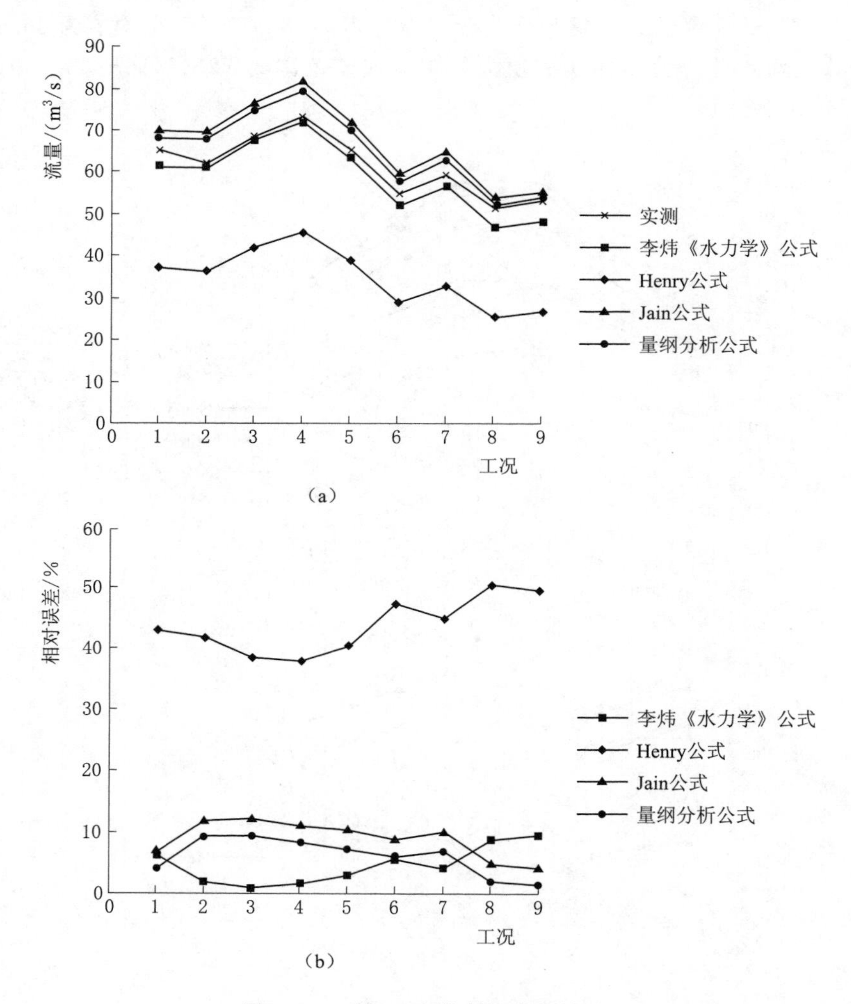

图 2.1.5　第 31 座节制闸分析结果

(a) 第 31 座节制闸 4 个公式各工况流量计算结果；(b) 第 31 座节制闸 4 个公式各工况相对误差

对于第 60 座节制闸，4 个计算公式得到的流量和相对误差分别如图 2.1.6 (a) 和如图 2.1.6 (b) 所示，各工况的计算流量、相对误差与实测流量的变化趋势并不一致。李炜《水力学》公式的流量计算值均与实测值比，有的大，有的小，相对误差范围为 1.061%～23.977%，平均值为 10.194%。Henry 公式的流量计算值均比实测值大，相对误差范围为 7.823%～21.314%，平均值为 15.123%。Jain 公式的流量计算值均比实

测值大，相对误差在 18.969%～33.94%，平均值为 28.76%。量纲分析公式的流量计算值均比实测值大，相对误差范围为 17.445%～31.515%，平均值为 26.746%。

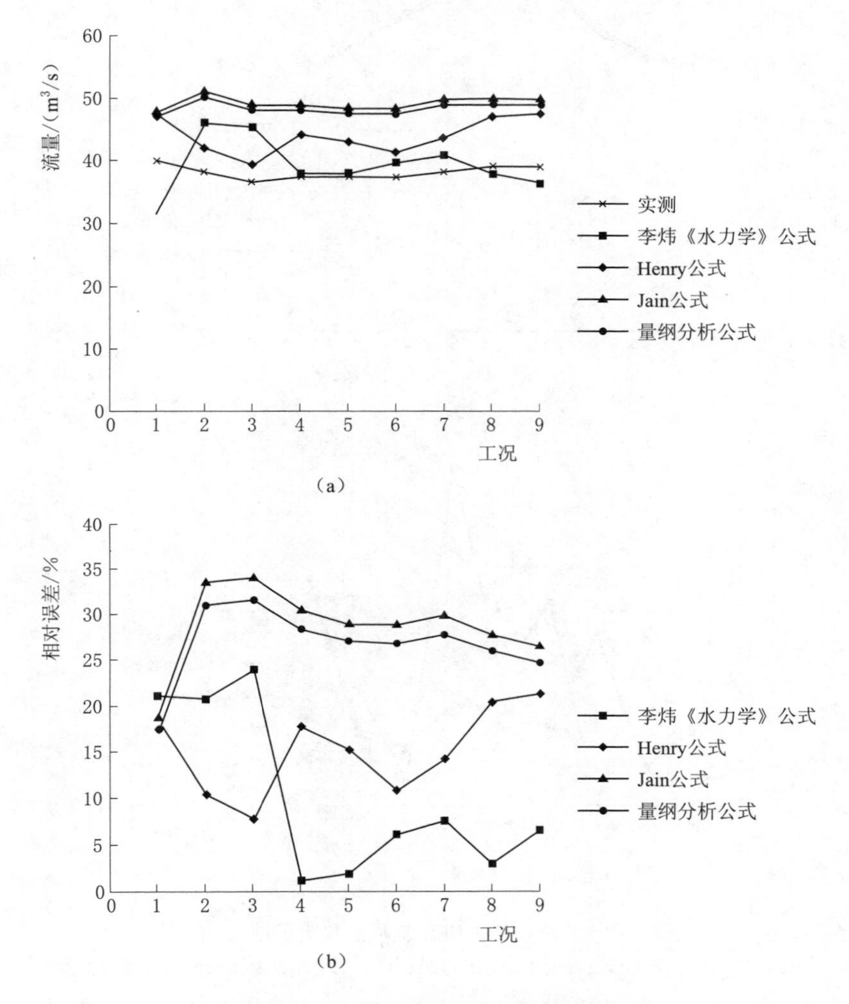

图 2.1.6 第 60 座节制闸分析结果

(a) 第 60 座节制闸 4 个公式各工况流量计算结果；(b) 第 60 座节制闸 4 个公式各工况相对误差

(3) 参数辨识结果。在参数辨识模型中，由于李炜《水力学》公式和 Henry 公式的 a 值一样，计算得到的 C 值一样，二者的流量计算值及其与实测值的相对误差均相同。选取前 7 组工况用于辨识 3 座节制闸各水力计算公式的参数，结果如下。

对于第 1 座节制闸，前 3 个计算公式的统一流量系数 C 分别为 0.392、0.392 和 0.657，量纲分析公式的常数系数 i 和 j 的值分别为 0.9555 和 0.3265。基于辨识得到的参数，利用 4 个计算公式得到的流量及与实测流量的相对误差统计分别如图 2.1.7 (a) 和图 2.1.7 (b) 所示，可以看出 4 个计算公式得到的流量与实测流量基本贴合，4 个计算公式的平均相对误差分别为 1.478%、1.478%、0.837%和 0.843%。

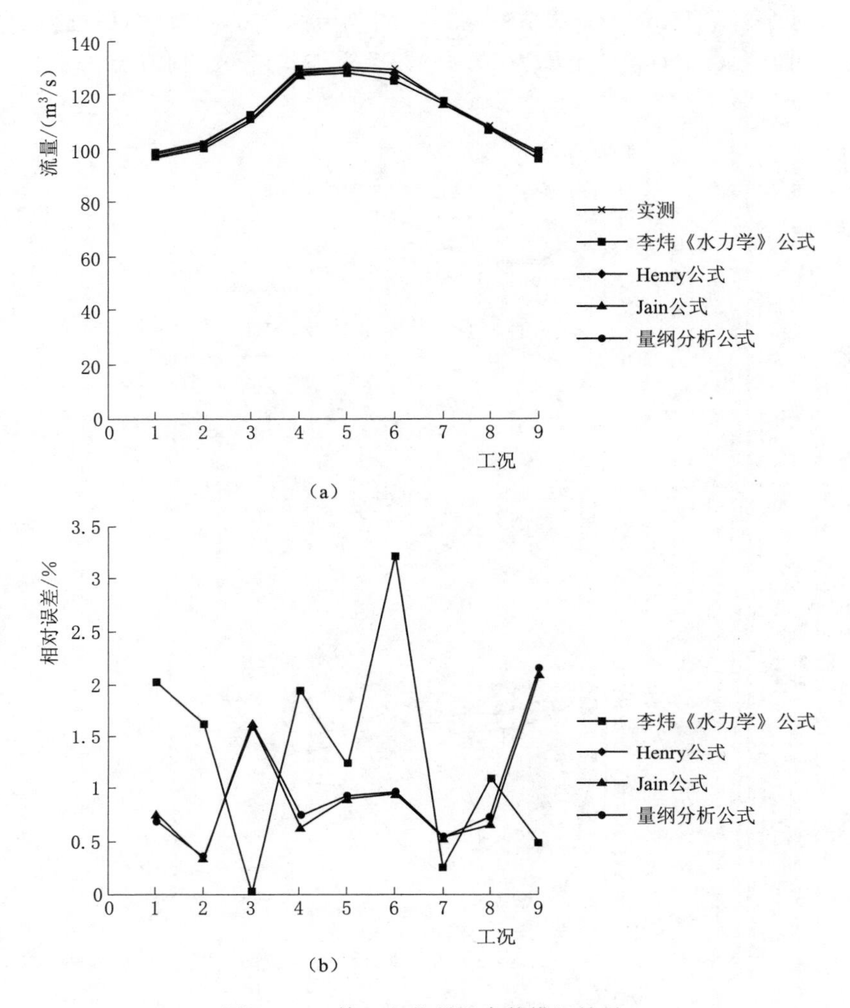

图 2.1.7　第 1 座节制闸参数辨识结果

(a) 第 1 座节制闸参数辨识流量计算结果；(b) 第 1 座节制闸参数辨识相对误差

对于第 31 座节制闸，前 3 个计算公式的统一流量系数 C 分别为 0.326、0.326 和 0.807，量纲分析公式的常数系数 i 和 j 的值分别为 1.0754 和 0.3518。基于辨识得到的参数，利用 4 个计算公式得到的流量与实测流量的相对误差统计分别如图 2.1.8 (a) 和图 2.1.8 (b) 所示，可以看出 4 个计算公式得到的流量与实测流量基本贴合，4 个计算公式的平均相对误差分别为 1.148%、1.148%、1.537%和 1.134%。

对于第 60 座节制闸，前 3 个计算公式的统一流量系数 C 分别为 0.173、0.173 和 0.689，量纲分析公式的常数系数 i 和 j 的值分别为 0.8765 和 0.2643。基于辨识得到的参数，利用 4 个计算公式得到的流量与实测流量的相对误差统计分别如图 2.1.9 (a) 和图 2.1.9 (b) 所示，可以看出 4 个计算公式得到的流量及与实测流量基本贴合，4 个计算公式的平均相对误差分别为 6.35%、6.35%、3%和 1.053%。

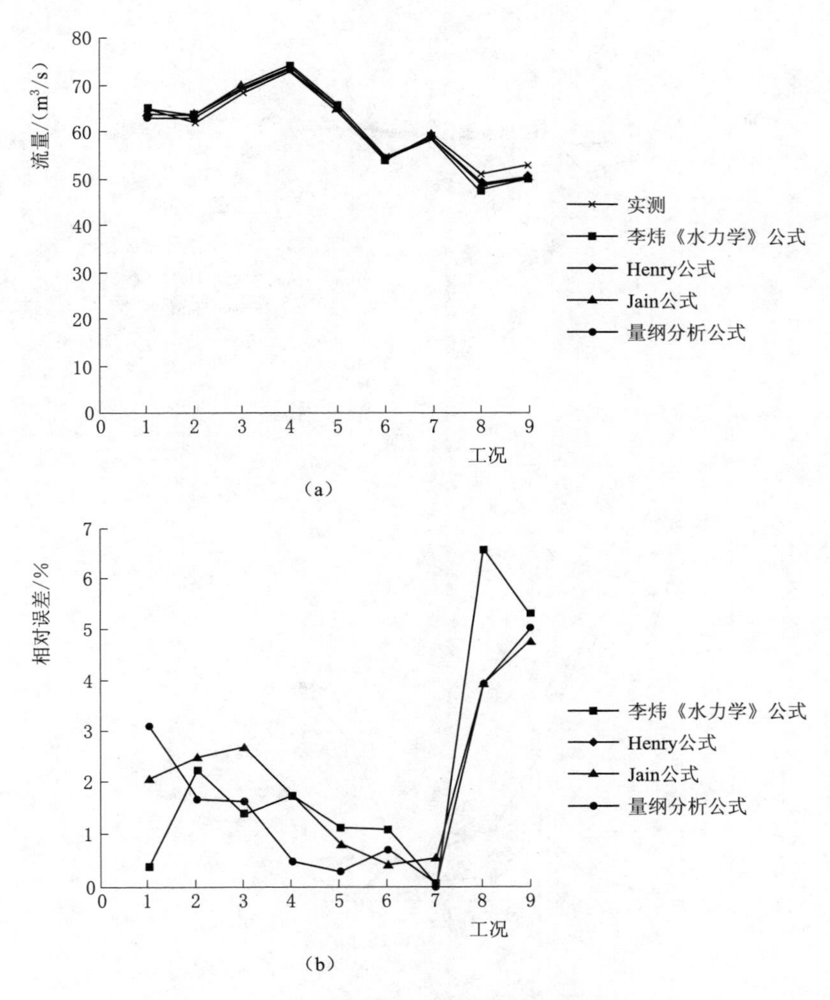

图 2.1.8 第 31 座节制闸参数辨识结果

(a) 第 31 座节制闸参数辨识流量计算结果；(b) 第 31 座节制闸参数辨识相对误差

(4) 验证。基于前 7 组工况辨识得到的参数，用后 2 组工况进行验证，3 座节制闸应用 4 个计算公式得到的流量与实测流量的相对误差很小［图 2.1.7 (b)、图 2.1.8 (b) 和图 2.1.9 (b)］。第 1 座节制闸的平均相对误差分别为 0.803%、0.803%、1.401%和 1.458%；第 31 座节制闸的平均相对误差分别为 5.937%、5.937%、4.371%和 4.49%；第 60 座节制闸的平均相对误差分别为 7.122%、7.122%、0.615%和 1.61%。结果表明参数验证成功，证明用最小二乘法辨识弧形闸门水力计算的参数具有较强的适用性。

(5) 结果分析。在选择的 4 个计算公式中，从 3 个方面对其直接应用情况进行分析：

1) 从计算公式的应用范围来说，李炜《水力学》公式适用范围最广，Henry 公式、

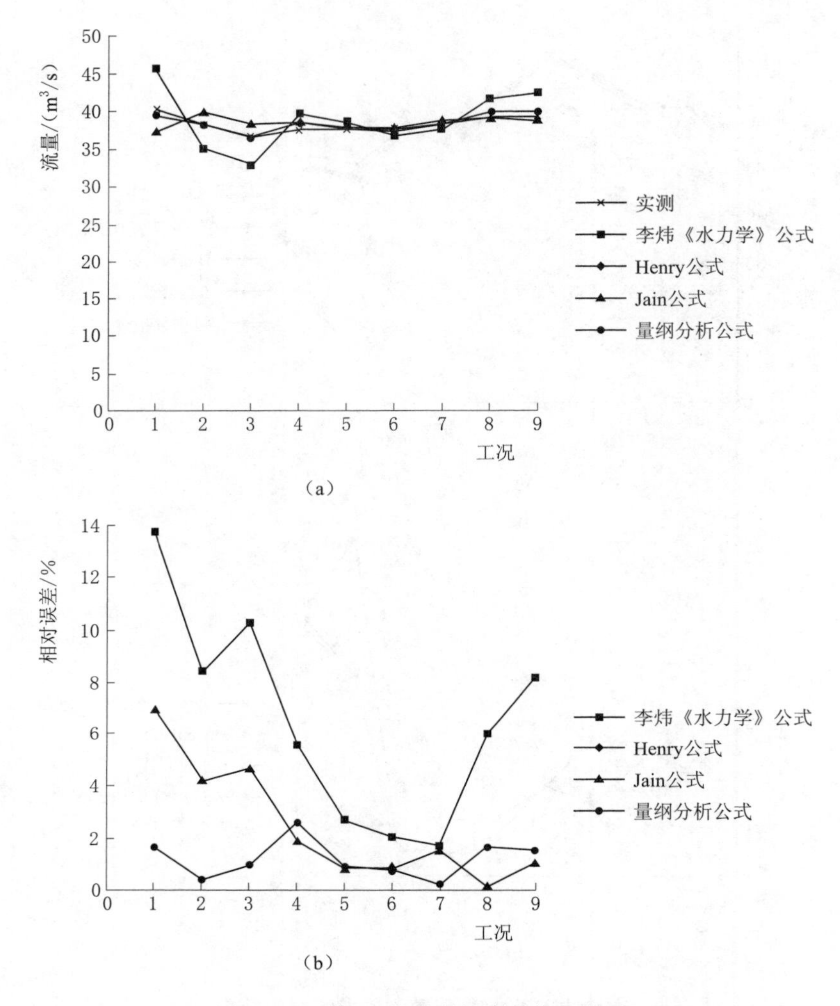

图 2.1.9　第 60 座节制闸参数辨识结果

(a) 第 60 座节制闸参数辨识流量计算结果；(b) 第 60 座节制闸参数辨识相对误差

Jain 公式和量纲分析公式均有一定限制。李炜《水力学》公式和 Henry 公式均能直接判别闸门出流状态（自由或淹没）；但是 Jain 公式和量纲分析公式不能直接判断，需依靠经验或者别的方法判定。李炜《水力学》公式和量纲分析公式考虑了闸前流速水头；而 Henry 公式和 Jain 公式没有考虑闸前流速水头，闸前流速水头较大时不适用。分析如下：如果闸前流速水头占闸前水深的比例为 x，那么 Henry 公式的自由和淹没出流水力计算的偏差都近似为$\sqrt{x}$；Jain 公式的自由出流水力计算的偏差近似为$\sqrt{x}$；淹没出流水力计算的偏差近似为$\sqrt{x/(1-H_s/H_0)}$。

2）从参数计算的复杂程度来说，李炜《水力学》公式最复杂，Henry 公式次之，Jain 公式和量纲分析公式不用计算参数，最简单。李炜《水力学》公式在计算过程中，

需计算角度、垂直收缩系数、流量系数和淹没系数，且垂直收缩系数和淹没系数需通过图表查询，流量系数需通过经验公式计算；Henry 公式仅含有流量系数，可通过经验公式计算；Jain 公式仅含有流量系数，已经给定；量纲分析公式含有两个常数系数，也已经给定。

3）从计算精度来看，李炜《水力学》公式的模拟精度最高，其他 3 个计算公式差不多（表 2.1.6）。整体而言，李炜《水力学》公式、Henry 公式、Jain 公式和量纲分析公式直接应用在 3 座节制闸的平均相对误差的平均值分别为 11.57%、28.73%、24.66%和 21.53%，且大多数工况的误差较大，其原因如下：这些经验公式及其图表或常数系数是由特定的工程或试验加上理论推导得到的，而且并未考虑渠道宽度与闸门宽度是否一致、闸门尺寸、渠道类型等因素对过闸流量的影响，导致这些公式在实际工程直接应用时会产生较大误差。

表 2.1.6 辨识前后的平均相对误差对比结果 %

编号	李炜《水力学》公式		Henry 公式		Jain 公式		量纲分析公式	
	原公式	辨识后	原公式	辨识后	原公式	辨识后	原公式	辨识后
1	20.03	1.328	27.36	1.328	36.35	0.962	31.86	0.98
31	4.484	2.213	43.718	2.213	8.871	2.167	5.98	1.88
60	10.194	6.522	15.123	6.522	28.76	2.473	26.746	1.177
平均	11.57	3.35	28.73	3.35	24.66	1.87	21.53	1.35

经过实测数据应用最小二乘法进行参数辨识后，3 座节制闸的 9 组工况分别应用 4 个计算公式的平均相对误差均减小（表 2.1.6），且平均分别减小 8.22%、25.38%、22.79%和 20.18%，比直接应用公式计算时误差小很多。结果表明，参数辨识方法是简单、合理、有效的。

2. 方法应用

对于建模区域内的 61 座节制闸的其余 58 座，采用上述同样方法，发现均处于闸孔淹没出流状态，并校准了 4 个计算公式的各参数，见表 2.1.7。

表 2.1.7 各节制闸闸孔淹没出流水力计算参数表

编号	节制闸编号	李炜《水力学》公式和 Henry 公式-C	Jain 公式-C	量纲分析公式	
				i	j
1	陶岔渠首闸	0.392	0.657	0.9555	0.3265
2	刁河节制闸	0.341	0.84	1.1132	0.3181
3	湍河节制闸	0.278	0.708	0.9968	0.3797
4	严陵河节制闸	0.401	0.818	1.0889	0.3423
5	淇河节制闸（镇平）	0.305	0.814	1.1057	0.285
6	十二里河节制闸	0.452	0.879	1.1957	0.2853
7	白河节制闸	0.307	0.915	1.1783	0.2852

续表

编号	节制闸编号	李炜《水力学》公式和 Henry 公式 - C	Jain 公式 - C	量纲分析公式	
				i	j
8	东赵河节制闸	0.324	0.836	1.1768	0.2813
9	黄金河节制闸	0.326	0.839	1.1307	0.2921
10	草墩河节制闸	0.377	0.856	1.137	0.3159
11	澧河节制闸	0.34	0.872	1.1381	0.3025
12	澎河节制闸	0.385	0.9	1.1771	0.3104
13	沙河节制闸	0.44	0.78	1.0363	0.3548
14	玉带河节制闸	0.431	0.855	1.1373	0.3258
15	北汝河节制闸	0.285	0.854	1.0973	0.2383
16	兰河节制闸	0.269	0.865	1.1217	0.3087
17	颍河节制闸	0.338	0.833	1.1207	0.3132
18	小洪河节制闸	0.319	0.824	1.1067	0.3128
19	双洎河节制闸	0.265	0.84	1.1134	0.3345
20	梅河节制闸	0.317	0.865	1.1362	0.3369
21	丈八沟节制闸	0.169	0.764	0.9839	0.2871
22	潮河节制闸	0.308	0.871	1.112	0.436
23	金水河节制闸	0.235	0.757	1.016	0.2593
24	须水河节制闸	0.239	0.823	1.1036	0.3411
25	索河节制闸	0.401	0.858	1.1229	0.3413
26	穿黄节制闸	0.499	0.695	1.011	0.3166
27	济河节制闸	0.441	0.822	1.0786	0.3465
28	闫河节制闸	0.375	0.86	1.2185	0.2418
29	溃城寨河节制闸	0.323	0.952	1.2133	0.2874
30	峪河节制闸	0.523	0.834	0.894	0.3642
31	黄水河支节制闸	0.326	0.807	1.0754	0.3518
32	孟坟河节制闸	0.329	0.815	1.1176	0.2909
33	香泉河节制闸	0.418	0.814	1.106	0.3211
34	淇河节制闸（鹤壁）	0.339	0.799	1.0993	0.2972
35	汤河节制闸	0.446	0.905	1.1467	0.3577
36	安阳河节制闸	0.385	0.809	1.1117	0.3065
37	漳河节制闸	0.268	0.8	1.0805	0.3234
38	牤牛河南支节制闸	0.383	0.731	1.0053	0.3551
39	沁河节制闸	0.25	0.725	1.0037	0.2753

续表

编号	节制闸编号	李炜《水力学》公式和 Henry 公式-C	Jain 公式-C	量纲分析公式	
				i	j
40	洺河节制闸	0.491	0.8	1.0508	0.3537
41	南沙河节制闸	0.259	0.812	1.0092	0.1902
42	七里河节制闸	0.289	0.749	1.0418	0.3919
43	白马河节制闸	0.33	0.837	1.1164	0.2916
44	李阳河节制闸	0.364	0.812	1.0887	0.3364
45	午河节制闸	0.419	0.741	0.9664	0.4007
46	槐河（一）节制闸	0.319	0.747	1.0215	0.3481
47	洨河节制闸	0.357	0.859	1.1125	0.3594
48	古运河节制闸	0.359	0.703	0.9414	0.4003
49	滹沱河节制闸	0.318	0.842	1.1113	0.3598
50	磁河节制闸	0.397	0.749	1.0373	0.321
51	沙河（北）节制闸	0.388	0.861	1.1373	0.3224
52	漠道沟节制闸	0.272	0.842	1.0863	0.2726
53	唐河节制闸	0.309	0.794	1.0579	0.3021
54	放水河节制闸	0.314	0.665	0.9442	0.247
55	蒲阳河节制闸	0.382	0.873	1.1521	0.3216
56	岗头节制闸	0.219	0.584	0.8062	0.2333
57	西黑山节制闸	0.367	0.845	1.1174	0.3005
58	瀑河节制闸	0.183	0.506	0.7915	0.3221
59	北易水节制闸	0.174	0.659	0.9098	0.2841
60	坟庄河节制闸	0.173	0.689	0.8765	0.2643
61	北拒马河节制闸	0.104	0.856	1.1548	0.3486

2.1.4 数值仿真模型验证

由于实测数据搜集等原因，中线干渠水质模型无法准确率定验证，张大伟[101]通过比较算例模拟结果与理论结果，验证了水质模型的准确性。中线干渠水力学模型中倒虹吸管道内糙率、各种建筑物引起的局部水头损失系数等也无法准确率定验证，只能按设计取值、根据已有图表查询或经验公式计算。比如，中线倒虹吸管道的设计糙率为0.014[102]，吴持恭[103]主编的《水力学》上册附录中给出了管道及明渠各种局部水头损失系数的图表和经验公式。渠道糙率有设计值，也可基于断面实测数据利用经验公式进行验证。在糙率设计值和局部水头损失系数经验取值的组合下，应用水力学模型计算水面线，发现模拟与实测较为吻合。以3个渠池为例进行说明。

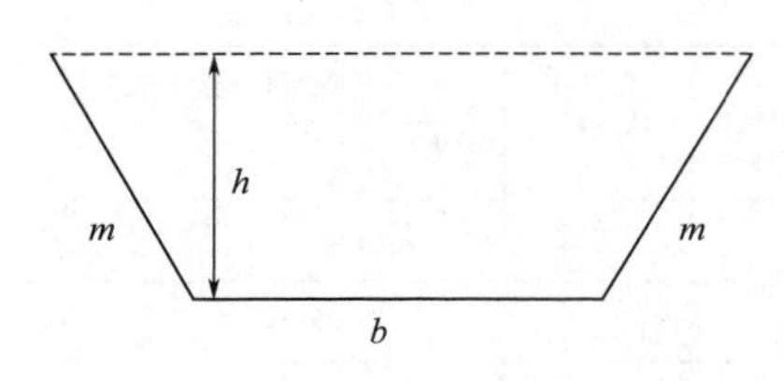

图 2.1.10　梯形断面示意图

2.1.4.1　糙率计算方法

中线干渠明渠段全线为混凝土衬砌，渠道断面为梯形（图 2.1.10），水力半径与水深一一对应：

$$R=\frac{(b+mh)h}{b+2h\sqrt{1+m^2}} \tag{2.1.55}$$

式中：R 为水力半径（下同）；b 为渠道底宽；m 为边坡系数；h 为水深。

对于一维模拟，一般认为某一断面的湿周上或者某一段渠道上具有相同的糙率[91]。选取广泛应用的美国垦务局公式[41]和本地化的杨开林公式[63]进行应用分析。

1. 美国垦务局公式

美国垦务局根据已建渠道的实测资料和室内试验分析，推荐了确定混凝土渠道的糙率的方法：

当水力半径 $R\leqslant 1.2$m 时，糙率 $n=0.014$；

当水力半径 $R>1.2$m 时，糙率为

$$n=\frac{0.056R^{\frac{1}{6}}}{\lg(9711R)} \tag{2.1.56}$$

式中：n 为糙率（下同）。

2. 杨开林公式

杨开林提出了适用于中线工程的渠道糙率计算公式：

$$n=\frac{R^{\frac{1}{6}}}{22.9\lg(1020R)} \tag{2.1.57}$$

2.1.4.2　渠池及其工况选择

选择第 2、第 32 和第 51 个渠池（表 2.1.8）为例进行应用说明，因为这些渠池在位置上近似处于干渠的首部、中间和尾部，且底宽和边坡各不一样，实际运行的水深和流量差别较大，具有较强的代表性。3 个渠池各选 5 组稳定工况，分别见表 2.1.9、表 2.1.10 和表 2.1.11。各渠池的工况中，上游节制闸流量并不严格等于渠池分水口和下游节制闸流量之和，但二者差值较小，本书忽略观测误差的影响。

表 2.1.8　渠池基本信息表

编号	控制建筑物	桩号 /km	长度 /km	设计流量 /(m³/s)	设计水位 /m	渠底高程 /m	渠道底宽 /m	边坡
2	刁河节制闸	14.62	21.824	350	146.80	闸后 138.456	闸后 19	闸后 2
	望城岗分水口	22.283		6	—	—	—	—
	湍河退水闸	36.354		175	—	—	—	—
	湍河节制闸	36.444		350	145.65	闸前 137.603	闸前 19	闸前 2

续表

编号	控制建筑物	桩号/km	长度/km	设计流量/(m³/s)	设计水位/m	渠底高程/m	渠道底宽/m	边坡
32	孟坟河节制闸	609.316	24.205	260	98.94	闸后 91.94	闸后 20	闸后 2
	老道井分水口	611.414		12	—	—	—	—
	温寺门分水口	626.211		2	—	—	—	—
	香泉河退水闸	633.188		125	—	—	—	—
	香泉河节制闸	633.521		250	97.63	闸前 90.86	闸前 19	闸前 2
51	沙河（北）节制闸	1017.361	19.538	165	72.57	闸后 67.57	闸后 21.5	闸后 2.5
	留营分水口	1030.769		2	—	—	—	—
	中管头分水口	1036.023		20	—	—	—	—
	漠道沟节制闸	1036.899		135	71.32	闸前 66.488	闸前 16.5	闸前 2.5

表 2.1.9　　第 2 个渠池工况表

工况	时间	刁河节制闸		湍河节制闸		望城岗分水口
		闸后水位/m	流量/(m³/s)	闸前水位/m	流量/(m³/s)	流量/(m³/s)
1	2015.11.7 8:00	145.455	78.700	145.379	76.030	0.510
2	2015.11.11 8:00	145.545	90.450	145.459	87.250	0.560
3	2015.11.14 8:00	145.705	109.360	145.589	103.560	0.570
4	2015.11.20 8:00	145.615	108.730	145.469	108.070	0.470
5	2015.12.10 8:00	145.515	97.900	145.399	94.170	0.580

表 2.1.10　　第 32 个渠池工况表

工况	时间	孟坟河节制闸		香泉河节制闸		老道井＋温门寺分水口流量/(m³/s)
		闸后水位/m	流量/(m³/s)	闸前水位/m	流量/(m³/s)	
1	2015.11.1 8：00	97.695	54.300	97.590	55.080	1.47＋0.69
2	2015.11.5 8：00	97.625	62.770	97.460	61.760	1.69＋0.65
3	2015.11.10 8：00	97.785	73.810	95.810	73.920	1.83＋0.66
4	2015.11.16 8：00	97.415	78.480	97.160	75.180	2.5＋0.64
5	2015.11.24 8：00	97.815	95.900	97.500	95.640	1.13＋0.67

表 2.1.11　　第 51 个渠池工况表

工况	时间	沙河（北）节制闸		漠道沟节制闸		中管头分水口
		闸后水位/m	流量/(m³/s)	闸前水位/m	流量/(m³/s)	流量/(m³/s)
1	2015.11.2 8：00	71.210	54.650	70.946	53.211	1.31
2	2015.11.6 8：00	71.180	56.760	70.866	56.859	1.52
3	2015.11.19 8：00	71.430	58.450	71.176	57.528	0
4	2015.12.5 8：00	71.460	47.600	71.276	46.046	0
5	2015.12.17 8：00	71.370	46.950	71.231	45.891	0

2.1.4.3 结果分析

经过计算，各渠池各工况对应的水力半径和糙率结果见表 2.1.12。在同一个渠池，流量和水深变化不大，因此各工况的水力半径和糙率之间的差异较小，可用平均值来代替。在 3 个渠池的对比中，水力半径的范围为 2.7～5.1m，但糙率计算值都与设计值 0.015 较为接近，说明中线渠道糙率的设计值是合理的。

表 2.1.12　各渠池糙率计算结果

编号	工况	上节制闸闸后渠道			下节制闸闸前渠道		
		水力半径/m	美国垦务局公式	杨开林公式	水力半径/m	美国垦务局公式	杨开林公式
2	1	4.591	0.01553	0.01534	4.996	0.01563	0.0154
	2	4.639	0.01554	0.01535	5.038	0.01564	0.0154
	3	4.723	0.01556	0.01536	5.104	0.01565	0.01542
	4	4.676	0.01555	0.01535	5.043	0.01564	0.01541
	5	4.623	0.01554	0.01534	5.007	0.01563	0.0154
	平均	4.65	0.01554	0.01535	5.038	0.01564	0.01541
32	1	3.965	0.01536	0.01523	4.449	0.01549	0.01531
	2	3.926	0.01535	0.01522	4.38	0.01548	0.0153
	3	4.015	0.01538	0.01524	4.444	0.01549	0.01531
	4	3.809	0.01532	0.0152	4.22	0.01543	0.01528
	5	4.031	0.01538	0.01524	4.402	0.01548	0.01531
	平均	3.949	0.01536	0.01523	4.379	0.01547	0.0153
51	1	2.71	0.01496	0.01498	3.042	0.01508	0.01505
	2	2.692	0.01495	0.01498	2.998	0.01506	0.01504
	3	2.843	0.01501	0.01501	3.169	0.01512	0.01508
	4	2.861	0.01502	0.01502	3.224	0.01514	0.01509
	5	2.807	0.015	0.015	3.199	0.01513	0.01509
	平均	2.783	0.01499	0.015	3.126	0.01511	0.01507

在各渠池各工况中，将各方法得到的糙率值代入水力学模型计算上节制闸的闸后水位，发现各工况的模拟值基本上都比实测值小，但差值与平均绝对误差都较小(表 2.1.13)。其中，将糙率设计值代入水力学模型计算上节制闸的闸后水位时，刁河节制闸、孟坟河节制闸和沙河（北）节制闸闸后水位的平均绝对误差分别为 1.28m、3.76m 和 4cm，表明模型精度较高。

表 2.1.13　各渠池上节制闸闸后水位模拟值与实测值的差值　单位：cm

编号	工　况	糙率设计值	美国垦务局公式	杨开林公式
2	1	−0.6	−0.1	−0.2
	2	−0.2	0.5	0.3
	3	−1.1	−0.4	−0.7
	4	−2.7	−1.8	−2.1
	5	−1.8	−1.1	−1.3
	绝对值平均	1.28	0.78	0.92

续表

编号	工　况	糙率设计值	美国垦务局公式	杨开林公式
32	1	−1.3	−0.9	−1
	2	−4.3	−3.7	−3.9
	3	−4.2	−3.5	−3.8
	4	−4.8	−3.9	−4.2
	5	−4.2	−3.1	−3.5
	绝对值平均	3.76	3.02	3.28
51	1	−4.1	−4	−4.1
	2	−4.7	−4.5	−4.6
	3	−4.7	−4.6	−4.6
	4	−5.7	−5.6	−5.6
	5	−0.8	−0.7	−0.8
	绝对值平均	4	3.88	3.94

2.2 明渠线性积分时滞模型研究

尽管圣维南方程能描述渠道水位流量关系，但是由于圣维南方程的微分特性和非线性，采用圣维南方程进行控制算法设计较为困难，在渠道自动化控制中多采用简化模型来描述水位流量关系。

2.2.1 圣维南方程频域数学模型

忽略渠池旁侧入流 q_1 对渠道内水流波动过程的影响，将渠池旁侧入流与分水口分水共同作为渠道系统扰动，故可略去式（2.1.1）中的 q_1 项。在运行工况点附近存在小扰动的情况下，下标 0 表示运行工况点处的变量值，令瞬态水深 $H(x,t)=H_0(x)+h(x,t)$，$h(x,t)$ 为水位偏差，令瞬态流量 $Q(x,t)=Q_0(x)+q(x,t)$，$q(x,t)$为流量偏差。则式(2.2.1)可以线性化为

$$\begin{cases} B_0\dfrac{\partial h}{\partial t}+\dfrac{\partial q}{\partial x}=0 \\ \dfrac{\partial q}{\partial t}+2V_0\dfrac{\partial q}{\partial x}-\beta_0 q+(C_0^2-V_0^2)B_0\dfrac{\partial h}{\partial x}-\gamma_0 h=0 \end{cases} \tag{2.2.1}$$

式中：B_0 为水面宽，m；V_0 为水流流速，m/s；C_0 为水波波速，m/s。

参数 γ_0 和 β_0 可表示为

$$\gamma_0=V_0^2\frac{\partial B_0}{\partial x}+gB_0\left\{(1+\kappa_0)S_{f0}-[1+\kappa_0-F_0^2(\kappa_0-2)]\frac{\partial H_0}{\partial x}\right\} \tag{2.2.2}$$

$$\beta_0=-\frac{2g}{V_0}\left(S_{f0}-\frac{\partial H_0}{\partial x}\right) \tag{2.2.3}$$

式中：$\kappa_0=\dfrac{7}{3}-\dfrac{4S_{f0}}{3B_0P_0}\dfrac{\partial P_0}{\partial H}$，$P_0$为湿周；$F_0$为弗劳德数，$F_0=V_0/C_0$。

根据拉氏变换 $L\left(B_0\dfrac{\partial y}{\partial t}\right)=B_0sy(x,s)$ 和 $L\left(\dfrac{\partial q}{\partial x}\right)=\dfrac{\partial q(x,s)}{\partial x}$，$s$ 为频域变量，对式（2.2.1）进行拉氏变换，可得

$$\left.\begin{aligned}&B_0sy(x,s)+\frac{\mathrm{d}q(x,s)}{\mathrm{d}x}=0\\&sq(x,s)+2V_0\frac{\mathrm{d}q(x,s)}{\mathrm{d}x}-\beta_0q(x,s)+(C_0^2-V_0^2)B_0\frac{\mathrm{d}h(x,s)}{\mathrm{d}x}-\gamma_0h(x,s)=0\end{aligned}\right\}\tag{2.2.4}$$

整理后，写成矩阵的形式有

$$\frac{\mathrm{d}}{\mathrm{d}x}\begin{bmatrix}q(x,s)\\h(x,s)\end{bmatrix}=\begin{bmatrix}0&-B_0s\\\dfrac{(\beta_0-s)}{B_0(C_0^2-V_0^2)}&\dfrac{2V_0B_0s-\gamma_0}{B_0(C_0^2-V_0^2)}\end{bmatrix}\begin{bmatrix}q(x,s)\\h(x,s)\end{bmatrix}=\boldsymbol{A}_s(x)\begin{bmatrix}q(x,s)\\h(x,s)\end{bmatrix}\tag{2.2.5}$$

式（2.2.5）即为圣维南方程组在复数域下的表现形式。

2.2.2　积分时滞模型

式（2.2.5）描述的是圣维南方程在复数域的数学形式，但是在矩阵 $\boldsymbol{A}_s(x)$ 中，由于参数 B_0、V_0、C_0、γ_0都随着 x 的变化而变化，故无法求得其解析解。这里假设渠池的水深不变，即 B_0、V_0、C_0、γ_0都是定常变量，则可将 $\boldsymbol{A}_s(x)$ 记为 $\boldsymbol{A}_s$，并将 $\boldsymbol{A}_s$ 对角化：

$$\boldsymbol{A}_s=\boldsymbol{P}_s\boldsymbol{D}_s\boldsymbol{P}_s^{-1}\tag{2.2.6}$$

其中 $\boldsymbol{D}_s=\begin{bmatrix}\lambda_1(s)&0\\0&\lambda_2(s)\end{bmatrix}$；$\boldsymbol{P}_s=\begin{bmatrix}-B_0s&-B_0s\\\lambda_1(s)&\lambda_2(s)\end{bmatrix}$；

$\boldsymbol{P}_s^{-1}=\dfrac{1}{B_0s(\lambda_1(s)-\lambda_2(s))}\begin{bmatrix}-B_0s&-B_0s\\\lambda_1(s)&\lambda_2(s)\end{bmatrix}$。

矩阵的特征值分别为

$$\lambda_{1,2}(s)=\frac{2B_0V_0s+\gamma_0\pm\sqrt{4C_0^2B_0^2s^2+4B_0[V_0\gamma_0-(C_0^2-V_0^2)B_0\beta_0]s+\gamma_0^2}}{2B_0(C_0^2-V_0^2)}\tag{2.2.7}$$

若渠池上游进口端，即 $x=0$ 处的流量和水位偏差值为 $q(0,s)$ 和 $h(0,s)$，则式（2.2.5）的解析解为

$$\begin{bmatrix}q(x,s)\\h(x,s)\end{bmatrix}=\begin{bmatrix}\dfrac{\lambda_1e^{\lambda_2x}-\lambda_2e^{\lambda_1x}}{\lambda_1-\lambda_2}&\dfrac{B_0s(e^{\lambda_2x}-e^{\lambda_1x})}{\lambda_1-\lambda_2}\\\dfrac{\lambda_1\lambda_2(e^{\lambda_1x}-e^{\lambda_2x})}{B_0s(\lambda_1-\lambda_2)}&\dfrac{\lambda_1e^{\lambda_1x}-\lambda_2e^{\lambda_2x}}{\lambda_1-\lambda_2}\end{bmatrix}\begin{bmatrix}q(0,s)\\h(0,s)\end{bmatrix}\tag{2.2.8}$$

在渠道控制中，水位控制是通过控制渠池上、下游节制闸的开度，也就是上、下游的流量来实现的。推导渠池上、下游端口的水位流量传递矩阵时，初始边界应为上、下游两端的流量偏差参数 $q(0, s)$ 和 $q(L, s)$。因此，描述上游进口 0 与下游出口 L 处的水位偏差与流量偏差的传递矩阵可由式（2.2.8）反推得到

$$\begin{bmatrix} h(0,s) \\ h(L,s) \end{bmatrix}=\begin{bmatrix} \dfrac{\lambda_2 e^{\lambda_1 L}-\lambda_1 e^{\lambda_2 L}}{B_0 s(e^{\lambda_2 L}-e^{\lambda_1 L})} & \dfrac{\lambda_1-\lambda_2}{B_0 s(e^{\lambda_2 L}-e^{\lambda_1 L})} \\ \dfrac{(\lambda_2-\lambda_1)e^{(\lambda_1+\lambda_2)L}}{B_0 s(e^{\lambda_2 L}-e^{\lambda_1 L})} & \dfrac{\lambda_1 e^{\lambda_1 L}-\lambda_2 e^{\lambda_2 L}}{B_0 s(e^{\lambda_2 L}-e^{\lambda_1 L})} \end{bmatrix}\begin{bmatrix} q(0,s) \\ q(L,s) \end{bmatrix} \tag{2.2.9}$$

式（2.2.9）即为描述渠道上、下游端的流量偏差随流量偏差变化特性的传递矩阵。若记描述上游进口 0 与任意 x 处的水位偏差与流量偏差的传递矩阵为 $\boldsymbol{P}(x, s)$，则有

$$\boldsymbol{P}(x,s)=\begin{bmatrix} p_{11}(s) & p_{12}(s) \\ p_{21}(s) & p_{22}(s) \end{bmatrix}=\begin{bmatrix} \dfrac{\lambda_2 e^{\lambda_1 x}-\lambda_1 e^{\lambda_2 x}}{B_0 s(e^{\lambda_2 L}-e^{\lambda_1 L})} & \dfrac{\lambda_1-\lambda_2}{B_0 s(e^{\lambda_2 x}-e^{\lambda_1 x})} \\ \dfrac{(\lambda_2-\lambda_1)e^{(\lambda_1+\lambda_2)x}}{B_0 s(e^{\lambda_2 x}-e^{\lambda_1 x})} & \dfrac{\lambda_1 e^{\lambda_1 x}-\lambda_2 e^{\lambda_2 x}}{B_0 s(e^{\lambda_2 x}-e^{\lambda_1 x})} \end{bmatrix} \tag{2.2.10}$$

由于渠池的高频特性体现的是渠池的水波特性，低频特性体现的是渠池的水位变幅特性，这里主要关心渠池的低频特性。传递函数矩阵式（2.2.10）在低频下的响应特性主要以积分和时滞特性为主。若记与上游水位相关的参数下标为 u，与下游水位相关的参数下标为 d。则

$$p_{11}(s)=\frac{1}{A_u s} \tag{2.2.11}$$

其中 $A_d=\dfrac{B_0^2(C_0^2-V_0^2)}{\gamma_0}\left[1-e^{-\frac{\gamma_0}{B_0(C_0^2-V_0^2)}x}\right]$；$A_u=\dfrac{B_0^2(C_0^2-V_0^2)}{\gamma_0}\left[e^{\frac{\gamma_0}{B_0(C_0^2-V_0^2)}x}-1\right]$；

$\tau_d=\dfrac{x}{C_0+V_0}$；$\tau_u=\dfrac{x}{C_0-V_0}$

而在高频处，延迟和重力波在传递矩阵元件中占主导地位，且重力波的振荡特性并不容易简单近似，因此，对于高频波动一般不进行考虑。Schuurmans 等[21]将渠池分为水深不变的均匀流区和水深线性变化的回水区（图 2.2.1），通过分析均匀流区的水波变形和回水区的水波变形特征，得出均匀流区波动变形明显而回水区波动变形较小的结论。在渠池中存在均匀流区的情况下，上游水波传递到下游时会发生坦化，水波特性可忽略不计；而在完全回水区情况下水波特性则无法忽略，这种波动极容易重叠导致渠池共振。在完全回水区情况下的共振情况，在目前的基于简化模型的控制算法研究中难以处理，因此目前学者们都是采用滤波对水位信号进行处理，降低明渠的共振程度。

由前述的传递矩阵及其低频下的控制参数，可得到出口水位偏差与进口流量偏差和出口流量偏差的关系式：

$$h(s)=\frac{e^{-\tau_d s}}{A_d s}q_{in}(s)-\frac{1}{A_d s}q_{out}(s) \tag{2.2.12}$$

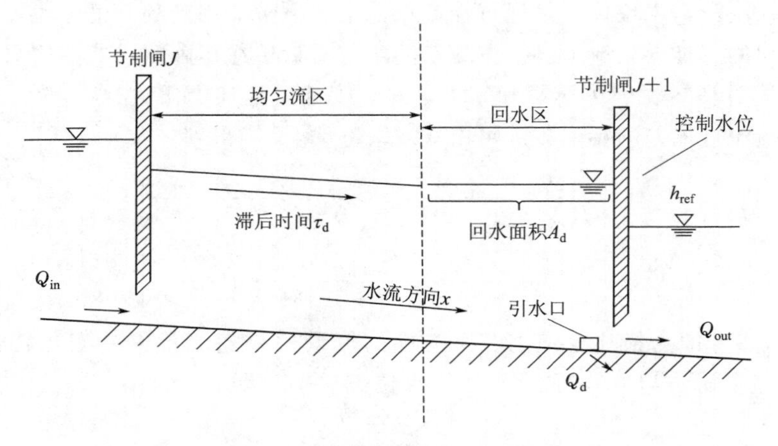

图 2.2.1　渠池均匀流区与回水区假设示意图

将方程写为时域形式，则有

$$\frac{\mathrm{d}h(t)}{\mathrm{d}t}=\frac{1}{A_{\mathrm{d}}}[q_{\mathrm{in}}(t-\tau_{\mathrm{d}})-q_{\mathrm{out}}(t)] \tag{2.2.13}$$

式（2.2.13）即为包含积分项和时滞项的描述下游水深偏差与进、出口流量偏差之间关系式的方程，记为积分时滞（ID）模型。积分时滞模型是圣维南方程线性化后近似得到的定常线性方程，因此该模型与圣维南方程相比更容易使用，只需确定迟滞时间 τ_{d} 和积分面积 A_{d} 两个参数便可确定渠池的水力控制特性，积分时滞模型是基于圣维南方程在稳定点附近线性化推导得出的，因此从理论上分析该模型存在适用工况范围较小的问题。

2.2.3　积分时滞特征参数识别

积分时滞模型含有积分面积 A_{d} 和迟滞时间 τ_{d} 两个参数，确定这两个参数即可确定渠池的线性特性。积分时滞模型特征参数的确定目前主要有两种方式：公式计算法和参数辨识法。其中公式计算法一般用于没有渠池仿真模型的情况下，而有渠池仿真模型时一般可以通过仿真模型模拟非恒定流下的水面线，再采用参数辨识方法进行特征参数识别。

1. 积分时滞模型参数辨识法

针对 ID 模型的特征参数的识别方法，参数辨识法通过水力学模型模拟扰动发生后的水面线，依据积分时滞模型假设，对非恒定流结果下的水面线进行分析来识别特征参数。参数辨识法的步骤主要是：

（1）建立研究渠池的包含上、下游控制建筑物的水力学模型。

（2）使得渠池上游入流发生脉冲流量变化，保持下游流量不变，通过水力学模型计算下游的水深变化情况。

（3）根据下游水位的模拟结果，识别出特性参数。

在模拟结果中，需要控制下游节制闸来保持下游的出流稳定，减少下游流量变化带

来的误差。在仿真水位结果中，下游水位变化时刻与上游流量脉冲扰动发生时刻的时间间隔即为滞后时间 τ_d。回水区面积 A_d 可由如下公式获取：

$$A_d=\frac{\Delta Q\Delta t}{\Delta H}=\frac{\Delta Q}{K} \tag{2.2.14}$$

式中：ΔH 为施加上游流量脉冲后的水深变化量；Δt 为变化持续时间；K 为水深变化的斜率。

以南水北调中线工程的最后 6 个明渠段为测试渠段来建立仿真模型。研究渠段属于南水北调中线工程干线的蒲阳河节制闸到北拒马节制闸之间的渠段。研究渠段全线属于明渠重力流输水，中间没有调蓄水库。研究渠池的基础参数以及设计流量由南水北调中线干线工程建设管理局提供。这 6 个渠池的基本参数见表 2.2.1。这里设置 3 种不同的流量情况，节制闸过闸流量分别设置为节制闸的设计流量的 80%、50%和 30%，分别记为大、中、小流量情况，3 种流量情况下各个渠池内的流量见表 2.2.2。其中大流量为工程在 19 年输水的常见流量。通过模拟 3 种流量情况下的各个渠池在上游流量变化 $2m^3/s$ 后的水位变化情况，来进行特征参数识别。以最后一个渠池为例，其在大、中、小流量情况下的水位变化情况如图 2.2.2 所示。

表 2.2.1　研究渠池基础参数

编号	渠池长度/km	底宽/m	边坡	底坡	目标水深/m
进口闸门	—	—	—	—	—
1	26.6	21	2	9.8×10^{-5}	4.5
2	9.7	22.5	2.75	3.9×10^{-5}	4.5
3	14.9	17	1	6.2×10^{-5}	4.21
4	20.8	10	2	5.4×10^{-5}	4.19
5	14.7	7.5	2.5	5.1×10^{-5}	4.21
6	25.4	7.5	2.5	5.3×10^{-5}	3.95

表 2.2.2　研究渠池初始流量工况　　单位：m^3/s

编号	大流量		中流量		小流量	
	下游流量	初始分水流量	下游流量	初始分水流量	下游流量	初始分水流量
进口闸门	94.5	—	67.5	—	30.5	—
1	87	7.5	62	5.5	27	3.5
2	70	17	50	12	20	7
3	55	15	40	10	13.5	6.5
4	42	13	30	10	8	5.5
5	42	0	30	0	8	0
6	35	7	25	5	5	3

图 2.2.2 为渠池 6 在初始大流量、中流量、小流量工况下的水深变化图，从图中可以看出在不同的初始流量工况下，水深变化过程是不一样的，这说明渠池的时滞特性和积分特性是随工况变化而变化的。同时，也表明了积分时滞模型的局限性，即只能在很小的范围内准确反映渠池的水位与流量关系。但下游水位变化的滞后性和整体呈现线性上升趋势也证明了积分时滞模型假设的合理性。

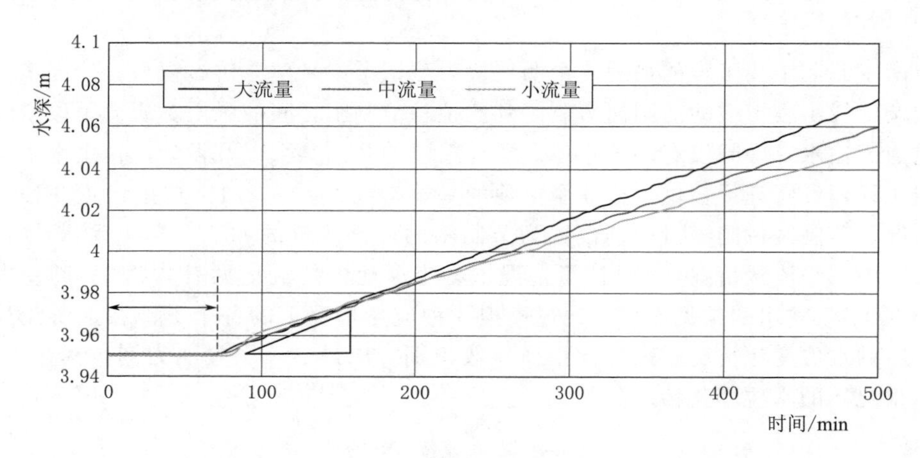

图 2.2.2　渠池 6 在不同运行工况下的水深变化图

而在大、中、小 3 种流量下的水位上升过程中的波动现象也反映出渠池的水位波动特性，这一点是积分时滞模型无法体现的，而这种波动特性也会造成渠池在反馈实时控制中的共振。用参数辨识法识别渠池在不同流量工况下的特征参数并汇总，见表 2.2.3。

表 2.2.3　研究渠池不同流量工况下特性参数

流量工况	参数	渠池					
		1	2	3	4	5	6
大流量	A_d/m^2	659340	411176	327869	416667	361446	431655
	τ_d/min	70	24	35	57	41	75
中流量	A_d/m^2	740741	451128	344828	454545	379747	487805
	τ_d/min	74	24	35	57	41	77
小流量	A_d/m^2	845070	454545	365854	512821	402685	594059
	τ_d/min	80	24	37	60	43	81

2. 积分时滞模型参数快速计算公式推导

由前述研究知，只有在水深不变的均匀流情况下传递矩阵才有复数域解析解。而实际的渠道是不存在完全均匀流的，因此积分时滞模型参数是没有解析解的。而明渠实时控制采用的是实时的观测水位信息，只需要利用控制模型来预测控制动作后的水位变化趋势，因此在进行控制系统设计的时候不需要积分时滞模型，参数具有较高的准确度。

采用具有一定精度的近似公式来计算积分时滞模型参数也能满足实时控制的需求，因此这里尝试用简化计算公式来进行参数求解。Schuurman[21]根据回水区和均匀流区假设推导了一套简化计算公式，但是Schuurmans在推导过程中假设回水区水面水平，并假设回水区只有积分项、均匀流区只有时滞项，这显然不符合实际，在坡度特别缓而渠池特别长的情况下，可能会完全为回水区，但却有较明显的时间滞后特征。Litrico[104-105]根据前述均匀流情况下的解析解，将渠池细化为多个区间并进行渠池多个区间的传递函数矩阵推导，得出了积分面积A_d和迟滞时间τ_d的近似公式，但是计算公式极为复杂。这里通过采用Litrico推荐的均匀流区和回水区区分方法，尝试对不同区域进行均值计算，进一步简化计算公式，并将简化计算公式的计算结果与参数辨识方法的结果进行对比，来分析计算公式的准确性。渠池的上、下游水深一般具有观测值，因此这里用到的参数除了渠池的特征参数以外，还包括渠池的上、下游水深H_{up}和H_{down}。

由前述积分时滞模型理论推导可知，在水深不变的情况下可得到积分时滞特征参数近似解：

$$A_d=\frac{B_0^2(C_0^2-V_0^2)}{\gamma_0}\left[1-e^{-\frac{\gamma_0}{B_0(C_0^2-V_0^2)}L}\right] \tag{2.2.15}$$

$$\tau_d=\frac{L}{C_0+V_0} \tag{2.2.16}$$

式中：L为均匀流渠池长度，m。B_0、C_0、V_0、γ_0都为与水深H有关的参数。

但是在明渠中水深并不是完全不变的。渠池的水深沿渠池下游方向的变化率S可由以下公式描述：

$$S=\frac{i-S_f(x)}{1-F_r(x)^2} \tag{2.2.17}$$

S_f以及F_r与水深有关，因此水深的变化率S并非常数，而是往下游方向S逐步变大。为了近似描述渠池水面线，需要采用前述的均匀流与回水区假设。明渠均匀流输水时的水深为均匀流水深，某一输水流量有唯一对应的均匀流水深。当渠池上游端的实际水深大于均匀流水深时，可认为不存在均匀流区，渠池完全处于水深往下游方向线性增加的回水区。这里回水区水面并不假设为水平，可参考Litrico方法来对均匀流区和回水区进行更为准确的区分。回水区的水深变化率可假设为

$$S_L=S(L)=\frac{i-S_f(L)}{1-F_r(L)^2} \tag{2.2.18}$$

式中：L为渠池最下游水位控制点。而渠道上游端实际水深接近均匀流水深的情况下，明渠中存在着均匀流输水区域，渠池可划分为水深不变的均匀流区和水深往下游方向增加的回水区。由于均匀流区水深保持不变，有

$$S_0=0 \tag{2.2.19}$$

若记均匀流水深为H_n，则均匀流区和非均匀流区的交界处离上游端的距离x_1可由以下公式计算：

$$x_1=\max\left(L-\frac{H_{down}-H_n}{S_L},0\right) \tag{2.2.20}$$

对于梯形渠池，其均匀流水深可通过式（2.2.24）试算得到：

$$Q=(b+mH)H\frac{R^{2/3}i^{1/2}}{n} \tag{2.2.21}$$

式中：Q 为渠池流量，m^3/s；b 为渠池底宽，m；H 为渠池水深，m；i 为渠池的底坡；n 为渠池糙率；R 为水力半径，m。

这里，假设在渠池中存在均匀流区和回水区，渠池的积分面积和滞后时间可通过分别计算回水区和均匀流区的参数，再累计求和得到。记与均匀流区有关的参数下标为 n，而与回水区有关的参数下标为 b，则

$$A_d=A_{d,n}+A_{d,b} \tag{2.2.22}$$

$$\tau_d=\tau_{d,n}+\tau_{d,b} \tag{2.2.23}$$

均匀流区的回水面积 $A_{d,n}$ 和滞后时间 $\tau_{d,n}$ 可采用以下公式求得：

$$A_{d,n}=\frac{B_0^2(C_0^2-V_0^2)}{\gamma_0}\left[1-e^{-\frac{\gamma_0}{B_0(C_0^2-V_0^2)}x_1}\right] \tag{2.2.24}$$

$$\tau_{d,n}=\frac{x_1}{C_0+V_0} \tag{2.2.25}$$

式中：B_0、C_0、V_0、γ_0 都为与水深 H 有关的参数，水深采用均匀流水深 H_n。考虑到

$$\gamma_0=V_0^2\frac{\partial B_0}{\partial x}+gB_0\left\{(1+\kappa_0)S_{f0}-\left[1+\kappa_0-F_0^2(\kappa_0-2)\right]\frac{\partial H_0}{\partial x}\right\} \tag{2.2.26}$$

在均匀流区 $\frac{\partial B_0}{\partial x}$ 与 $\frac{\partial H_0}{\partial x}$ 等于 0，且 S_{f0} 等于渠池底坡 i。则有

$$\gamma_0=gB_0(1+\kappa_0)i \tag{2.2.27}$$

其中　$\kappa_0=\frac{7}{3}-\frac{4S_{f0}}{3B_0P_0}\frac{\partial P_0}{\partial H}$。

在实际的明渠输水工程中，S_{f0} 远小于 B_0 和 P_0，因此 κ_0 可近似为 7/3。因此，式（2.2.27）可进一步简化后代入到式（2.2.24）中，得到

$$A_{d,n}=\frac{3B_0(C_0^2-V_0^2)}{10gi}\left[1-e^{-\frac{\frac{10}{3}gix_1}{(C_0^2-V_0^2)}}\right] \tag{2.2.28}$$

式（2.2.25）与式（2.2.28）即为均匀流区的特征参数 $\tau_{d,n}$ 和 $A_{d,n}$ 计算公式。

而在回水区，可根据上游水深和下游水深分别计算回水区的等效面积和传递时间，再取平均来代替。回水区上游相关计算值记下标为 1，回水区下游相关值记为下标 2，则有

$$A_{d,b}=\frac{A_{d,b1}+A_{d,b2}}{2} \tag{2.2.29}$$

$$\tau_{d,b}=\frac{\tau_{d,b1}+\tau_{d,b2}}{2} \tag{2.2.30}$$

显然，对于回水区上游处：

$$A_{d,b1}=\frac{3B_0(C_0^2-V_0^2)}{10gi}\left[1-e^{-\frac{\frac{10}{3}gi(L-x_1)}{(C_0^2-V_0^2)}}\right] \tag{2.2.31}$$

$$\tau_{d,b1}=\frac{L-x_1}{C_0+V_0} \tag{2.2.32}$$

同样 B_0、C_0、V_0、γ_0都为与水深 H 有关的参数，水深采用均匀流水深 H_n。而在回水区下游端，同样可假设 κ_0可近似为 7/3，则有

$$A_{d,b2}=\frac{B_0^2(C_0^2-V_0^2)}{\gamma_0}\left[1-e^{-\frac{\gamma_0}{B_0(C_0^2-V_0^2)}(L-x_1)}\right] \tag{2.2.33}$$

$$\tau_{d,b2}=\frac{L-x_1}{C_0+V_0} \tag{2.2.34}$$

式中：B_0、C_0、V_0、γ_0都为与水深 H 有关的参数，水深采用下游水深 H_{down}。但是 γ_0不可进行前述简化，对于梯形断面，假设边坡为 m，可将 γ_0中的全部微分进行差分转化，可得 γ_0为

$$\begin{aligned}\gamma_0&=V_0^2\frac{\partial B_0}{\partial x}+gB_0\left\{(1+\kappa_0)S_{f0}-[1+\kappa_0-F_0^2(\kappa_0-2)]\frac{\partial H_0}{\partial x}\right\}\\&=2V_0^2m\,\frac{i-S_{f0}}{1-F_0^2}+gB_0\left[\frac{10}{3}S_{f0}-(\frac{10}{3}-\frac{F_0^2}{3})\frac{i-S_{f0}}{1-F_0^2}\right]\end{aligned} \tag{2.2.35}$$

式中：S_{f0}为与水深 H 有关的参数，水深采用下游水深 H_{down}。

因此，对于存在均匀流区的大型梯形断面输水渠道，其特征参数 A_d的计算公式为式（2.2.22）、式（2.2.28）、式（2.2.29）、式（2.2.31）、式（2.2.33）。其中，式（2.2.31）、式（2.2.34）中的水深采用均匀流水深 H_n，而式（2.2.33）中的水深为下游水深 H_{down}。特征参数 τ_d的计算公式为式（2.2.23）、式（2.2.25）、式（2.2.32）、式（2.2.34）。其中，式（2.2.23）、式（2.2.32）中的水深采用均匀流水深 H_n，而式（2.2.34）中的水深为下游水深 H_{down}。

而对于完全回水区，其不存在均匀流分区，因此其计算过程比存在均匀的流区情况少了两个区的参数求和步骤。因此，A_d的计算方法为用式（2.2.33）分别计算上游水深 H_{up}及下游水深 H_{down}对应的 $A_{d,b1}$和 $A_{d,b2}$，再利用式（2.2.29）求平均。τ_d的计算方法为用式（2.2.34）分别计算上游水深 H_{up}及下游水深 H_{down}对应的 $\tau_{d,b1}$和 $\tau_{d,b2}$，再利用式（2.2.30）求平均。

这里同样对前述的渠池进行计算分析，通过本书推荐的积分时滞模型特征参数计算公式，对前述 6 段渠池的 3 种流量工况下的特征参数进行计算，结果见表 2.2.4 和表 2.2.5。从表 2.2.4 中可以看出，研究渠池完全处于回水区中，因此其参数计算只需按照式（2.2.30），对回水区上、下游两端计算得到的参数进行求均值即可。采用简化公式计算得到的面积 A_d和参数辨识法的误差都维持在 13%以内。τ_d的值和参数辨识方法的误差也都维持在 13%以内，其中最大偏差出现在参数辨识的 τ_d时间特别短的情况下，这种情况下各种计算误差和观测误差造成的影响特别大。因此，简化计算公式具有一定的准确率。根据后续控制模型及控制算法可以分析得出，积分时滞模型的精度问题对控制算法的影响并不大。

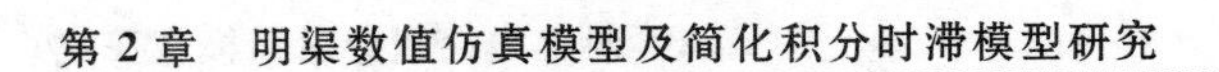

表 2.2.4　积分面积简化计算公式与参数辨识结果对比

初始工况	渠池编号	x_1/m	是否完全回水区	$A_{d,b1}$ /m^2	$A_{d,b2}$ /m^2	$A_{d,b}$ /m^2	参数辨识结果/m^2	偏差率/%
大流量工况	1	0	是	358216	784946	571581	659340	−13.3
	2	0	是	409317	426971	418144	411176	1.7
	3	0	是	265044	306002	285523	327869	−12.9
	4	0	是	310294	390343	350318	416667	−15.9
	5	0	是	291610	349763	320687	361446	−11.3
	6	0	是	326502	455728	391115	431655	−9.4
中流量工况	1	0	是	381789	897618	639704	740741	−13.2
	2	0	是	422207	442103	432155	451128	−4.2
	3	0	是	289804	339336	314570	344828	−8.8
	4	0	是	332554	459384	395969	454545	−12.9
	5	0	是	314110	382064	348087	379747	−8.3
	6	0	是	335488	555452	445470	487805	−8.7
小流量工况	1	0	是	443725	1013475	728600	845070	−13.8
	2	0	是	437398	456608	447003	454545	−1.7
	3	0	是	345483	375708	360596	365854	−1.4
	4	0	是	454940	552251	503596	512821	−1.8
	5	0	是	359132	416865	387999	402685	−3.6
	6	0	是	506377	687804	597090	594059	0.5

表 2.2.5　时滞时间简化计算公式与参数辨识结果对比

初始工况	渠池编号	x_1/m	是否完全回水区	$\tau_{d,b1}$ /min	$\tau_{d,b2}$ /min	$\tau_{d,b}$ /min	参数辨识结果/min	偏差率/%
大流量工况	1	0	是	72	68	70	70	0.0
	2	0	是	26	26	26	24	8.3
	3	0	是	38	37	38	35	7.9
	4	0	是	58	58	58	57	1.8
	5	0	是	44	43	44	41	6.7
	6	0	是	77	76	77	75	2.1
中流量工况	1	0	是	78	70	74	74	0.3
	2	0	是	27	27	27	24	11.5
	3	0	是	40	39	40	35	12.9
	4	0	是	62	59	61	57	6.3
	5	0	是	46	45	45	41	10.7
	6	0	是	82	78	80	77	4.2

续表

初始工况	渠池编号	x_1/m	是否完全回水区	$\tau_{d,b1}$ /min	$\tau_{d,b2}$ /min	$\tau_{d,b}$ /min	参数辨识结果/min	偏差率/%
小流量工况	1	0	是	94	74	84	80	4.5
	2	0	是	27	25	26	24	9.3
	3	0	是	41	39	40	37	8.7
	4	0	是	71	64	68	60	12.7
	5	0	是	51	47	49	43	13.4
	6	0	是	97	84	91	81	11.9

2.3 本章小结

渠池仿真模型以及渠池简化模型是控制算法研究、调度方案制定以及效果验证的基础。针对明渠仿真模型以及渠池简化模型的建立，本章主要进行了以下研究。

（1）针对包含节制闸和分水口内边界的明渠水力仿真问题进行了研究，应用 Preissmann 四点偏心隐格式对明渠外边界和内边界计算方程进行离散，得出了耦合内外边界的全系统求解方程。并通过 C++编程开发了一维水力学数值模拟模型。

（2）介绍了圣维南方程的频域数学模型推导过程以及简化积分时滞模型基本理论，研究了用参数辨识法和简化公式计算法计算渠池的积分时滞模型参数的方法；并基于均匀流假设下的积分时滞模型特征参数的理论解，采用平均假设，对完全回水区和部分回水区两种类型的大型梯形断面明渠的特征参数简化计算公式进行了推导；将公式应用于案例渠池上并与参数辨识法的结果进行了对比。结果表明，本书的简化计算公式具有结构简单、计算精度较高的优点，计算误差保持在13%以内。

针对中线干渠突发水污染事故模拟预测需求，采用分层结构和模块化建模方法，构建了符合中线干渠具有多种建筑物等特征的一维水力学水质数值模拟模型，可实现中线干渠在常规和应急条件下的水动力水质过程的综合模拟。针对中线干渠上的弧形节制闸，选择基于能量方程的 3 个公式和基于量纲分析法的 1 个公式——共 4 个被广泛应用的弧形闸门出流水力计算公式进行分析，指出了各公式的适用条件和实际应用误差较大的原因，并结合最小二乘法提出了基于实测数据驱动的闸门水力计算参数辨识模型，通过 3 座典型节制闸的应用证明了参数辨识模型的可靠性和作用，且校准了中线干渠 61 座节制闸的水力计算参数，可为工程运行调度和输水控制提供技术支撑。其次，利用 3 个典型渠池的实测数据验证了渠池糙率设计值的合理性和水力学模型的可靠性。最后，计算出了中线干渠在输水过程的水量损失率为 3.4%，表明模型不考虑水量损失是可行的。

第3章
常态小扰动下的实时控制算法研究

3.1 引言

明渠实时控制算法是实现明渠在日常调控过程中水位稳定的基础。在常态运行情况下，渠池的扰动主要分两种类型：一种是较小的不可测量的分水扰动，一般为分水口分水流量波动或者降雨导致的局部入流增加；另一种情况是分水流量按照既定的计划发生变化，通常发生在分水口供水计划调整时期，这种情况下，由于流量变化较小或者可预先知道流量变化情况，可通过合理的微调闸控来保持水位稳定。本章将采用自动控制领域的实时自动控制理论来构建明渠控制系统，来实现渠池的实时控制。本章采用积分时滞模型作为输配水系统过程控制模型，并基于此模型研究分布式 PI 控制算法、线性二次型反馈控制算法和前馈反馈耦合的模型预测控制算法，最后在案例渠道上进行自动控制模拟研究，对算法的适用性进行评判。

3.2 基于 ID 模型的 PI 控制算法研究

3.2.1 PI 控制算法基本原理

比例积分微分（proportion integral derivative，PID）是自动控制领域经典的反馈控制算法，因其控制逻辑简单且在线计算量小，在控制领域研究和实际工程中应用最为广泛。PID 控制算法主要由三部分组成：比例控制（P）、积分控制（I）和微分控制（D）。比例控制能使系统过渡过程较快地稳定，积分控制使稳态控制无差，微分环节则能够克服受控对象的延迟和惯性，减少控制过程中的动态偏差。微分控制在时滞系统中的作用效果不佳，因此对于渠道输配水等具有明显时滞的系统，通常仅采用 PI 控制。

对于给定值 $r(t)$ 与实际输出值 $c(t)$，偏差为

$$e(t)=r(t)-c(t) \tag{3.2.1}$$

通过线性组合将偏差的比例 P 和积分 I 构成控制量，对被控对象进行控制，即 PI 控制系统原理为

$$U(t)=K_{\mathrm{p}}\left[e(t)+\frac{1}{T_{\mathrm{I}}}\int_{0}^{t}e(t)\mathrm{d}t\right] \tag{3.2.2}$$

式中：K_p为比例系数；T_I为积分时间常数。

实际应用是根据采样的系统值和控制值的偏差来对系统进行控制，通常采用的是PI算法的离散形式：

$$U(k)=K_p e(k)+\frac{K_p}{T_I}\sum_{i=0}^{k}e(i) \tag{3.2.3}$$

式中：k 为采样序号。

对于 $k-1$ 时刻，则有

$$U(k-1)=K_p e(k-1)+\frac{K_p}{T_I}\sum_{i=0}^{k-1}e(i) \tag{3.2.4}$$

定义控制增量 $\Delta U(k)=U(k)-U(k-1)$，偏差增量 $\Delta e(k)=e(k)-e(k-1)$。则式（3.2.3）的增量形式可写为

$$\Delta U(k)=K_p\Delta e(k)+\frac{K_p T_s}{T_I}\times e(k) \tag{3.2.5}$$

式中：$\Delta U(k)$ 为控制作用变量的变化量；T_s为控制步长间隔时间；$e(k)$ 和 $\Delta e(k)$ 分别为被控变量偏差及其变化量。

采用式（3.2.5）进行PI控制的作用变量的变化量计算，实际使用时，在已经发生的控制量的基础上调整 $\Delta U(k)$ 即可。

在渠道输配水工程的自动控制中，可将渠池的水位或水深作为被控变量，上述水深偏差 $h(k)$ 即为此处被控变量偏差 $e(k)$。可将渠池上游闸门的流量变化作为控制作用变量。对于单个渠池，PI控制算法只以当前渠池的下游闸前水位偏差 $h(k)$ 和 $\Delta h(k)$ 为输入量，输出当前渠池上游节制闸的闸门开度变化量。而在多个渠池串联情况下，则是通过多个PI控制器串联来实现多渠池实时控制，基本逻辑图如图3.2.1所示。

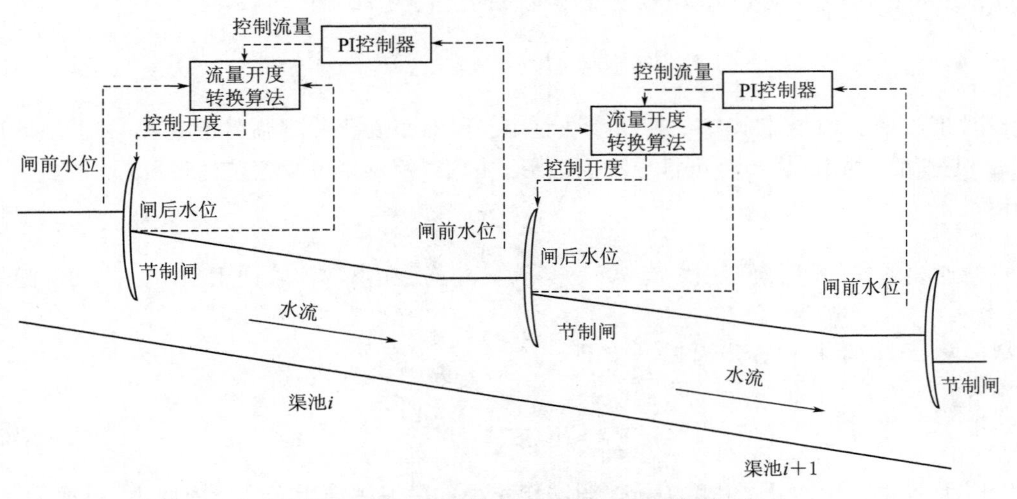

图3.2.1　串联渠池PI控制基本逻辑图

从逻辑图3.2.1中可以看出，下游渠池 $i+1$ 中的PI控制器会生成渠池 $i+1$ 上游端口的节制闸闸门动作，但闸门动作的同时也会对上游渠池 i 的下游端的水位造成影

响，可见串联渠池情况下多个渠池间的控制动作相互影响是极为明显的。PI 控制并未考虑渠池间的流量变化造成的相互影响。

3.2.2　PI 控制算法参数整定及控制效果分析

PI 控制算法主要需要解决的问题在于确定控制参数比例系数 K_p 和积分常数 T_I。一般来说，增大比例系数将加快系统响应，却会使超调变大；积分常数能够修正稳态误差，却可能会使系统动态特性恶化，动态误差增大。渠道输配水自动控制研究中，PI 反馈控制算法的参数整定研究非常广泛，不同学者也提出了不同的参数整定方法。在经典控制领域算法的整定方法还采用的是经验公式。PI 控制算法的整体思路，大致都围绕以下两步展开。

(1) 确定反馈控制的临界增益 K_u 和临界增益控制下的系统振动周期 T_u。不使用 PI 控制的积分项，只施加比例控制，然后增加 K_p 直至系统开始振荡，此反馈增益即为临界增益 K_u，此时的振荡周期即为 T_u。

(2) 根据临界增益 K_u 和振动周期 T_u，乘以一定的比例系数 a 和 b，确定控制系数 K_p 和积分常数 T_I，如式 (3.2.6) 和式 (3.2.7) 所示：

$$K_p = a \times K_u \tag{3.2.6}$$

$$T_I = b \times T_u \tag{3.2.7}$$

Z－N 法[106] 推荐公式为

$$K_p = 0.45K_u,\quad T_I = 0.83T_u \tag{3.2.8}$$

Litrico and Fromion[104] 推荐公式为

$$K_p = 0.37K_u,\quad T_I = 1.5T_u \tag{3.2.9}$$

Schuurmans[107] 根据 45 相裕度准则推荐的公式为

$$K_p < 0.5K_u,\quad T_I = \frac{1}{\sqrt{2}}T_u \tag{3.2.10}$$

因此，对于 PI 控制算法的控制参数整定，其难点在于确定临界增益 K_u 和振动周期 T_u。根据简化的 ID 模型，可推导在离散形式的 ID 模型中发生振荡的情况：

$$T_u = 5\tau_d \tag{3.2.11}$$

在连续形式的 ID 模型中，有 $K_u = 1.53\dfrac{A_d}{\tau_d}$，而在离散形式的 ID 模型中，$K_u$ 随着离散间隔 T_s 的增加而逐步逼近 $\dfrac{A_d}{\tau_d}$，即

$$\frac{A_d}{\tau_d} \leqslant K_u < 1.53\frac{A_d}{\tau_d} \tag{3.2.12}$$

由于 $K_p = aK_u$，K_p 值越小，控制动作越小，渠池越偏于安全。因此 K_u 可取为

$$K_u = \frac{A_d}{\tau_d} \tag{3.2.13}$$

根据式 (3.2.11) 和式 (3.2.13)，按照 Schuurmans 推荐的系数，可得

$$K_p=0.5\frac{A_d}{\tau_d},\ T_I=3.54\tau_d \tag{3.2.14}$$

将利用式（3.2.14）推导出的PI控制参数应用于渠道控制中，以检验PI控制算法的控制效果。这里，同样以南水北调工程的后6个串联渠池作为案例，分别针对前述的3种大、中、小流量初始运行工况，人为制造分水扰动，来检验PI控制算法的控制效果。人为的分水扰动变化工况设置见表3.2.1。其中，工况1为最上游渠池的分水增加$5m^3/s$，工况2为最下游渠池的分水增加$5m^3/s$，工况3为渠池3的分水增加$5m^3/s$。

表3.2.1　人为的分水扰动变化工况设置　单位：m^3/s

工　况	$q1$	$q2$	$q3$	$q4$	$q5$	$q6$
分水工况1	+5	0	0	0	0	0
分水工况2	0	0	0	0	0	+5
分水工况3	0	0	+5	0	0	0

对于控制算法而言，很重要的一个参数是控制间隔时间Ts。一般控制间隔时间越短，其控制效果越好，但是对应的控制量也较大。控制间隔时间过大又会使部分渠池的控制模型与实际偏差过大，导致控制效果不好，一般控制间隔时间应当小于渠系中的渠池最小的滞后时间。由第2章的简化模型参数可知，渠池滞后时间的最小值为24min。所以这里选择的控制间隔时间为10min。基于式（3.2.14），3种流量工况的控制器参数整定结果见表3.2.2～表3.2.4。

表3.2.2　大流量工况PI控制器参数整定结果

PI参数 \ 渠池	渠池1	渠池2	渠池3	渠池4	渠池5	渠池6
$K_p/(m^2/s)$	78	153	78	61	73	48
T_I/s	14868	5098	7434	12107	8708	15930

表3.2.3　中流量工况PI控制器参数整定结果

PI参数 \ 渠池	渠池1	渠池2	渠池3	渠池4	渠池5	渠池6
$K_p/(m^2/s)$	83	157	82	66	77	53
T_I/s	15718	5098	7434	12107	8708	16355

表3.2.4　小流量工况PI控制器参数整定结果

PI参数 \ 渠池	渠池1	渠池2	渠池3	渠池4	渠池5	渠池6
$K_p/(m^2/s)$	88	158	82	71	78	61
T_I/s	16992	5098	7859	12744	9133	17204

针对3种渠池的初始流量工况，施加扰动工况1、工况2和工况3。在PI控制作用下各初始流量工况在施加扰动后的渠池水位流量变化如图3.2.2～图3.2.4所示。

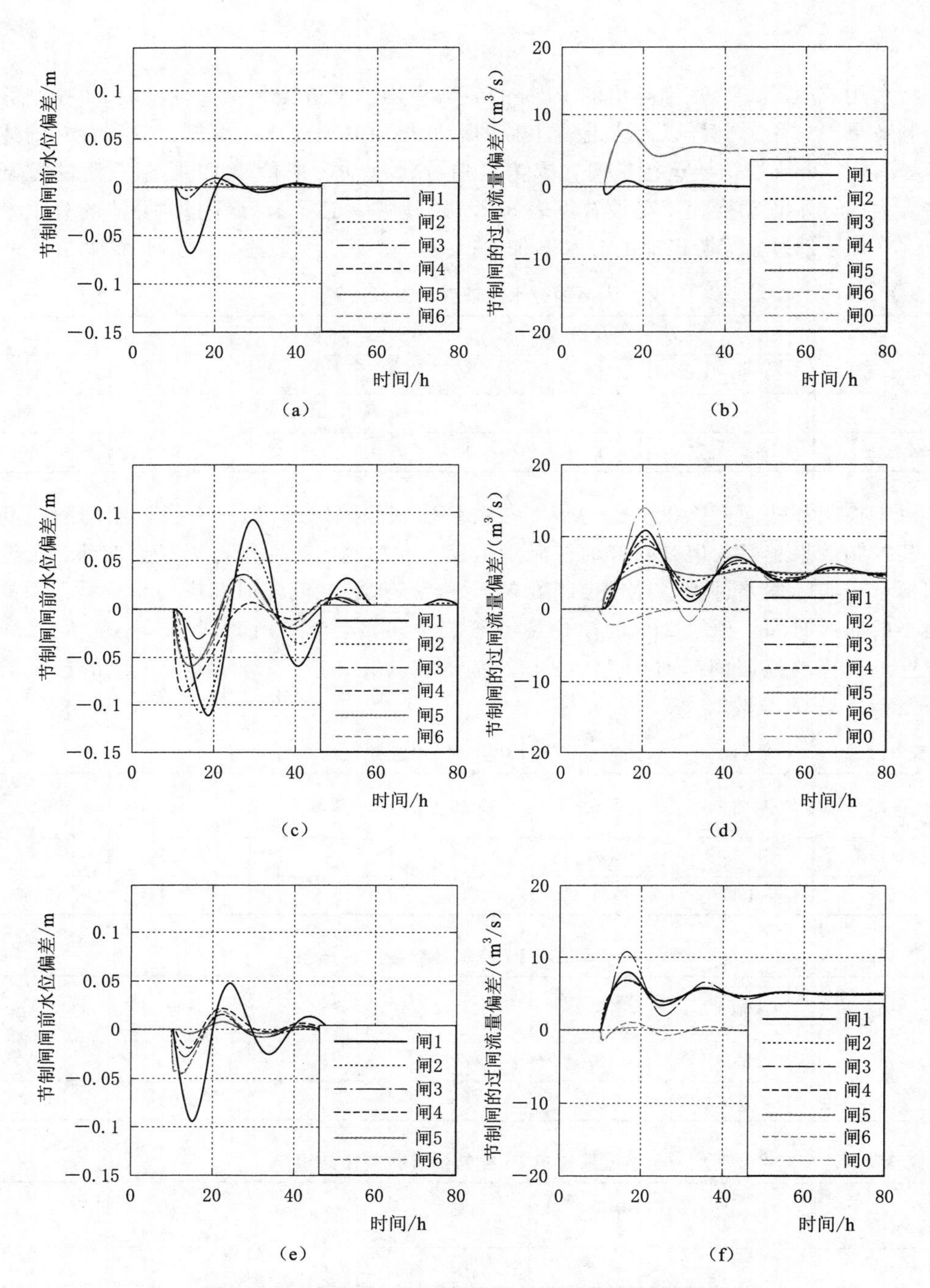

图 3.2.2　大流量工况下各分水变化工况 PI 控制结果

(a) 分水工况 1 水位偏差变化过程；(b) 分水工况 1 流量偏差变化过程；
(c) 分水工况 2 水位偏差变化过程；(d) 分水工况 2 流量偏差变化过程；
(e) 分水工况 3 水位偏差变化过程；(f) 分水工况 3 流量偏差变化过程

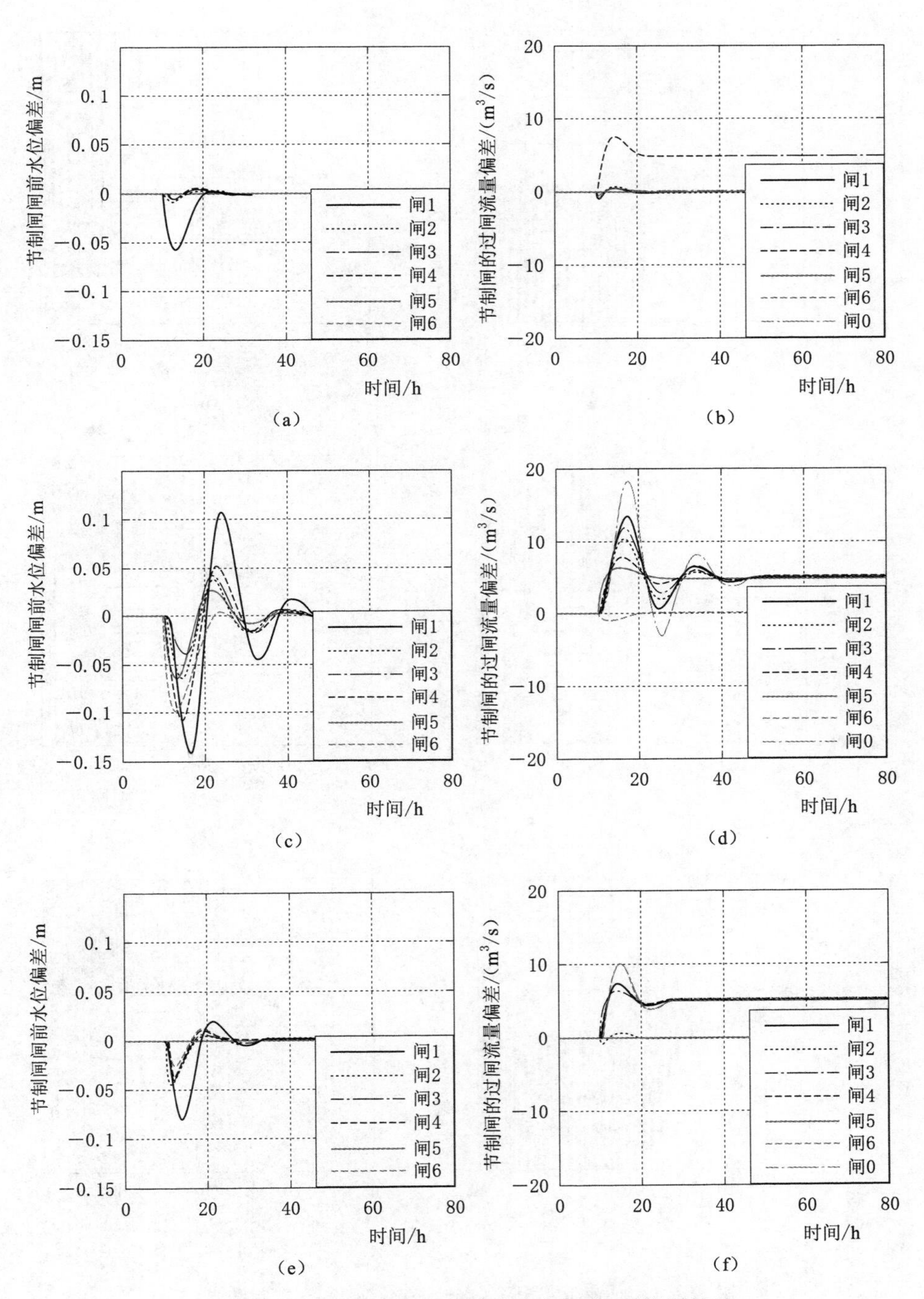

图 3.2.3 中流量工况下各分水变化工况 PI 控制结果

(a) 分水工况 1 水位偏差变化过程；(b) 分水工况 1 流量偏差变化过程；
(c) 分水工况 2 水位偏差变化过程；(d) 分水工况 2 流量偏差变化过程；
(e) 分水工况 3 水位偏差变化过程；(f) 分水工况 3 流量偏差变化过程

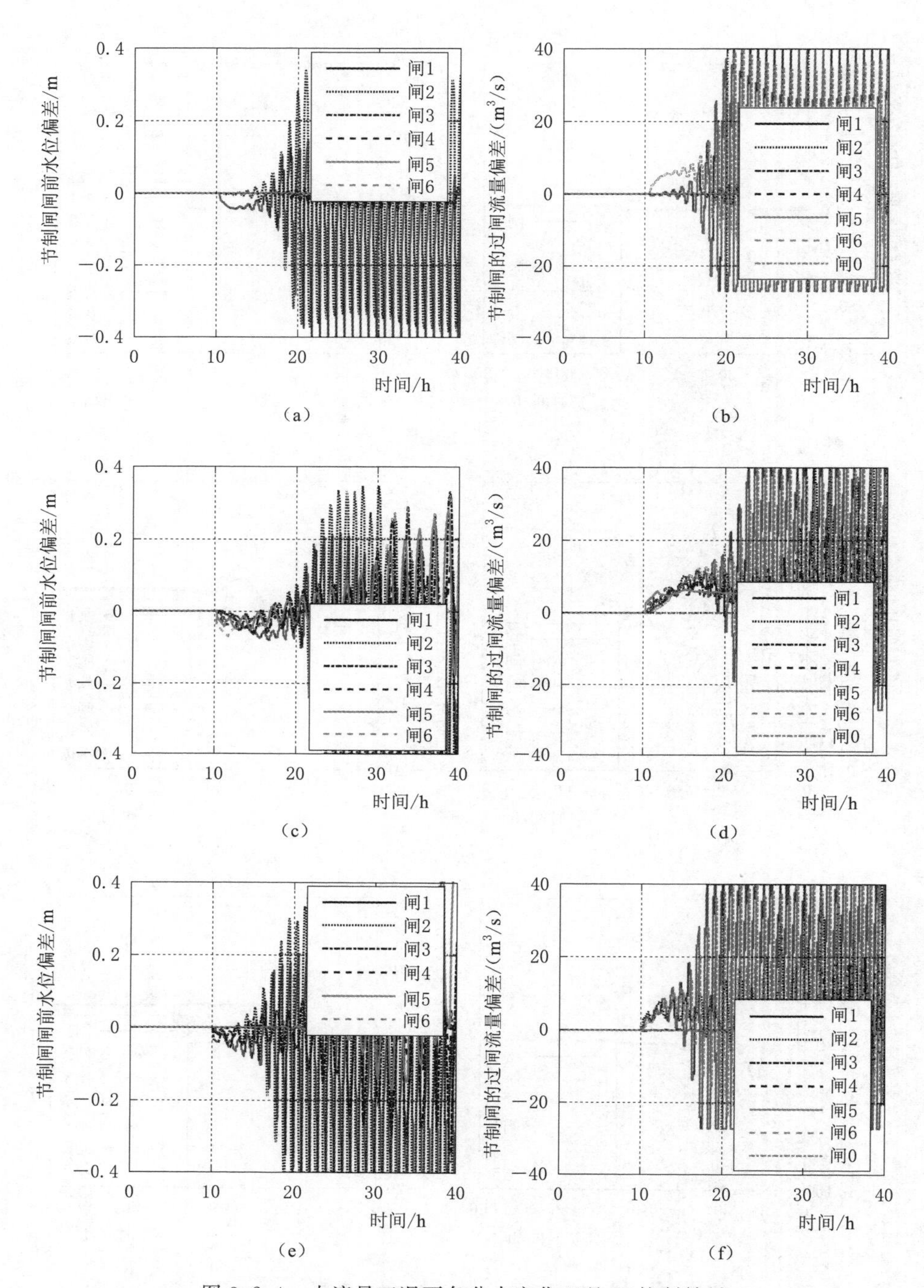

图 3.2.4　小流量工况下各分水变化工况 PI 控制结果

(a) 分水工况 1 水位偏差变化过程；(b) 分水工况 1 流量偏差变化过程；

(c) 分水工况 2 水位偏差变化过程；(d) 分水工况 2 流量偏差变化过程；

(e) 分水工况 3 水位偏差变化过程；(f) 分水工况 3 流量偏差变化过程

图3.2.2为在大流量初始工况下，施加扰动工况1、工况2和工况3后，在PI控制的作用下渠池水位的变化情况。其中，图3.2.2（a）和图3.2.2（b）为分水扰动发生在渠池1的PI控制情况，图3.2.2（c）和图3.2.2（d）为分水扰动发生在渠池6的PI控制情况，图3.2.2（e）和图3.2.2（f）为分水扰动发生在渠池3的PI控制情况。对比图3.2.2（a）、图3.2.2（c）、图3.2.2（e）可以看出，分水扰动发生的地点越接近下游，自动控制造成的水位变化越明显。这是因为供水渠道是“以需定供”的，当下游分水发生变化时，需要调控上游所有的节制闸以满足供水变化、达到流量平衡，也就是说，下游流量变化时上游渠池都需要参与动作。而且PI控制方式是严格的不调节出流、只通过调节入流来调控当前渠池水位的控制方式。在这种调控方式下，理论上的扰动是不向下游传播的，流量扰动只向上游传播。从图3.2.2（a）中可以看出，当分水发生在渠池1中时，下游渠池几乎不受到扰动的影响。而从图3.2.2（c）中可以很明显地看出，扰动向上游传播的过程中会逐渐放大，且放大幅度特别明显，在最下游渠池分水扰动为$5m^3/s$的情况下，进口入流最大变幅为$13m^3/s$。这种流量向上游传播时放大的现象可通过渠池的蓄量需求来解释：在下游常水位运行方式下，渠道的流量变化带来的渠池蓄量变化与渠池目标蓄量需求是相反的，因此进口流量需要比扰动流量变幅更大来满足这种蓄量变化。而且最主要的是在PI控制算法下，上游节制闸对下游流量变化的反应是比较慢的，特别是进口节制闸，初始的流量变化极小，为了补偿蓄量差，要求的最大流量变幅也就更大。

由于各个渠池的水位偏差与流量变化的关系不一样，流量变幅的放大不一定会带来水位变幅的放大。一般越靠近上游，渠池的断面越大，同样的流量变幅对上游渠池水位的影响会更小。但是在PI控制中这种流量变幅的放大过于显著，在图3.2.2所有的分水扰动情况下，都是第一个渠池的水位变幅最为明显。

图3.2.3为初始工况为中流量情况下，施加扰动工况1、工况2和工况3后，在PI控制的作用下，渠池水位和流量的变化情况。对比图3.2.3和图3.2.2，在初始工况为中流量情况下的PI控制结果与初始工况为大流量情况下的PI控制结果类似。但是在图3.2.3（a）中，节制闸2的闸前水位发生较为明显的共振现象，图3.2.3（b）中节制闸1的节制闸过闸流量共振较为明显。这说明，随着流量的降低，渠池的共振特性越发明显。

图3.2.4为初始工况为小流量情况下，施加扰动工况1、工况2和工况3后，在PI控制的作用下，渠池水位和流量变化的情况。在图3.2.4（a）、图3.2.4（c）和图3.2.4（e）中，渠池流体都出现了失稳，这种失稳是流量和水位的突变，且振荡周期特别短。由此可以判断这是一种很明显的渠池水位共振造成的失稳现象，而不是控制参数错误造成的。其原因在于渠池水面较平缓完全处于回水区，水波并不会发生明显衰减，故而造成了水波的共振。特别是在小流量情况下，水面更加平缓，水波变形更小，导致多个水波叠加发生了共振。

由上述案例可以看出，PI控制适用于大流量输水工况，但是研究渠池属于平缓型渠道，在自动PI控制情况下，渠池易发生水位共振。所以对于研究渠池，需要先对水波共振进行处理，再应用实时自动控制算法。另外，PI控制算法控制下的分水扰动几乎不向下游传递，主要向上游传递，且会随着流量扰动向上游传递的过程发生明显的放

大。这对于长串联渠池，可能会造成渠首流量变化过于显著。同时也可以看出，对于 PI 控制算法，其最不利分水工况为最下游渠池中的分水发生变化时，因此在后续的 PI 控制算法实例分析中采用分水工况 2——分水发生在渠池 6 中的工况来进行实例分析。

3.2.3　水位信号低通滤波后的 PI 控制算法及其效果分析

由前述 3.2.2 节中可以看出，研究渠池属于平缓型渠池，故在渠池中采用实时自动控制算法时容易发生共振现象。对于这种共振，目前主要的处理方式为处理控制算法反馈的水位信息。可对控制算法中的下游水位信号进行处理，加入低通滤波器，基本公式为

$$e_{FJ}(k)=F_c e_{FJ}(k-1)+(1-F_c)e(k) \tag{3.2.15}$$

$$F_c=\mathrm{e}^{-T_s/T_f} \tag{3.2.16}$$

$$T_f=\sqrt{\frac{AR_p}{\omega_r}} \tag{3.2.17}$$

式中：$e_{FJ}(k)$ 为 k 时刻滤波后的水位差；F_c为滤波常数；T_s为调控间隔；T_f为滤波时间常数；R_p为共振峰高；ω_r为共振频率，$\omega_r=2\pi/T_r$。

T_r为共振周期，对渠池而言，可大致用以下公式计算：

$$T_r=L\left(\frac{1}{v+c}+\frac{1}{c-v}\right) \tag{3.2.18}$$

式中：L 为渠池长度，m；v 为流速，m/s；c 为波速。

通过式（3.2.15）～式（3.2.18）可进行滤波常数以及滤波后的水位偏差计算，在后续的控制中，控制输入将采用滤波后的水位差 $e_{FJ}(k)$，主要需要确定的参数为滤波常数 F_c。这里将采用滤波水位的 PI 控制算法称为 PI-F 控制算法。

在应用 PI-F 控制算法前，需要根据是否容易发生共振对渠池类型进行区分。按照均匀流区和回水区假设，对存在明显分区的渠池，不需要对水位进行低通滤波处理；而对不存在明显分区的渠池，则需要对水位信号进行低通滤波处理。

以前述渠池为例，测试扰动工况为分水工况 2，即分水发生在最下游渠池。由第 2 章中的均匀流分界点 x_1的值都小于零可知，在 3 种初始流量工况下 6 个渠池都属于完全回水区，较容易发生共振。因此，6 个渠池都可采用 PI-F 控制器。其滤波参数 F_c的计算结果见表 3.2.5。从表 3.2.5 中可以看出，在 3 种不同初始工况下计算的 F_c值基本相同，因此取 F_c的值为固定值。

表 3.2.5　　不同初始流量工况下渠池滤波参数 F_c计算

渠池	大流量工况	中流量工况	小流量工况	选取值
1	0.80	0.81	0.81	0.9
2	0.54	0.54	0.54	0.6
3	0.66	0.66	0.66	0.7
4	0.77	0.77	0.77	0.8
5	0.70	0.70	0.70	0.7
6	0.82	0.82	0.82	0.9

施加分水工况2后，在PI-F控制器作用下渠池的水位流量变化结果如图3.2.5～图3.2.7所示。

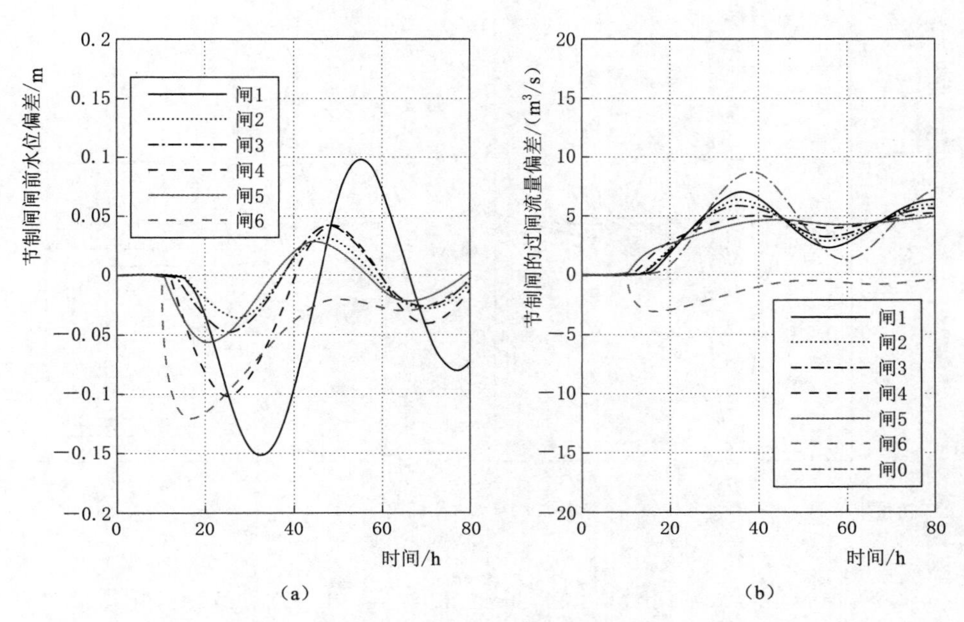

图3.2.5 大流量工况下分水工况2下的PI-F控制结果

(a) 水位偏差变化过程；(b) 流量偏差变化过程

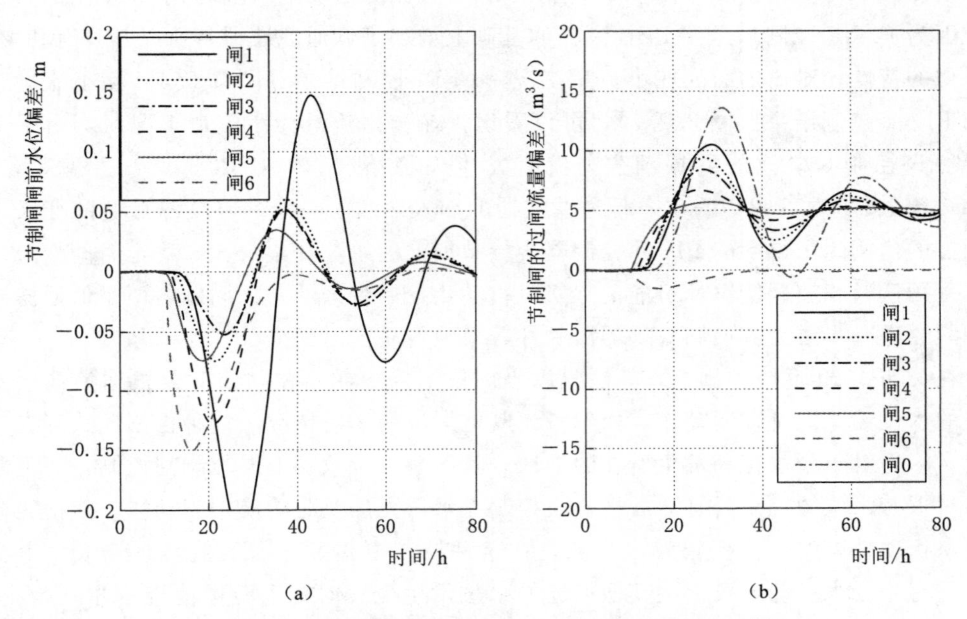

图3.2.6 中流量工况下分水工况2下的PI-F控制结果

(a) 水位偏差变化过程；(b) 流量偏差变化过程

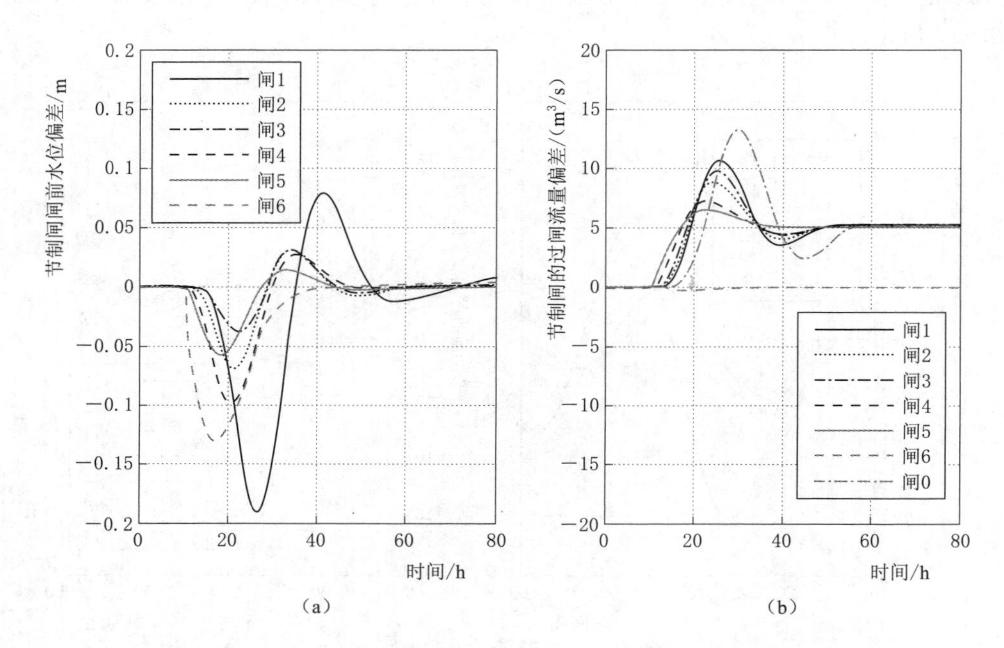

图 3.2.7　小流量工况下分水工况 2 下的 PI－F 控制结果

(a) 水位偏差变化过程；(b) 流量偏差变化过程

从图 3.2.5～图 3.2.7 中可以看出，PI－F 控制算法和 PI 控制算法表现出的特征相似。因为 PI－F 控制只是在 PI 控制器的基础上增加了低通滤波器，所以其具有和 PI 控制类似的特性。对比前面的在小流量工况下的 PI 控制结果（图 3.2.4）和小流量工况下的 PI－F 控制结果（图 3.2.7），可以看出，在初始流量为小流量工况时，由于采用了 PI－F 控制，渠池的共振消失，没有发生失稳情况。对比图 3.2.2、图 3.2.3 和图 3.2.5、图 3.2.6 可以看出，低通滤波器的加入导致了系统的响应滞后时间变长，采用同样的比例因子得到的 PI－F 控制器会导致渠池的水位变幅加大，稳定时间变长。因此，采用低通滤波器能够尽可能消除实时自动化控制带来的共振问题，但是低通滤波器的加入会进一步放大其控制效果的滞后性，渠池的稳定时间变长。

在分布式 PI 反馈控制下，算法只以当前渠池为控制对象，因此仅根据渠池下游控制点的水位偏差计算控制动作，而不考虑其他渠池的运行情况。这种控制模式存在两个问题：一是对于分水扰动发生所在的渠池，其下游水位只受上游节制闸控制，而上游节制闸对下游水位的控制具有滞后性，故控制点水位无法及时响应控制动作，使得渠池中的分水扰动带来的水位变幅较大；二是在这种控制模式下，当下游渠池分水发生变化时，只有当分水扰动导致上游其他渠池的水位发生变化时，上游渠池流量才开始变化，上游渠池的控制滞后性更为明显，使得需要的控制流量变幅更大，这种流量变幅放大可能会导致渠池的水位波动更大。

3.3 基于ID模型的线性二次型控制算法研究

不同于前述启发式算法的PI控制算法设计，线性二次型控制算法（linear quadratic regulator，LQR）是基于用状态空间方程形式描述的系统控制模型来进行算法设计，以系统状态量和控制量二次型函数作为性能指标来进行最优控制逻辑求解的控制算法。由于是基于状态空间方程，线性二次型控制算法多用于渠道集中式控制方式，通过耦合考虑多个渠池的相互影响来进行控制器设计。

3.3.1 明渠状态空间控制模型推导

ID模型描述了单一渠池的水位流量关系，可基于此推导单一渠池的控制模型。对于多级串联灌溉输配水渠道，为了描述整个渠池内的控制点水位与节制闸的流量关系，需要将多个积分时滞后模型进行耦合，采用状态空间方程的形式展开，得到渠系内部的控制点水位状态量与渠池各节制闸流量、分水口流量的关系。

状态空间方程是用来表征系统由输入所引起的内部状态变化的方程，其基本形式为

$$\boldsymbol{x}(t+1)=\boldsymbol{A}\boldsymbol{x}(t)+\boldsymbol{B}\boldsymbol{u}(t)+\boldsymbol{D}\boldsymbol{d}(t) \tag{3.3.1}$$

式中：$\boldsymbol{x}$ 为状态向量，表示系统内部状态变量组；$\boldsymbol{u}$ 为输入向量，表示系统外部的控制输入；$\boldsymbol{d}$ 为扰动向量，表示系统外部的扰动输入；$\boldsymbol{A}$ 为状态矩阵；$\boldsymbol{B}$ 为控制矩阵；$\boldsymbol{D}$ 为扰动矩阵。

由第2章内容可知，ID模型的基本形式为

$$\frac{\mathrm{d}h(t)}{\mathrm{d}t}=\frac{1}{A_{\mathrm{d}}}[q_{\mathrm{in}}(t-\tau_{\mathrm{d}})-q_{\mathrm{out}}(t)] \tag{3.3.2}$$

若采用被控量偏差 e 来描述水位偏差 h，则可将式（3.3.2）的离散形式写为

$$e(k+1)-e(k)=\frac{T_{\mathrm{s}}}{A_{\mathrm{d}}}\{q_{\mathrm{in}}(k-k_{\mathrm{d}})-[q_{\mathrm{out}}(k)+q_{\mathrm{offtake}}(k)]\} \tag{3.3.3}$$

式中：$e(k)$ 为 k 时刻的水位偏差，m；q_{in} 为上游进口流量相对于初始值的偏差，$\mathrm{m^3/s}$；q_{out} 为出口流量相对于初始值的偏差，$\mathrm{m^3/s}$；q_{offtake} 为分水流量相对于初始值的偏差，即分水扰动值，$\mathrm{m^3/s}$。

若记 $\Delta e(k+1)=e(k+1)-e(k)$，$\Delta q_{\mathrm{out}}(k)=q_{\mathrm{out}}(k)-q_{\mathrm{out}}(k-1)$，$\Delta q_{\mathrm{offtake}}(k)=q_{\mathrm{offtake}}(k)-q_{\mathrm{offtake}}(k-1)$，将式（3.3.3）时段向前移一步，得

$$e(k)-e(k-1)=\frac{T_{\mathrm{s}}}{A_{\mathrm{d}}}\{q_{\mathrm{in}}(k-k_{\mathrm{d}}-1)-[q_{\mathrm{out}}(k-1)+q_{\mathrm{offtake}}(k-1)]\} \tag{3.3.4}$$

将式（3.3.3）与式（3.3.4）做差，可得到

$$e(k+1)-e(k)=e(k)-e(k-1)+\frac{T_{\mathrm{s}}}{A_{\mathrm{d}}}\Delta q_{\mathrm{in}}(k-k_{\mathrm{d}})-\frac{T_{\mathrm{s}}}{A_{\mathrm{d}}}[\Delta q_{\mathrm{out}}(k)+\Delta q_{\mathrm{offtake}}(k)] \tag{3.3.5}$$

$$\Delta e(k+1)=\Delta e(k)+\frac{T_s}{A_d}\Delta q_{in}(k-k_d)-\frac{T_s}{A_d}[\Delta q_{out}(k)+\Delta q_{offtake}(k)] \tag{3.3.6}$$

式（3.3.4）与式（3.3.5）即为增量离散形式的渠池积分时滞模型。假设某一渠池的 k_d 数为1，则可将式（3.3.4）与式（3.3.5）写成以下的矩阵形式：

$$\begin{bmatrix} e(k+1) \\ \Delta e(k+1) \\ \Delta q_{in}(k) \end{bmatrix}=\begin{bmatrix} 1 & 1 & \frac{T_s}{A_d} \\ 0 & 1 & \frac{T_s}{A_d} \\ 0 & 0 & 0 \end{bmatrix}\begin{bmatrix} e(k) \\ \Delta e(k) \\ \Delta q_{in}(k-1) \end{bmatrix}+\begin{bmatrix} 0 \\ 0 \\ 1 \end{bmatrix}[\Delta q_{in}(k)]+\begin{bmatrix} -\frac{T_s}{A_d} \\ -\frac{T_s}{A_d} \\ 0 \end{bmatrix}[\Delta q_{offtake}(k)+\Delta q_{out}(k)] \tag{3.3.7}$$

该式认为渠池的出流 $\Delta q_{out}(k)$ 等同于 $\Delta q_{offtake}(k)$，因为一般情况下，渠池的最下游出流用于向下游的用水户供水，其作用等同于分水口。

式（3.3.7）为单一渠池的状态空间方程。对于串联渠池，相邻两个渠池中，上游渠池的出流等同于下游渠池的入流，因此根据多个渠池的积分时滞模型，可耦合建立一个描述复杂渠池系统进、出口流量与水位关系的状态空间方程。

3.3.2　LQR 控制算法原理

LQR 即线性二次型调节器，其对象是现代控制理论中以状态空间形式给出的线性系统，目标函数为对象状态和控制输入的二次型函数。LQR 最优设计指：设计出的状态反馈控制器 $\boldsymbol{K}$ 要使二次型目标函数 J 取最小值。

设渠池控制系统的离散状态空间方程为

$$\boldsymbol{x}(k+1)=\boldsymbol{A}\boldsymbol{x}(k)+\boldsymbol{B}\boldsymbol{u}(k)+\boldsymbol{D}\boldsymbol{d}(k) \tag{3.3.8}$$

式中：k 为离散形式下的时间指标；$\boldsymbol{x}(k)$ 为状态变量；$\boldsymbol{u}(k)$ 为控制变量；$\boldsymbol{d}(k)$ 为扰动变量。

在渠池系统中系统矩阵 $\boldsymbol{A}$ 表示系统内部各控制点水深、流量之间的对应关系；在渠池系统中控制矩阵表示可控制过闸流量增量对控制点水位、流量的影响；在渠池系统中扰动矩阵 $\boldsymbol{D}$ 表示非可控流量（降雨、分水口流量变化）对控制点水位、流量的影响。

则系统的二次型最优控制问题的评价函数可表示为

$$J=\sum_{k=0}^{\infty}[\boldsymbol{x}^{\mathrm{T}}(k)\boldsymbol{Q}\boldsymbol{x}(k)+\boldsymbol{u}^{\mathrm{T}}(k)\boldsymbol{R}\boldsymbol{u}(k)] \tag{3.3.9}$$

式中：$\boldsymbol{Q}$ 为 $n\times n$ 维状态量加权矩阵（n 为状态空间维度）；$\boldsymbol{R}$ 为 $m\times m$ 维控制量加权矩阵（m 为控制变量的维度）。

线性二次型最优控制的评价函数即为对控制输入和输出状态值的加权评价。线性二次型最优控制问题即为根据状态空间方程（3.3.8），寻找最优控制变量 $\boldsymbol{u}^*(k)$，使得性能指标达到最小。对于渠道系统而言，则是寻找最优的闸门动作，使渠道输水过程在受到外界扰动后平稳快速过渡到设定目标状态，达到水位偏差最小与闸门控制动作量最小的整体最优状态。

使式（3.3.9）取最小值的最优控制解为

$$\boldsymbol{u}^*(k)=-\boldsymbol{K}\boldsymbol{x}(k) \tag{3.3.10}$$

式中：$\boldsymbol{K}=(\boldsymbol{R}+\boldsymbol{B}_u^{\mathrm{T}}\boldsymbol{P}\boldsymbol{B}_u^{\mathrm{T}})^{-1}\boldsymbol{B}_u^{\mathrm{T}}\boldsymbol{P}\boldsymbol{A}$，正定矩阵 $\boldsymbol{P}$ 为 Riccati 方程的解。

Riccati 方程为

$$\boldsymbol{P}-\boldsymbol{A}^{\mathrm{T}}\boldsymbol{P}\boldsymbol{A}+\boldsymbol{A}^{\mathrm{T}}\boldsymbol{P}\boldsymbol{B}_u(\boldsymbol{R}+\boldsymbol{B}_u^{\mathrm{T}}\boldsymbol{R}\boldsymbol{B}_u)^{-1}\boldsymbol{B}_u^{\mathrm{T}}\boldsymbol{P}\boldsymbol{A}-\boldsymbol{Q}=0 \tag{3.3.11}$$

求解 $\boldsymbol{K}$ 和 $\boldsymbol{P}$，可直接在 MATLAB 中可调用 dlqr 函数。其中矩阵 $\boldsymbol{A}$ 和 $\boldsymbol{B}$ 由系统自身决定，因此关键在于如何选择合理的加权矩阵 $\boldsymbol{Q}$ 和 $\boldsymbol{R}$。确定矩阵 $\boldsymbol{A}$、$\boldsymbol{B}$、$\boldsymbol{Q}$ 和 $\boldsymbol{R}$ 之后，$\boldsymbol{K}$ 和 $\boldsymbol{P}$ 即可唯一确定。因此，最优控制矩阵 $\boldsymbol{K}$ 可直接离线求解后再使用到控制系统中去，因此 LQR 控制系统的计算量极小。

从式（3.3.10）中可以看出，控制参数是由控制矩阵 $\boldsymbol{K}$ 和变量 $\boldsymbol{x}(k)$ 决定的，LQR 算法的最终目的是求解控制矩阵 $\boldsymbol{K}$，这点和 PI 控制类似。不同的是，LQR 算法中的状态变量 $\boldsymbol{x}(k)$ 比 PI 控制中的单一水位状态变量要复杂得多。以两个串联渠池为例，假设第一个渠池的滞后步长为 0，第二个渠池的滞后步长为 2，记渠池 i 的进口流量偏差值为 $q_{c,i}$。则在构造渠池的状态空间方程后，状态变量 $\boldsymbol{x}(k)$ 为

$$\boldsymbol{x}(k)=\begin{bmatrix} e_1(k) \\ \Delta e_1(k) \\ e_2(k) \\ \Delta e_2(k) \\ \Delta q_{c,2}(k-1) \\ \Delta q_{c,2}(k-2) \end{bmatrix} \tag{3.3.12}$$

若分别将 PI 控制和 LQR 控制的控制变量写成控制矩阵 $\boldsymbol{K}$ 与状态变量 $\boldsymbol{x}(k)$ 的乘积关系，则 PI 控制可写为

$$\begin{bmatrix} \Delta q_{c,1}(k) \\ \Delta q_{c,2}(k) \end{bmatrix}=-\begin{bmatrix} K_{I,11} & K_{P,11} & 0 & 0 & 0 & 0 \\ 0 & 0 & K_{I,22} & K_{P,22} & 0 & 0 \end{bmatrix}\begin{bmatrix} e_1(k) \\ \Delta e_1(k) \\ e_2(k) \\ \Delta e_2(k) \\ \Delta q_{c,2}(k-1) \\ \Delta q_{c,2}(k-2) \end{bmatrix} \tag{3.3.13}$$

而 LQR 控制可写为

$$\begin{bmatrix}\Delta q_{c,1}(k)\\ \Delta q_{c,2}(k)\end{bmatrix}=-\begin{bmatrix}K_{I,11} & K_{P,11} & K_{I,12} & K_{P,12} & K_{-1q12} & K_{-2q12}\\ K_{I,21} & K_{P,21} & K_{I,22} & K_{P,22} & K_{-1q22} & K_{-2q22}\end{bmatrix}\begin{bmatrix}e_1(k)\\ \Delta e_1(k)\\ e_2(k)\\ \Delta e_2(k)\\ \Delta q_{c,2}(k-1)\\ \Delta q_{c,2}(k-2)\end{bmatrix} \tag{3.3.14}$$

式中：下标 I 代表积分项；下标 P 代表比例项；下标 q 代表流量项；下标 $-iq$ 代表步长为 $k-i$。

从式（3.3.13）和式（3.3.14）中可以看出，在 PI 控制中，$\Delta q_{c,i}(k)$ 仅仅由当前渠池的水位偏差 $e_i(k)$ 和水位偏差变化率 $\Delta e_i(k)$ 决定。而在 LQR 控制中，$\Delta q_{c,i}(k)$ 的计算逻辑更为复杂，不仅与当前渠池的水位偏差 $e_i(k)$ 和水位偏差变化率 $\Delta e_i(k)$ 相关，而且与其他渠池的水位偏差 $e_i(k)$、水位偏差变化率 $\Delta e_i(k)$ 以及已经发生的控制作用量 $\Delta q_{c,i}(k-i)$ 有关。因此，相比于 PI 控制，LQR 控制的控制逻辑更加复杂，其预期控制效果会更好。

3.3.3　LQR 控制算法效果分析

同样，针对于前述的 3 种初始工况，也可设置 3 种分水扰动工况，然后将 LQR 算法用于渠道控制。由前述理论可知，权重 $\boldsymbol{Q}$ 和 $\boldsymbol{R}$ 对控制算法的控制效果有很大影响，故在算法实施前需要对权重 $\boldsymbol{Q}$ 和 $\boldsymbol{R}$ 进行合理取值。权重设置反映了管理者对水位控制量与闸门操作量之间的平衡，一般情况下可设置 $\boldsymbol{R}$ 为单位矩阵，而对权重矩阵 $\boldsymbol{Q}$ 中的元素进行权重赋值。权重矩阵 $\boldsymbol{Q}$ 的赋值目前还主要通过经验来确定，经过试算后，确定本例 $\boldsymbol{Q}$ 的权重值为 10。

其结果分别如图 3.3.1～图 3.3.3 所示。其中，图 3.3.1 是 LQR 应用于大流量工况各种扰动下的结果。对比图 3.3.1（a）和图 3.3.2（a）渠池 1 中发生分水工况，可以看出 LQR 算法控制下的渠池水位变幅小于 PI 控制。LQR 控制算法中渠池 1 的水位最大降幅为 0.04m，而 PI 控制中的水位最大降幅为 0.08m。这是因为在 PI 控制中，尽管节制闸 1 的闸前水位发生了变化，但闸门 1 只控制下游渠池的水位，而渠池 1 的水位是由其进口节制闸闸门 0 来控制，而闸门 0 对闸门 1 的控制具有滞后性。但在 LQR 算法中，每个节制闸的动作都综合考虑了多个渠池的水位，当分水引起渠池 1 中的水位下降时，节制闸 1 能立即对扰动反应，从而降低了渠池 1 中的最大水位下降幅度。但对应地，由于节制闸 1 的动作，扰动会更多地往下游渠池传播，在图 3.3.1（a）和图 3.3.1（b）中，渠池 1 下游其他渠池的流量变化和水位变化比 PI 控制［图 3.3.2（a）和 3.3.2（b）］的更为明显。图 3.3.1（c）是在渠池 6 中发生分水扰动后 LQR 算法的控制结果，对比 PI 控制算法可以看出，流量扰动向上游方向传播时仍然有放大情况，但是并不明显，而且由于上游渠池的断面尺寸较大，这种流量放大并不一定会带来大的水位变幅。从图 3.3.1（c）中可以看出，在 LQR 算法中，水位最大变幅发生在渠池 6 中

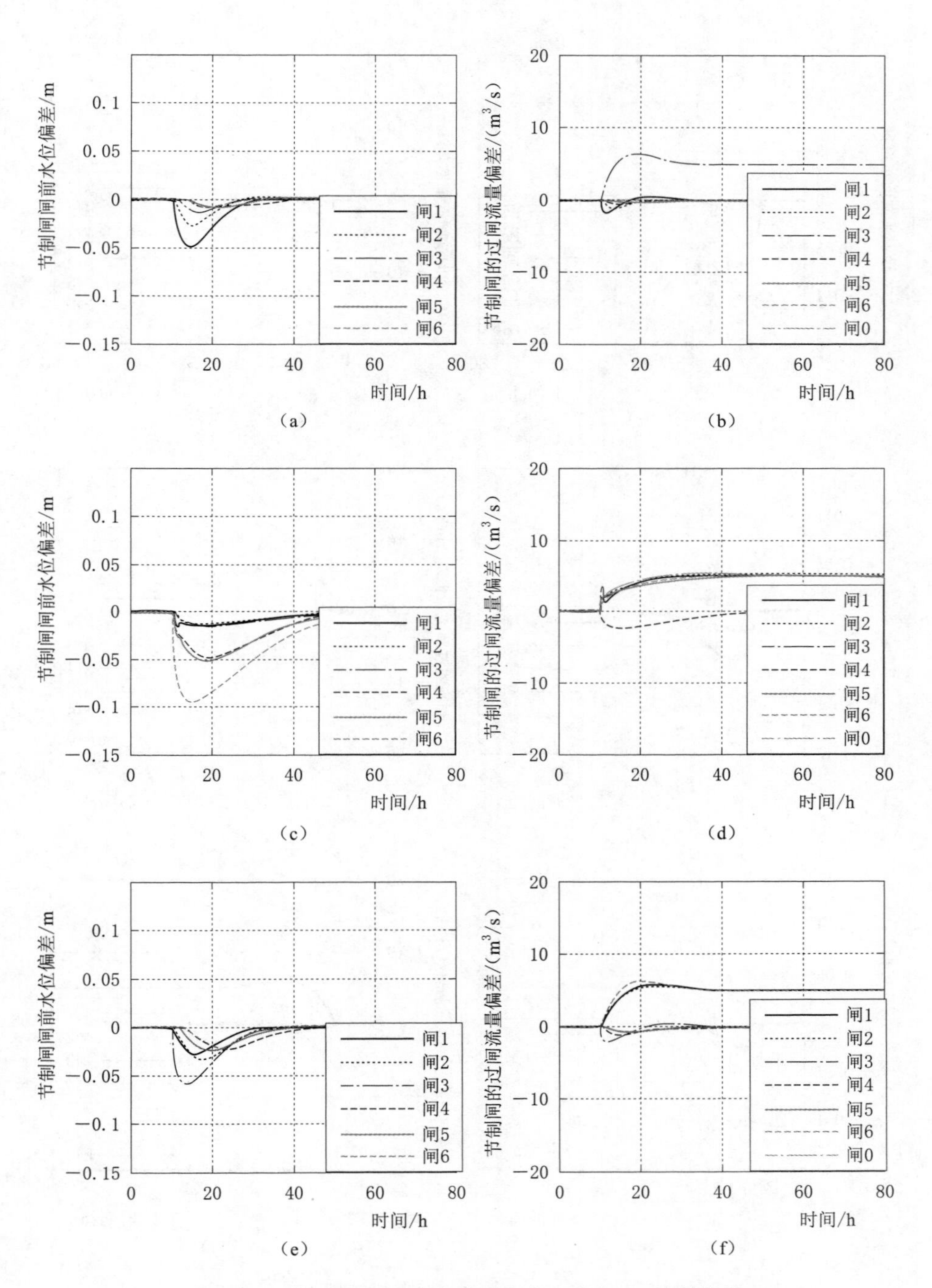

图 3.3.1 大流量工况下各分水变化工况 LQR 控制结果

(a) 分水工况 1 水位偏差变化过程；(b) 分水工况 1 流量偏差变化过程；

(c) 分水工况 2 水位偏差变化过程；(d) 分水工况 2 流量偏差变化过程；

(e) 分水工况 3 水位偏差变化过程；(f) 分水工况 3 流量偏差变化过程

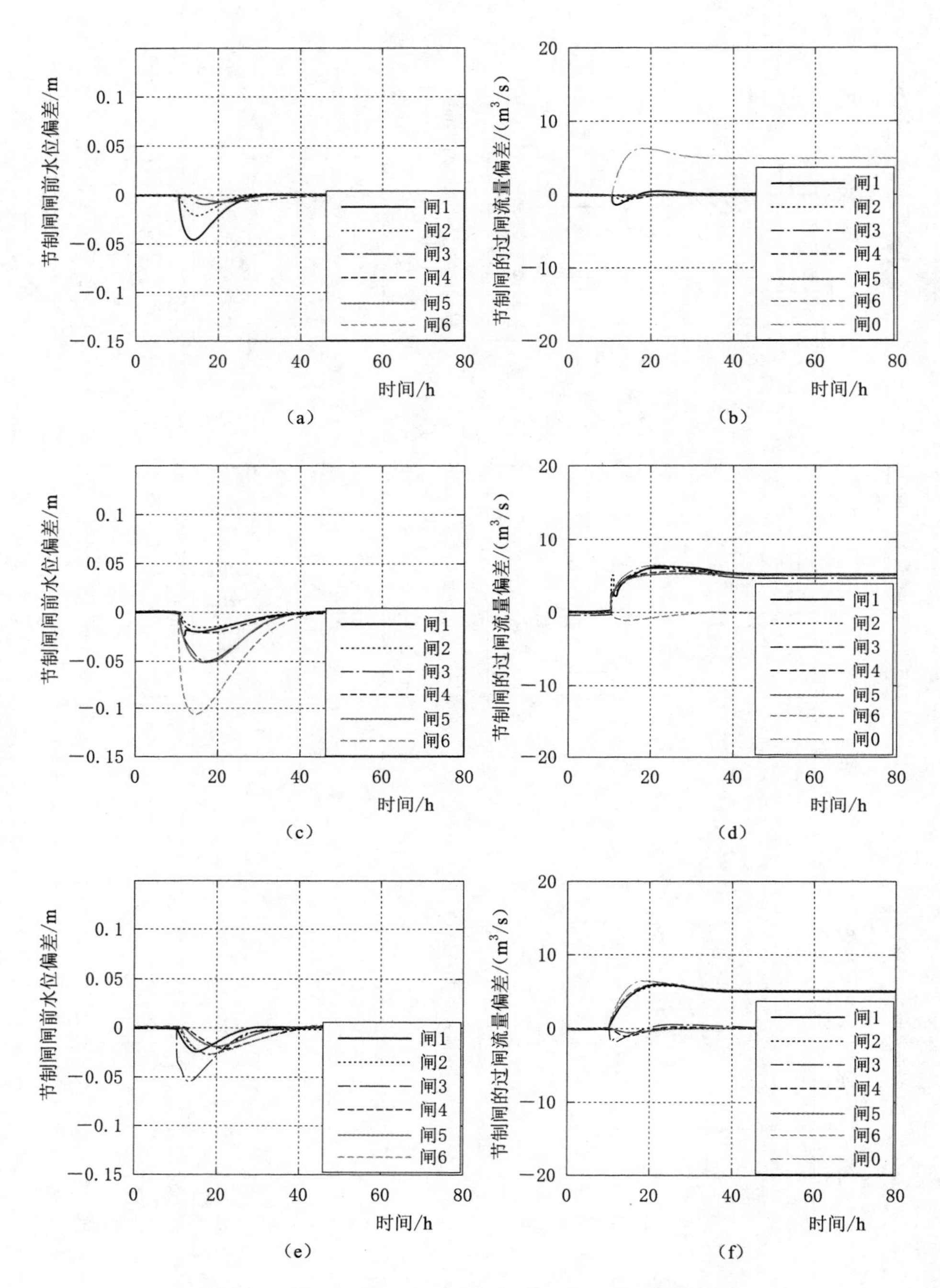

图 3.3.2　中流量工况下各分水变化工况 LQR 控制结果

(a) 分水工况 1 水位偏差变化过程；(b) 分水工况 1 流量偏差变化过程；
(c) 分水工况 2 水位偏差变化过程；(d) 分水工况 2 流量偏差变化过程；
(e) 分水工况 3 水位偏差变化过程；(f) 分水工况 3 流量偏差变化过程

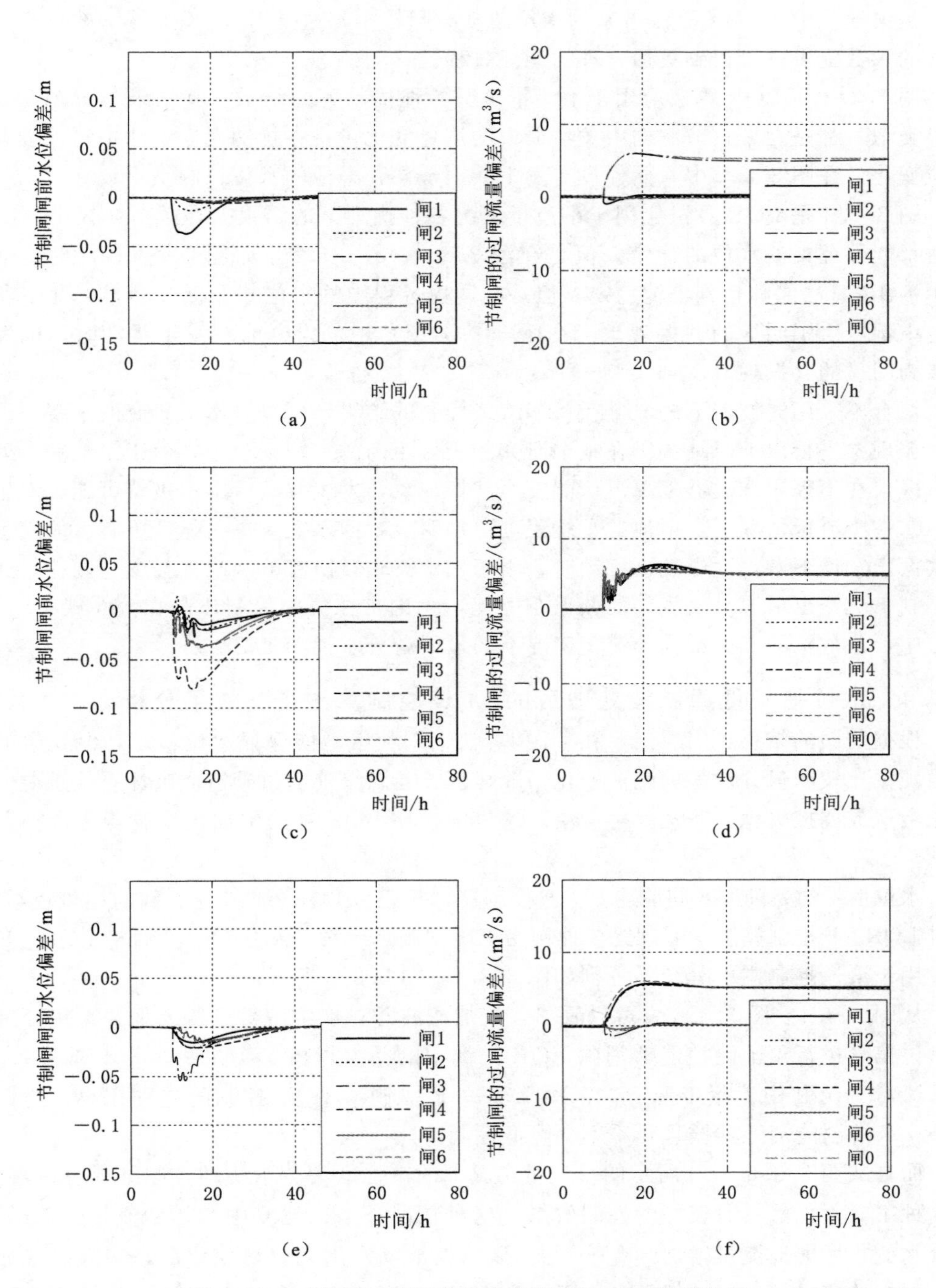

图3.3.3　小流量工况下各分水变化工况LQR控制结果

(a) 分水工况1水位偏差变化过程；(b) 分水工况1流量偏差变化过程；
(c) 分水工况2水位偏差变化过程；(d) 分水工况2流量偏差变化过程；
(e) 分水工况3水位偏差变化过程；(f) 分水工况3流量偏差变化过程

而不是渠池 1 中。LQR 算法带来的水位波动时间较小，这是因为 LQR 算法的状态量中包含的参数更多，可得到更加合理的调控过程。

图 3.3.2 是 LQR 算法应用于中流量工况各种扰动下的结果。其结果与图 3.2.3 的结果类似，都是在渠首节制闸中发生最大的流量变化，且在扰动发生渠池中出现最大的水位变化。在图 3.3.2 中，同样没有发生共振现象，渠池的水位控制结果较好。

图 3.3.3 是 LQR 算法应用于小流量工况各种扰动下的结果。在图 3.3.3 中，LQR 算法都能保证渠池水位的稳定。但是在图 3.3.3（c）中，当渠池 6 发生扰动时，虽然采用 LQR 算法能够达到渠池稳定，但是在调控过程中的水位共振极其明显，几乎所有渠池中都发生了明显的共振现象。在图 3.3.3（e）中，当渠池 3 发生扰动时，也发生了较为明显的共振现象。

结合不采用滤波器下的 PI 控制和 LQR 控制的结果，可以对本书研究的平缓渠池中的共振现象进行以下总结：①在本书研究的较短距离的平缓渠池中，由于渠池完全处于回水区，在不采用滤波器工况下可能发生共振现象，发生共振后渠池极有可能会发生失稳；②在小流量情况下，渠池的平缓程度更加明显，回水效应更明显，更有可能发生渠池共振；③最下游渠池中发生扰动时，由于供水需求，所有节制闸都会参与调控，此为最不利工况，也最容易发生渠池共振。因此，无论是在集中控制还是在分布式 PI 控制算法中，最危险的工况都为小流量工况下的最下游分水扰动工况。

3.3.4　水位信号低通滤波处理后的 LQR 控制算法及其效果分析

根据前面的结果可以看出，在 LQR 算法下即使渠池能保证水位稳定，但是渠池的共振现象比较明显，水位的突然变化情况显著，会对渠池的衬砌造成破坏，最重要的是可能会造成调控失稳，渠池发生漫溢。这里同样在 LQR 算法中加入滤波器进行控制器设计。

水位信号的处理方式同前述 PI－F 控制器，并记为 LQR－F 控制。和前述过程类似，针对 LQR－F 控制算法，可设置 3 种初始工况并施加 3 种分水扰动，然后将 LQR－F 算法应用于渠道控制中。其结果分别如图 3.3.4～图 3.3.6 所示。

从图 3.3.4～图 3.3.6 中可以看出，施加滤波器对水位信号进行处理并采用处理过的水位信息进行渠池调控能够消除 LQR 渠池中的共振现象。而在图 3.3.4 和图 3.3.5 的大流量工况和中流量工况下，采用 LQR－F 控制与 LQR 控制的差别较小，这说明 LQR－F 控制能消除共振且几乎不会降低控制性能。

而且从图 3.3.6（c）所示的小流量工况下的渠池 6 中分水扰动控制结果可以看出，在这种工况下仍然具有较好的控制效果。这种情况下，渠池 6 中的初始流量为 $5m^3/s$，而分水变化后渠池流量增加到 $10m^3/s$。显然渠池 6 发生大流量变化后，实际的特征参数会与初始流量情况下的特征参数不同。而 ID 模型的特征参数采用的是初始流量工况下的特征参数，此时会出现渠池的实际特征参数和 ID 模型中的特征参数不一样的情况。在本书的研究案例中，渠池特性会发生较大的变化但仍能保持水位稳定，并且控制过程中的流量变化较合理。这也说明了基于实测数据进行反馈控制的控制算法具有较好的鲁

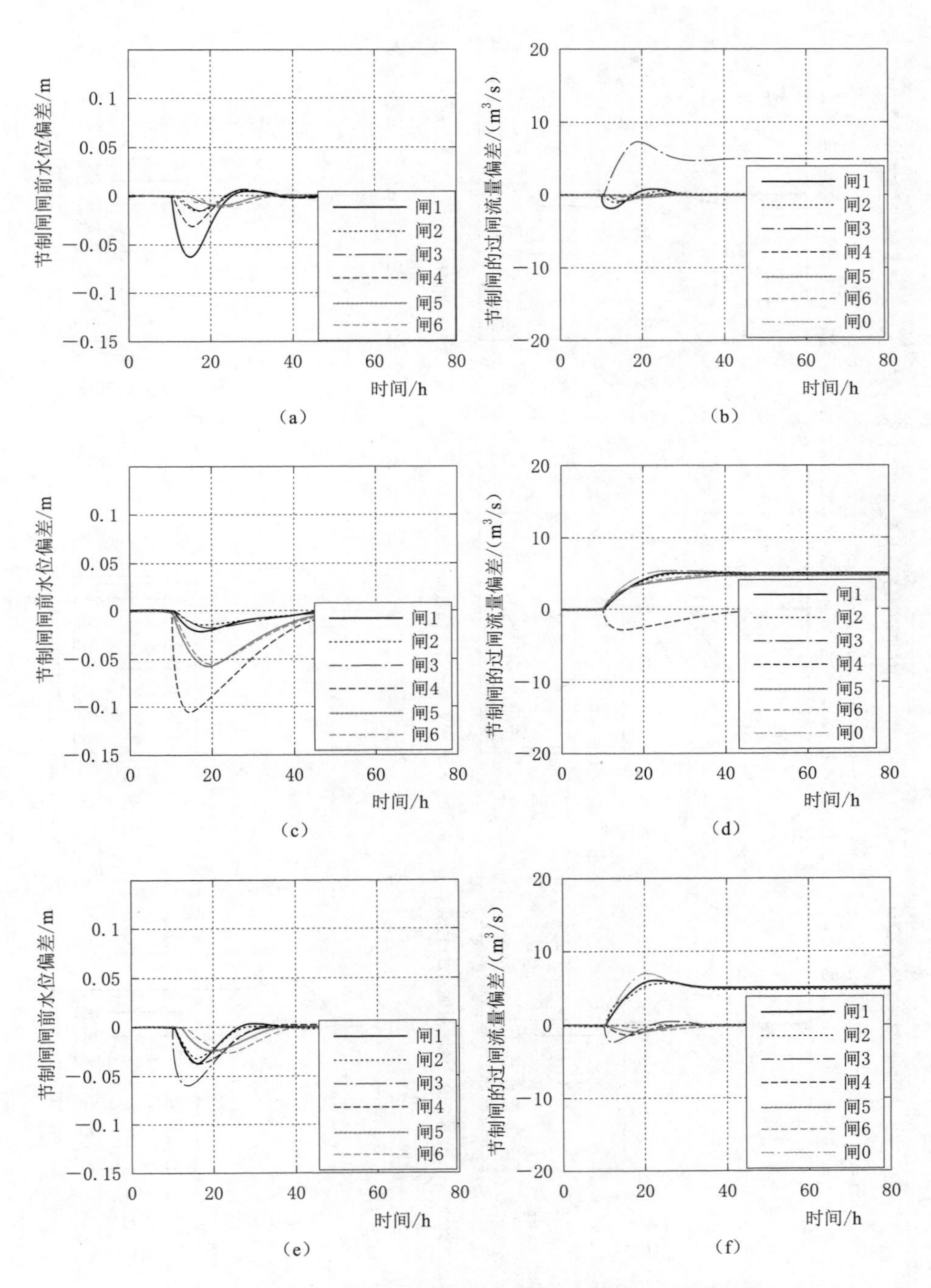

图 3.3.4 大流量工况下各分水变化工况 LQR－F 控制结果

(a) 分水工况 1 水位偏差变化过程；(b) 分水工况 1 流量偏差变化过程；
(c) 分水工况 2 水位偏差变化过程；(d) 分水工况 2 流量偏差变化过程；
(e) 分水工况 3 水位偏差变化过程；(f) 分水工况 3 流量偏差变化过程

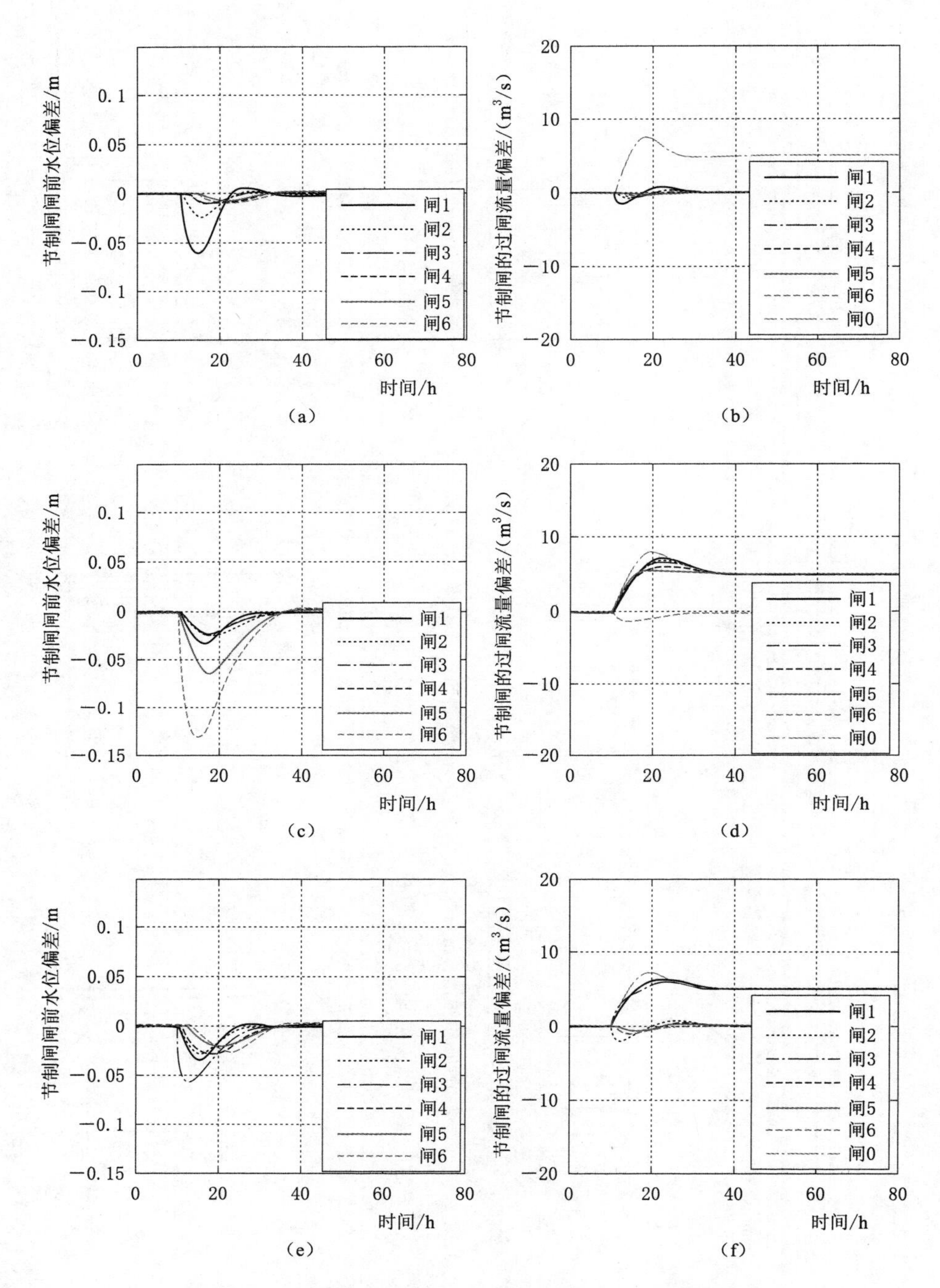

图 3.3.5　中流量工况下各分水变化工况 LQR－F 控制结果

(a) 分水工况 1 水位偏差变化过程；(b) 分水工况 1 流量偏差变化过程；
(c) 分水工况 2 水位偏差变化过程；(d) 分水工况 2 流量偏差变化过程；
(e) 分水工况 3 水位偏差变化过程；(f) 分水工况 3 流量偏差变化过程

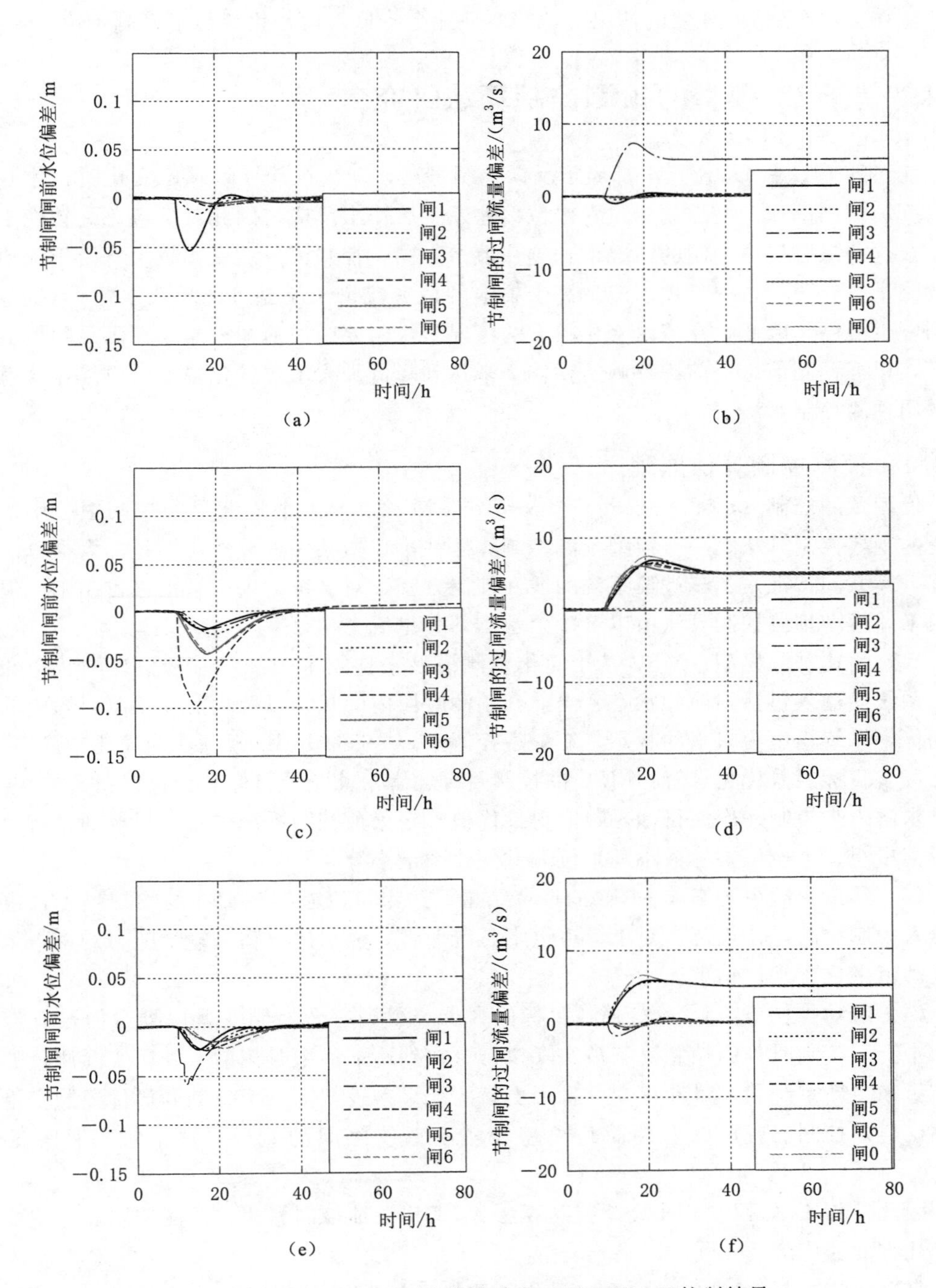

图 3.3.6　小流量工况下各分水变化工况 LQR - F 控制结果

(a) 分水工况 1 水位偏差变化过程；(b) 分水工况 1 流量偏差变化过程；
(c) 分水工况 2 水位偏差变化过程；(d) 分水工况 2 流量偏差变化过程；
(e) 分水工况 3 水位偏差变化过程；(f) 分水工况 3 流量偏差变化过程

棒性，在 ID 模型精度降低的情况下，控制性能会降低，但是仍能稳定控制水位。

3.4　基于 ID 模型的预测控制算法研究

前述的 PID 和 LQR 算法都属于反馈控制算法，即当扰动导致水位变化时，才开始采取反馈控制动作。该控制器仅在水位偏差发生后作出反应，因此其反应总是较晚于扰动，在这种只有反馈控制的情况下，越往上游方向，控制流量的变幅越大。由于渠池的可调流量是有限的，一旦控制流量高于渠池的最大流量，就有可能导致水位一直上升，直到发生漫溢。因此，在流量变化较大的情况下，需要施加前馈控制。在满足约束的前提下，根据预测信息提前进行闸门动作，来达到降低最大水位变化幅度的效果，这就需要采用预测控制算法。

3.4.1　预测控制算法原理

模型预测控制（model predictive control，MPC）是目前工业过程控制中应用最为广泛的现代控制算法之一。模型预测控制算法并不特指某一种算法，而是一大类算法的总称，其共同特征是基于被控系统的线性控制方程，对系统的未来输出进行预测。但总的说来，模型预测控制算法由以下 4 个基本部分组成。

（1）简化预测模型：MPC 基于简化预测模型来预测未来某一时刻系统的状态和输出。系统的输入包括当前的状态、当前和预测时段内的扰动以及当前和预测时段内的控制动作，系统输出为未来的状态。在渠道控制中，一般采用 ID 模型作为简化预测模型。

（2）目标函数优化求解：MPC 的控制目标通常由几个子目标和加权惩罚系数构成，通过求解未来控制动作使目标函数取得最优值。在渠道控制系统中，子目标通常有控制变量值最小、水位偏差值最小和水位偏差变化率最小等。

（3）约束：约束会影响 MPC 的计算结果。约束可以是客观存在的物理约束，也可能是人为制定的操作规范。对于渠道供水系统而言，输水建筑物有输水能力约束，水位的波动范围也有水位约束。

（4）滚动优化策略：MPC 通过目标函数求解得到一个控制变量序列，但仅有控制序列中下一控制时刻的控制决策被实际执行。在到达下一个时刻前，则用实际测量的系统结果来更新系统状态量和扰动，采用更新的结果来进行下一个时刻的最优控制变量计算。这样，控制器就可以处理简化模型和实际系统之间的差异，这个过程称作滚动优化。

因此，相比于常规的 PI 反馈控制算法和 LQR 反馈控制算法，预测控制算法主要有以下几方面的优势。

（1）前馈控制。MPC 根据系统简化预测模型对系统未来一定时域内的响应进行预测，如果存在已知或可预测的外界扰动（如取水计划），MPC 能够通过简化预测模型来预测未来扰动下的状态量变化，从而在最优目标函数求解时，考虑外界扰动的影响。根据输出预测能够提前执行相应的控制动作，模型预测控制算法能起到前馈控制的效果。

(2) 考虑约束。MPC的目标函数采用有限时域的二次函数，因此在进行最优控制动作变量的求解时，能够在控制目标中耦合约束，并可得到有限时域的可行解。

预测控制算法的主要构成如图3.4.1所示。

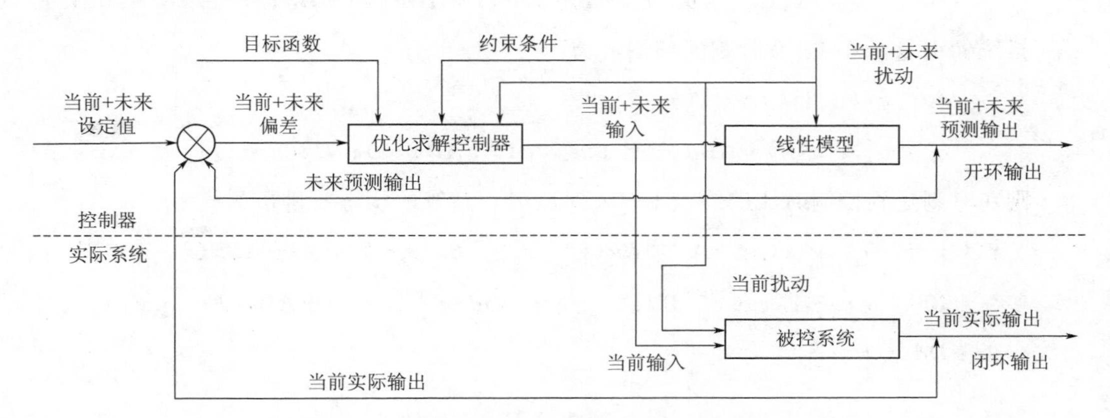

图3.4.1 采用MPC预测控制的渠道控制系统流程图

图3.4.1展示了采用MPC预测控制的渠道控制系统的主要流程。开环部分中最主要的部分是简化预测模型，用于计算未来的系统输出、满足最优目标和约束条件的当前和未来控制动作。闭环部分主要是指用实际的控制建筑执行计算的控制动作，并使用实际测量值来更新控制器。为了测试控制器的效果，通常用水力学模型来代替实际的输水工程。

简化预测模型主要采用前述的ID模型，MPC算法采用和LQR算法中相同的离散形式的ID模型，见公式(3.3.8)。再配合输出方程：

$$\boldsymbol{y}(k)=\boldsymbol{C}\boldsymbol{x}(k) \tag{3.4.1}$$

式中：$\boldsymbol{y}(k)$为系统输出；$\boldsymbol{C}$为输出矩阵。

式(3.4.8)和式(3.4.1)构成MPC算法的控制模型。

预测控制的第一步是利用线性预测模型对系统的未来状态$\boldsymbol{x}(k+i|k)$和输出状态$\boldsymbol{y}(k+i|k)$进行预测。记当前步长为第k步，i表示从当前步长之后第i步。记预测时域步长数为p，则i的范围从0变为p。系统的输出过程由两部分构成：自由响应和受迫响应。其中，自由响应是指系统在不受外界控制条件下的输出过程；受迫响应是受到控制作用$\boldsymbol{u}(k+i|k)$的系统输出过程。受迫响应所发生的最大时间步长称为控制时域m。控制时域m应小于或等于预测时域p，通常情况下选择m等于p。

基于上述状态空间方程，被控系统的状态变量在$k+1$时刻的预测值可以表示为

$$\boldsymbol{x}(k+1|k)=\boldsymbol{A}\boldsymbol{x}(k)+\boldsymbol{B}\boldsymbol{u}(k)+\boldsymbol{D}\boldsymbol{d}(k) \tag{3.4.2}$$

输出变量在$k+1$时刻的预测值表示为以下公式：

$$\boldsymbol{y}(k+1|k)=\boldsymbol{C}\boldsymbol{x}(k+1|k) \tag{3.4.3}$$

状态变量在$k+2$时刻的预测值可以表示为

$$\begin{aligned}\boldsymbol{x}(k+2|k)&=\boldsymbol{A}\boldsymbol{x}(k+1|k)+\boldsymbol{B}\boldsymbol{u}(k+1)+\boldsymbol{D}\boldsymbol{d}(k+1)\\&=\boldsymbol{A}[\boldsymbol{A}\boldsymbol{x}(k)+\boldsymbol{B}\boldsymbol{u}(k)+\boldsymbol{D}\boldsymbol{d}(k)]+\boldsymbol{B}\boldsymbol{u}(k+1)+\boldsymbol{D}\boldsymbol{d}(k+1)\\&=\boldsymbol{A}^2\boldsymbol{x}(k)+\boldsymbol{A}\boldsymbol{B}\boldsymbol{u}(k)+\boldsymbol{B}\boldsymbol{u}(k+1)+\boldsymbol{A}\boldsymbol{D}\boldsymbol{d}(k)+\boldsymbol{D}\boldsymbol{d}(k+1)\end{aligned}\tag{3.4.4}$$

系统输出变量在 $k+2$ 时刻的预测值为

$$\begin{aligned}\hat{\boldsymbol{y}}(k+2|k)&=\boldsymbol{C}\boldsymbol{x}(k+2|k)\\&=\boldsymbol{C}[\boldsymbol{A}^2\boldsymbol{x}(k)+\boldsymbol{A}\boldsymbol{B}\boldsymbol{u}(k)+\boldsymbol{B}\boldsymbol{u}(k+1)+\boldsymbol{A}\boldsymbol{D}\boldsymbol{d}(k)+\boldsymbol{D}\boldsymbol{d}(k+1)]\end{aligned}\tag{3.4.5}$$

则在时刻达到控制时域的终点 $k+m$ 时刻时，系统的状态变量预测值为

$$\begin{aligned}\hat{\boldsymbol{x}}(k+m|k)=&\boldsymbol{A}^m\boldsymbol{x}(k)+\boldsymbol{A}^{m-1}\boldsymbol{B}\boldsymbol{u}(k)+\boldsymbol{A}^{m-2}\boldsymbol{B}\boldsymbol{u}(k+1)+\cdots+\boldsymbol{A}\boldsymbol{B}\boldsymbol{u}(k+m-2)\\&+\boldsymbol{B}\boldsymbol{u}(k+m-1)+\boldsymbol{A}^{m-1}\boldsymbol{D}\boldsymbol{d}(k)+\boldsymbol{A}^{m-2}\boldsymbol{D}\boldsymbol{d}(k+1)+\cdots+\boldsymbol{A}\boldsymbol{D}\boldsymbol{d}(k+m-2)\\&+\boldsymbol{D}\boldsymbol{d}(k+m-1)\\=&\boldsymbol{A}^m\boldsymbol{x}(k)+\sum_{i=1}^{m}\boldsymbol{A}^{m-i}\boldsymbol{B}\boldsymbol{u}(k+i-1)+\sum_{j=1}^{m}\boldsymbol{A}^{m-j}\boldsymbol{D}\boldsymbol{d}(k+j-1)\end{aligned}\tag{3.4.6}$$

此时的输出变量为

$$\begin{aligned}\hat{\boldsymbol{y}}(k+m|k)&=\boldsymbol{C}\hat{\boldsymbol{x}}(k+m|k)\\&=\boldsymbol{C}\left[\boldsymbol{A}^m\boldsymbol{x}(k)+\sum_{i=1}^{m}\boldsymbol{A}^{m-i}\boldsymbol{B}\boldsymbol{u}(k+i-1)+\sum_{i=1}^{m}\boldsymbol{A}^{m-i}\boldsymbol{D}\boldsymbol{d}(k+i-1)\right]\end{aligned}\tag{3.4.7}$$

而在控制时域后，系统为自由响应，在达到预测时域的终点 $k+p$ 时刻时，系统的状态变量为

$$\begin{aligned}\hat{\boldsymbol{x}}(k+p|k)=&\boldsymbol{A}^p\boldsymbol{x}(k)+\boldsymbol{A}^{p-1}\boldsymbol{B}\boldsymbol{u}(k)+\boldsymbol{A}^{p-2}\boldsymbol{B}\boldsymbol{u}(k+1)+\cdots+\boldsymbol{A}^{p-m}\boldsymbol{B}\boldsymbol{u}(k+m-1)\\&+\boldsymbol{A}^{p-1}\boldsymbol{D}\boldsymbol{d}(k)+\boldsymbol{A}^{p-2}\boldsymbol{D}\boldsymbol{d}(k+1)+\cdots+\boldsymbol{A}\boldsymbol{D}\boldsymbol{d}(k+p-2)+\boldsymbol{D}\boldsymbol{d}(k+p-1)\\=&\boldsymbol{A}^p\boldsymbol{x}(k)+\sum_{i=1}^{m}\boldsymbol{A}^{p-i}\boldsymbol{B}\boldsymbol{u}(k+i-1)+\sum_{j=1}^{p}\boldsymbol{A}^{p-j}\boldsymbol{D}\boldsymbol{d}(k+j-1)\end{aligned}\tag{3.4.8}$$

输出变量为

$$\begin{aligned}\hat{\boldsymbol{y}}(k+p|k)&=\boldsymbol{C}\hat{\boldsymbol{x}}(k+p|k)\\&=\boldsymbol{C}\left[\boldsymbol{A}^p\boldsymbol{x}(k)+\sum_{i=1}^{m}\boldsymbol{A}^{p-i}\boldsymbol{B}\boldsymbol{u}(k+i-1)+\sum_{j=1}^{p}\boldsymbol{A}^{p-j}\boldsymbol{D}\boldsymbol{d}(k+j-1)\right]\end{aligned}\tag{3.4.9}$$

将时域的输出也写成矩阵形式，则系统在预测时域内的输出变量可写为

$$\boldsymbol{Y}(k+1|k)=\boldsymbol{M}_x\boldsymbol{x}(k)+\boldsymbol{M}_u\boldsymbol{U}(k)+\boldsymbol{M}_d\boldsymbol{D}(k)\tag{3.4.10}$$

其中

$$\boldsymbol{Y}(k+1|k)=\begin{bmatrix}\hat{\boldsymbol{y}}(k+1|k)\\ \hat{\boldsymbol{y}}(k+2|k)\\ \vdots\\ \hat{\boldsymbol{y}}(k+p|k)\end{bmatrix}\boldsymbol{M}_x=\begin{bmatrix}\boldsymbol{CA}\\ \boldsymbol{CA}^2\\ \vdots\\ \boldsymbol{CA}^p\end{bmatrix}\boldsymbol{U}(k)=\begin{bmatrix}\boldsymbol{u}(k)\\ \boldsymbol{u}(k+1)\\ \vdots\\ \boldsymbol{u}(k+m-1)\end{bmatrix}$$

$$\boldsymbol{M}_u=\begin{bmatrix}\boldsymbol{CB} & 0 & \cdots & 0\\ \boldsymbol{CAB} & \boldsymbol{CB} & \cdots & 0\\ \vdots & \vdots & \ddots & \vdots\\ \boldsymbol{CA}^{p-1}\boldsymbol{B} & \cdots & \boldsymbol{CA}^{p-(m-1)}\boldsymbol{B} & \boldsymbol{CA}^{p-m}\boldsymbol{B}\end{bmatrix}$$

$$\boldsymbol{M}_d=\begin{bmatrix}\boldsymbol{CD} & 0 & 0 & \cdots & 0\\ \boldsymbol{CAD} & \boldsymbol{CD} & 0 & \cdots & 0\\ \vdots & \vdots & \vdots & \ddots & \vdots\\ \boldsymbol{CA}^{p-1}\boldsymbol{D} & \boldsymbol{CA}^{p-2}\boldsymbol{D} & \cdots & \boldsymbol{CAD} & \boldsymbol{CD}\end{bmatrix}\boldsymbol{D}(k)=\begin{bmatrix}\boldsymbol{d}(k)\\ \boldsymbol{d}(k+1)\\ \vdots\\ \boldsymbol{d}(k+p-1)\end{bmatrix}$$

系统输出预测公式（3.4.10）表明：系统在预测时域内的预测输出结果由系统当前时刻的状态变量、预测时域内外界扰动变量和控制时域内控制作用变量共同决定。

通常情况下，MPC控制算法的目标函数主要为预测输出与参考轨迹的差的平方与控制作用变量的平方的和，目标函数的形式为

$$\min_{\boldsymbol{U}} J=\boldsymbol{X}^{\mathrm{T}}\cdot\boldsymbol{Q}\cdot\boldsymbol{X}+\boldsymbol{U}^{\mathrm{T}}\cdot\boldsymbol{R}\cdot\boldsymbol{U} \tag{3.4.11}$$

同LQR算法的目标函数形式一致，$\boldsymbol{Q}$ 为状态变量惩罚矩阵，$\boldsymbol{R}$ 为控制动作惩罚矩阵。

由于输水系统本质上是稳定系统，当系统在某个时刻达到稳定且没有扰动发生后，输水系统会一直维持稳定，故不需要对目标函数采用无限时域，特别是只关注即将到来的时刻的状态量和输出量时。因此，输水系统的目标函数一般可描述为

$$\begin{aligned}\min_{\boldsymbol{u}(k)} J=&\sum_{j=0}^{p}[\boldsymbol{y}^{\mathrm{T}}(k+j\mid k)\boldsymbol{Q}\boldsymbol{y}(k+j\mid k)]+\\&\sum_{j=0}^{m-1}[\boldsymbol{u}^{\mathrm{T}}(k+j\mid k)\boldsymbol{R}\boldsymbol{u}(k+j\mid k)]\end{aligned} \tag{3.4.12}$$

式中：J 为需要最小化的目标函数；p 为预测时域步长；m 为控制时域步长。$\boldsymbol{y}(k+j|k)$ 为系统根据 k 时刻初始状态预测的未来 $k+j$ 时刻的输出变量；$\boldsymbol{u}(k+j|k)$ 为系统根据 k 时刻初始状态生成的未来 $k+j$ 时刻的控制作用变量。

模型预测控制算法的目标函数与线性二次型最优控制算法的目标函数相似，均采用二次型形式，目标函数第一项指标是保持水位在设定值附近，第二项指标是抑制控制作用变量的动作幅度。二者的不同之处在于模型预测控制的目标函数是有限时域的，而线性二次型最优控制的目标函数是无限时域的。预测控制算法的目标属于有限时域，可在时域内将目标函数进行公式化描述，因此目标函数能够考虑除了常规水位偏差目标和流

量动作目标以外的其他目标，实用性更大。但相比 LQR 算法的定常控制率 $\boldsymbol{K}$，MPC 控制也带来了计算量增大的问题。

模型预测控制算法的优化在于确定最优的控制作用变量序列 $\boldsymbol{U}(k)$，使式（3.4.12）中的目标函数 J 最小。目标函数第一项指标的作用是保持水位在设定值附近，第二项指标的作用是抑制控制作用变量的动作幅度。若记参考轨迹为

$$\boldsymbol{Y}_r(k+1|k)=[\boldsymbol{y}_r(k+1);\boldsymbol{y}_r(k+2);\cdots;\boldsymbol{y}_r(k+p)] \tag{3.4.13}$$

目标函数式可以表示为如下矩阵简化形式：

$$J=[\boldsymbol{QY}(k+1|k)-\boldsymbol{Y}_r(k+1)]^2+[\boldsymbol{RU}(k)]^2 \tag{3.4.14}$$

求解上述方程最优解的方法有很多种，其中最直接的方式是将上述方程整理为二次规划问题并采用相关算法进行求解。二次规划是目标函数为二次函数，约束条件均为线性形式的非线性规划问题，二次规划问题目标函数的标准形式为

$$J=\frac{1}{2}\boldsymbol{U}^{\mathrm{T}}(k)\boldsymbol{H_u U}(k)+\boldsymbol{G}_{\boldsymbol{r}}^{\mathrm{T}}(k+1)\boldsymbol{U}(k)+f_0 \tag{3.4.15}$$

式中：$\boldsymbol{H_u}$ 为海森矩阵，为对称半正定矩阵；$\boldsymbol{G_r}$ 为梯度向量；f_0 为常数项。

为将目标函数整理为二次规划问题目标函数的标准形式，将模型预测输出公式（3.4.10）代入目标函数式，整理后有

$$\begin{aligned} J &=\{\boldsymbol{Q}[\boldsymbol{M_u U}(k)]-[\boldsymbol{Y}_r(k+1)-\boldsymbol{M_x x}(k)-\boldsymbol{M_d D}(k)]\}^2+[\boldsymbol{RU}(k)]^2 \\ &=\boldsymbol{U}^{\mathrm{T}}(k)[(\boldsymbol{QM_u})^{\mathrm{T}}\boldsymbol{QM_u}+\boldsymbol{R}^{\mathrm{T}}\boldsymbol{R}]\boldsymbol{U}(k)-2(\boldsymbol{QM_u})^{\mathrm{T}}\boldsymbol{Q}[\boldsymbol{Y}_r(k+1)- \\ &\quad \boldsymbol{M_x x}(k)-\boldsymbol{M_d D}(k)]\boldsymbol{U}(k)+\{\boldsymbol{Q}[\boldsymbol{Y}_r(k+1)-\boldsymbol{M_x x}(k)-\boldsymbol{M_d D}(k)]\}^{\mathrm{T}} \\ &\quad \{\boldsymbol{Q}[\boldsymbol{Y}_r(k+1)-\boldsymbol{M_x x}(k)-\boldsymbol{M_d D}(k)]\} \end{aligned} \tag{3.4.16}$$

这样，目标函数就可转化为一个典型的二次规划问题，其中的各参数为

$$\boldsymbol{H_u}=(\boldsymbol{QM_u})^{\mathrm{T}}\boldsymbol{QM_u}+\boldsymbol{R}^{\mathrm{T}}\boldsymbol{R} \tag{3.4.17}$$

$$\boldsymbol{G_r}(k+1)=-(\boldsymbol{QM_u})^{\mathrm{T}}\boldsymbol{Q}[\boldsymbol{Y}_r(k+1)-\boldsymbol{M_x x}(k)-\boldsymbol{M_d D}(k)] \tag{3.4.18}$$

$$f_0=0.5\times\{\boldsymbol{Q}[\boldsymbol{Y}_r(k+1)-\boldsymbol{M_x x}(k)-\boldsymbol{M_d D}(k)]\}^{\mathrm{T}}\{\boldsymbol{Q}[\boldsymbol{Y}_r(k+1)-\boldsymbol{M_x x}(k)-\boldsymbol{M_d D}(k)]\} \tag{3.4.19}$$

渠道控制变量的最优求解可转化为二次规划优化求解。其中，在 k 时刻，可计算满足未来 p 时域内的最优控制变量：

$$\boldsymbol{U}_{\mathrm{uc}}(k)=\begin{bmatrix}\boldsymbol{u}_{\mathrm{uc}}(k)\\ \boldsymbol{u}_{\mathrm{uc}}(k+1)\\ \vdots \\ \boldsymbol{u}_{\mathrm{uc}}(k+m-1)\end{bmatrix} \tag{3.4.20}$$

当线性模型输出预测和目标函数优化求解完成之后，控制作用变量序列中的第一个控制动作 $\boldsymbol{U}_{\mathrm{uc}}(k)$ 将被传输给控制结构用于执行，而其余的控制作用变量将被忽略，此

时控制系统的状态变量滚动更新到下一个时段并再次进行模型输出预测和目标函数优化求解等过程，此过程将一直滚动执行下去，称为滚动优化策略。模型预测控制采用上述策略，算法需要逐时段更新输出预测结果、目标函数及约束条件并进行求解，因此需要相应控制系统的计算能力予以支持。

从式（3.4.18）中可以看出，不同于 LQR 算法，MPC 中的控制变量优化求解过程考虑到了分水扰动信息 $d(k)$，因此在 MPC 控制中，可提前考虑分水信息而在分水变化前就产生闸门动作。

MPC 在使用前，有 4 个参数需要确定：预测时段 p、控制时段 m、权重 $\boldsymbol{Q}$ 与权重 $\boldsymbol{R}$。对于时滞系统，预测时段 p 需要尽可能包含系统的时滞值，即

$$p \geqslant \sum_{i=1}^{n} k_{\mathrm{d},i} \tag{3.4.21}$$

式中：$k_{\mathrm{d},i}$ 为第 i 个渠池的滞后步长数。

3.4.2 预测控制算法效果分析

考虑到集中控制算法下最危险情况仍为小流量输水工况，因此，本节主要在小流量工况下进行 MPC 控制算法的效果分析。为了防止发生渠池共振，需要添加滤波器进行水位信号处理。而考虑到 MPC 控制算法能根据分水扰动变化进行前馈操作，故可将分水工况分为分水扰动可预知工况和分水扰动不可预知工况，然后针对这两种不同的分水类型进行 MPC－F 控制。这里选取预测时段 p 为 50，足够包含所有渠段的时滞步长数，控制时段 m 的取值一般小于等于 p，这里 m 也取值为 50。这里为了同 LQR 做比较，权重矩阵 $\boldsymbol{Q}$ 和 $\boldsymbol{R}$ 的赋值同前述章节的 LQR 算法中的权重值相同，即权重矩阵 $\boldsymbol{Q}$ 中对应于水位偏差的元素值为 10，$\boldsymbol{R}$ 为单位矩阵。MPC－F 在不可预知分水情况及可预知分水情况下的控制结果如图 3.4.2 和图 3.4.3 所示。

图 3.4.2 为 MPC－F 在不可预知分水情况下的控制效果。对比图 3.3.6 中的 LQR－F 控制效果，可以看出不考虑分水信息情况下的 MPC 算法效果同 LQR 算法类似，但是无论是在哪个渠池中发生的分水变化，MPC－F 控制算法中的水位最大变幅都要小于 LQR－F 中的结果，而流量最大变幅都要大于 LQR－F 中的结果，而且 MPC－F 中的稳定时间都要长于 LQR－F 中的稳定时间。这可以从 LQR 和 MPC 控制算法的目标函数构造去解释。对比 LQR 控制算法，MPC 算法考虑的是有限时段内的优化，可理解为局部最优解，而 LQR 为全局最优解。而由于这里设置的水位偏差的权重大于流量变化的权重，相比于具有同样的权重矩阵 $\boldsymbol{Q}$ 和 $\boldsymbol{R}$ 的 LQR 控制算法，MPC 对水位的控制程度更大。但由于 LQR 考虑的是全局最优，从整体角度来看 LQR 的控制效果优于 MPC 控制，因此 LQR 算法的稳定时间小于 MPC 算法。

图 3.4.3 为 MPC－F 在可预知分水情况下的控制效果。分水扰动可预知的工况下，MPC 控制中采用内部预测模型，能预测未来预测时段内的分水扰动带来的水位影响，因此能提前进行流量动作。模型预测控制能够对已知的下游变化做出提前响应，提前作用的时间与预测时域相关，控制点水位在分水变化前的变动与已知取水引起的变动趋势

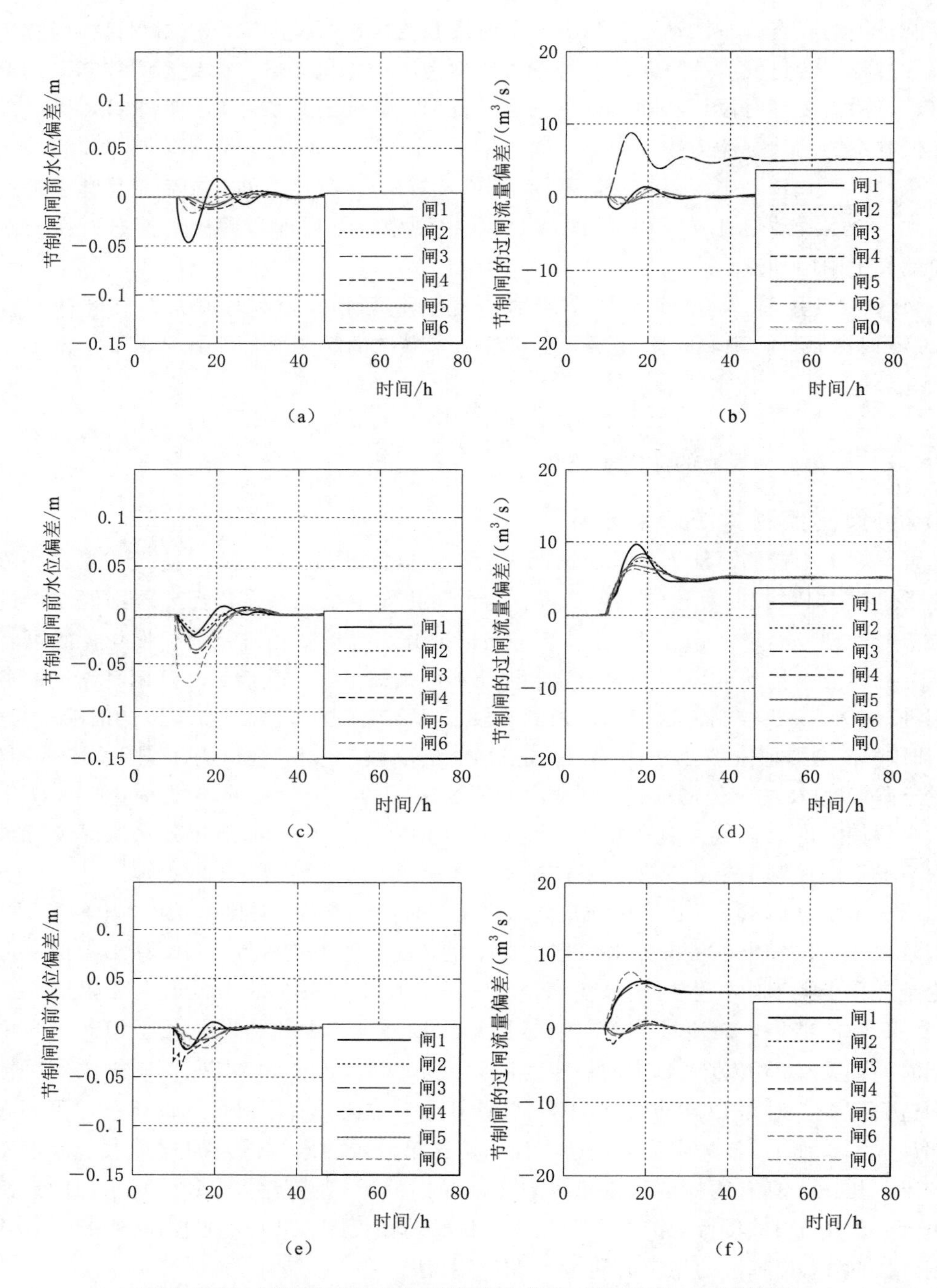

图 3.4.2　小流量工况下不可预测分水变化工况 MPC－F 控制结果

(a) 分水工况 1 水位偏差变化过程；(b) 分水工况 1 流量偏差变化过程；
(c) 分水工况 2 水位偏差变化过程；(d) 分水工况 2 流量偏差变化过程；
(e) 分水工况 3 水位偏差变化过程；(f) 分水工况 3 流量偏差变化过程

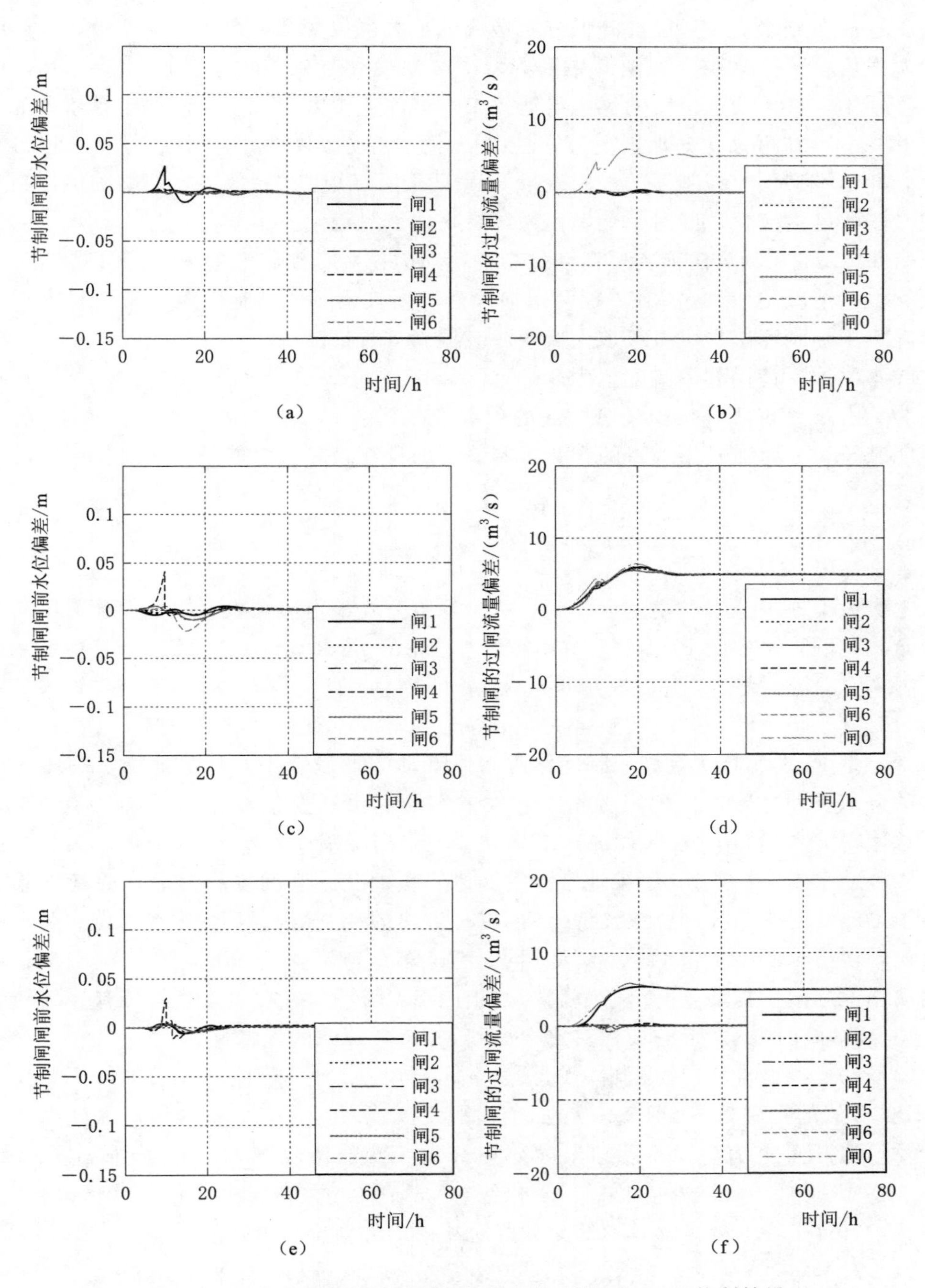

图 3.4.3 小流量工况下可预测分水变化工况 MPC-F 控制结果

(a) 分水工况 1 水位偏差变化过程；(b) 分水工况 1 流量偏差变化过程；

(c) 分水工况 2 水位偏差变化过程；(d) 分水工况 2 流量偏差变化过程；

(e) 分水工况 3 水位偏差变化过程；(f) 分水工况 3 流量偏差变化过程

相反，这样在分水变化后能够降低分水造成的最大水位变幅。在图3.4.2中，最大的水位变幅发生在渠池6中，渠池6中因为发生分水变化导致渠池水位降低0.07m，而在图3.4.3中，最大的水位变幅也为渠池6中，渠池6中因为发生提前动作导致渠池水位升高0.03m。在可预知分水工况下，控制点水位波动幅度要远小于分水未知时的波动幅度，此时模型预测控制器的控制效果要优于线性二次型控制效果，能够确保控制点水位在较小幅度内变化，同时也能够使系统更快地恢复稳定。因此，在分水可预知的情况下，采用MPC控制算法能在反馈动作中耦合前馈控制，控制效果更好。而且，和LQR控制算法的情况类似，在MPC控制中加入低通滤波器F，控制性能并未明显变差。因此，在集中控制算法中可直接加入低通滤波器来进行渠池调控。

在本书中，使用的电脑配置为2.7GHz Core i5 processor和16GB of RAM，在控制步长为10min情况下，模拟计算80h的预测控制算法下，控制效果的总时间为10min，这说明基于积分时滞模型构造的预测控制系统的计算量较小，能满足实时控制的需求。

3.5　本章小结

本章以渠池积分时滞模型为基础，基于经验公式整定法和状态空间设计方法，分别对分布式控制算法中的PI控制、集中控制算法中的LQR算法以及MPC算法的控制参数和控制逻辑进行了设计，并对这几种控制算法的特性进行比较，主要成果及结论如下。

（1）基于传统的经验公式整定法，推导了基于ID模型参数快速整定PI控制参数的方法。但是PI控制算法具有控制动作对水位扰动的抑制效果滞后的缺点，具体表现为下游的分水扰动会导致上游渠池发生较大的节制闸流量变化，上游渠池的水位变幅变大。这使得PI控制算法在长距离多级串联渠池中的实用性较差。

（2）基于ID模型进行了渠池常态控制逻辑下的状态空间方程推导，并基于此方程进行了渠池实时集中控制算法设计。对LQR算法的控制逻辑与PI控制的控制逻辑进行了对比，得出LQR的控制参数本质为同时考虑多个节制闸动作的定常控制率。而由于控制动作不局限于扰动点的上游节制闸，相比于PI控制，LQR的控制没有控制动作滞后的缺点，在相同案例上的模拟对比也证明了LQR算法的优越性。

（3）基于渠池常态控制逻辑下的状态空间方程，对MPC控制算法进行了设计。对比MPC算法的控制目标和LQR算法的控制目标，分析了MPC控制算法在处理多种目标以及预测方面的优势。控制结果表明在分水预知的情况下，MPC控制效果要好于LQR算法。同时，从小流量工况下分水变化$5m^3/s$后的实时控制结果可以看出，实时控制算法具有较好的鲁棒性，对简化积分时滞模型的精度要求较低。

（4）对本书完全回水区的案例渠池进行了控制算法分析，结果表明在完全处于回水区的渠池中，由于渠池的波动特性，实施实时控制的难度较大。本书在分布式和集中控制算法中对实时水位信息进行低通滤波处理，能够较好地降低共振幅度，在研究渠池中没有出现共振导致渠池失稳的现象。且在集中控制模式中加入低通滤波器的结果也表明，低通滤波器的加入导致的控制响应滞后时间变长的问题并不会明显地恶化控制效果。

第 4 章 部分控制建筑不可控情况下的实时控制算法研究

4.1 引言

常态下的明渠输水工程以需定供，即渠池的供水是根据下游各用水户的需求决定的。这种情况下，当渠池中的分水发生变化时，上游的节制闸会对这种分水变化做出反应，一直将这种扰动传递到上游，然后让进口节制闸进行流量调控，达到流量平衡。要对这种情况下的渠池进行自动控制算法设计，则渠池中除了出口节制闸以外的其他所有节制闸都需要在日常运行中具有可控性。但是在某些情况下，渠池中的控制建筑会处于不可调控状态，比如检修或者闸控设备断电，这时候的渠系如果还采用原先的控制方式，由于不可控闸门不能执行集中控制算法生成的最优控制指令，此时的集中优化控制基本无效。同时，其他可调控闸门继续执行最优控制指令，会导致部分渠池水位偏差过大，威胁工程安全。常态下的调控方式就不适用于这种闸门不可控的情况。显然对于不可控闸门下游的渠段，控制来水的节制闸不能对来水进行调控，此时维持闸前常水位运行几乎不可能，因此，需要改变原有的闸前常水位控制方式，采用新的调控方式和调控目标。

4.2 部分控制建筑不可控情况下渠池分区调控原则

明渠输水工程中的控制建筑主要为节制闸和泵站，其两者的作用类似，因此都可作节制闸处理。则在正常情况下渠池的控制建筑物为全线所有节制闸。在这种情况下，可将整个的渠池系统当作一个整体进行调控。在渠池系统的运行过程中，除非出口节制闸以外的用水户需要进行用水调整，一般最下游出口节制闸不采用闸控措施。因此，最下游节制闸一般不参与渠池水位稳定调控，该情况下的渠池集中控制结构如图 4.2.1 所示。在集中控制模式下，当某个渠池的流量发生变化导致水位变化时，渠系所有的控制建筑物都会参与调控。扰动的影响会一直传至最上游进口节制闸，然后进口节制闸也会进行动作，直到满足流量平衡，进而达到渠池水位稳定。

然而，在部分节制闸不可调的情况下，由于渠池中间部分节制闸不可调控，在构建流量与水位关系的控制模型时，无法将整个渠系合为一个控制模型，从而无法对全线进行控制算法设计。因此，这时候需要以中间的不可控节制闸为界限，将整个大的渠系划

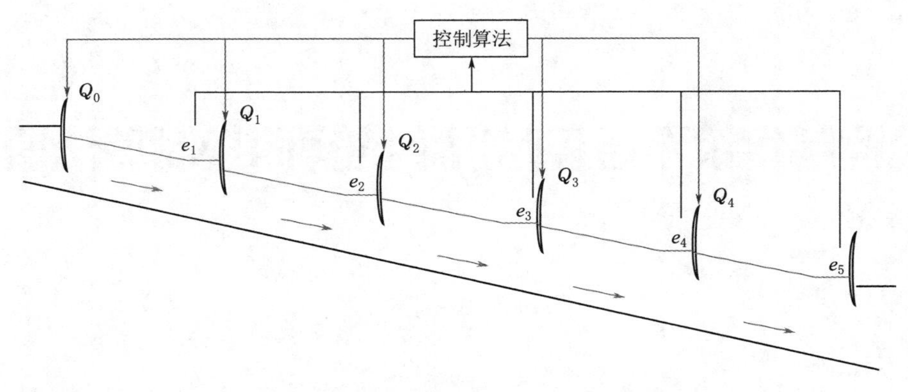

图 4.2.1　全线节制闸可调控情况下的集中控制形式

分为多个小的渠系。在整个大渠系的进口节制闸到第一个不可控节制闸之间，其节制闸可控情况与常态下的渠系节制闸可控情况相同，除了最后一个节制闸不参与调控，其他节制闸都可进行控制，故这一段可认为是利用常态下的控制模型来进行实时控制算法设计的。而对于第一个不可控节制闸至下游段，每个不可控节制闸之间、不可控节制闸与最下游节制闸之间的渠池渠系，都可各自看成是进、出口节制闸处于不可调控状态下的渠系。对这些渠系的控制算法研究可看作在进、出口流量同时不可控制情况下的渠池控制算法研究。因此，整个渠池系统被划分为最上游的一个常规控制渠系以及下游的进、出口流量不可控制下的渠系。该情况下的渠池集中控制结构见图 4.2.2。

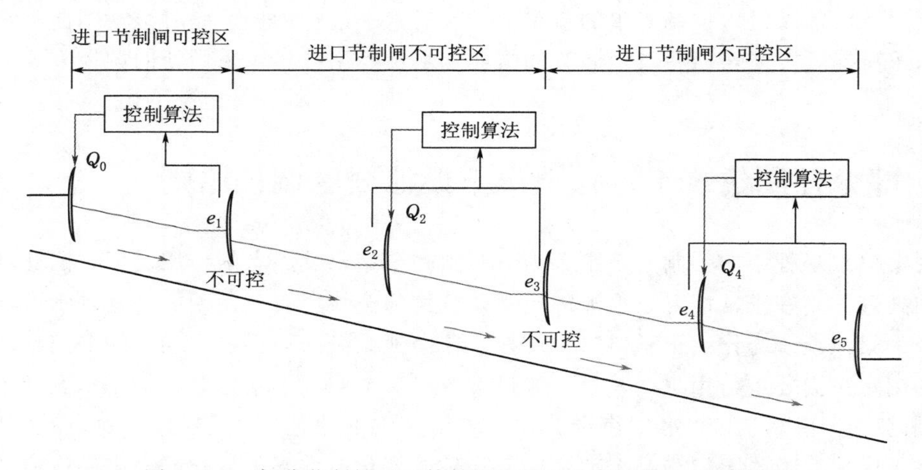

图 4.2.2　部分节制闸不可控情况下渠池分区及集中控制形式

这样，整个渠系被划分为多个渠系，第一个渠系属于常态进、出口节制闸可调控下的渠池水位调控，而下游其他渠池属于进、出口节制闸不可调控下的渠池水位调控。因此，需要对这种进、出口节制闸不可调控下的渠池水位控制算法进行设计，以保证在节制闸不可调控时，使水位尽可能维持在安全范围。

4.3 进、出口控制建筑不可控情况下常水位控制算法设计

4.3.1 常水位控制模式下的预测控制算法

由前述分析可知，在部分节制闸不可调控的情况下，可依据不可控节制闸将整个渠池系统分为多个渠池系统，对于最上游小渠池系统而言，其控制算法可采用常态下的控制模型及控制计算。而其他的小渠池系统均属于进口节制闸不可控的情况，故需要重新建构控制模型，再进行控制算法设计。

渠池的进、出口流量以及分水流量对水位偏差的影响用公式表示为

$$e(k+1)=e(k)+\Delta e(k)+\frac{T_s}{A_d}\{\Delta q_{in}(k-k_d)-[\Delta q_{out}(k)+\Delta q_{offtake}(k)]\} \tag{4.3.1}$$

而对于小渠池系统的第一个渠池，其进口节制闸不可调控，故归类为扰动。如果将这个渠池的水位流量关系写成：

$$\boldsymbol{x}(k+1)=\boldsymbol{A}\boldsymbol{x}(k)+\boldsymbol{B}\boldsymbol{u}(k)+\boldsymbol{D}\boldsymbol{d}(k) \tag{4.3.2}$$

则变为

$$\begin{bmatrix} e(k+1) \\ \Delta e(k+1) \end{bmatrix}=\begin{bmatrix} 1 & 1 \\ 0 & 1 \end{bmatrix}\begin{bmatrix} e(k) \\ \Delta e(k) \end{bmatrix}+\begin{bmatrix} -\dfrac{T_s}{A_d} \\ -\dfrac{T_s}{A_d} \\ -\dfrac{T_s}{A_d} \end{bmatrix}\begin{bmatrix} \Delta q_{offtake}(k) \\ \Delta q_{out}(k) \\ \Delta q_{in}(k-k_d) \end{bmatrix} \tag{4.3.3}$$

式中：$\boldsymbol{x}(k)=[e(k) \quad \Delta e(k)]^T$，而控制变量 $\boldsymbol{u}(k)$ 不存在。

而对于其他渠池，仍为常规控制模型。对于由 n 个渠池构成的渠池系统，只有 $n-1$ 个控制作用量。这种情况下同样可结合 MPC 控制算法来生成渠池实时最优控制指令。由于此时的控制系统输出变量为 $e(k)$，而目标值为 $e(k)=0$，控制目标可简化为

$$\min_{\boldsymbol{u}(k)} J=\sum_{j=1}^{p}\left[\boldsymbol{y}^T(k+j \mid k)\boldsymbol{Q}\boldsymbol{y}(k+j \mid k)\right]+\sum_{j=0}^{m-1}\left[\boldsymbol{u}^T(k+j \mid k)\boldsymbol{R}\boldsymbol{u}(k+j \mid k)\right] \tag{4.3.4}$$

4.3.2 案例分析

以前述研究渠池的大流量输水工况为例，进行算法可行性分析。渠池初始的流量工况为前述大流量工况。假设渠池系统上、下游边界为常水位边界，假设中上游水深恒定为 6m，下游水位恒定为 3m。假设渠池的进口节制闸由于检修不可调控，在这种特殊

情况下，尝试采用常水位控制模式下的控制模型来进行控制算法设计。控制模型采用大流量工况下的积分时滞模型参数组。同时，为了对比上游节制闸不可控情况下，常水位控制模式下的控制效果，这里设置另外两组工况作为对比。对照组 1 设置为不采用调控措施；对照组 2 设置为采用常态下的控制模型来进行 MPC 控制算法设计，并生成控制指令，但是进口节制闸不调控指令，记为常水位控制方法-Ⅰ，控制模型下的 MPC 控制算法为常水位控制方法-Ⅱ。假设渠池 4 的分水口流量在 10h 的时候突然增加 5m³/s 来制造扰动，用仿真模型来模拟 3 种工况下的渠池水位和流量变化情况。其中，控制模型的控制时间间隔为 10min，仿真模型的仿真时间间隔为 1min。权重参数为所有渠池的 q_e 都设置为 10，即渠池的水位偏差权重相等。3 种调控方式下的控制结果如图 4.3.1～图 4.3.3 所示。为了衡量常水位控制模型结合集中控制算法在进口节制闸不可调控情况下的控制效果，选取了以下的控制指标：最大水位绝对偏差（MAE），平均水位绝对偏差（AAE），并定义为

$$MAE=\max[|e_i(t)|] \tag{4.3.5}$$

$$AAE=\frac{\Delta t}{T}\sum_{t=0}^{T}[|e_i(t)|] \tag{4.3.6}$$

式中：$e_i(t)$ 为渠池 i 的水位偏差；Δt 为时间步长；T 为受控渠道运行时间。

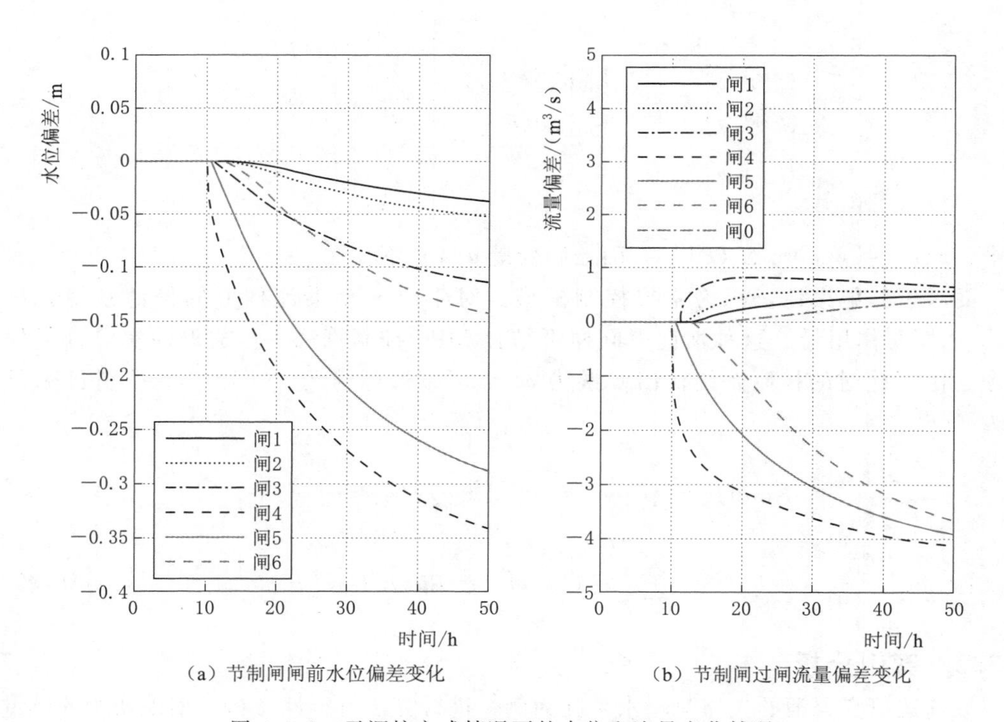

（a）节制闸闸前水位偏差变化　　（b）节制闸过闸流量偏差变化

图 4.3.1　无调控方式情况下的水位和流量变化情况

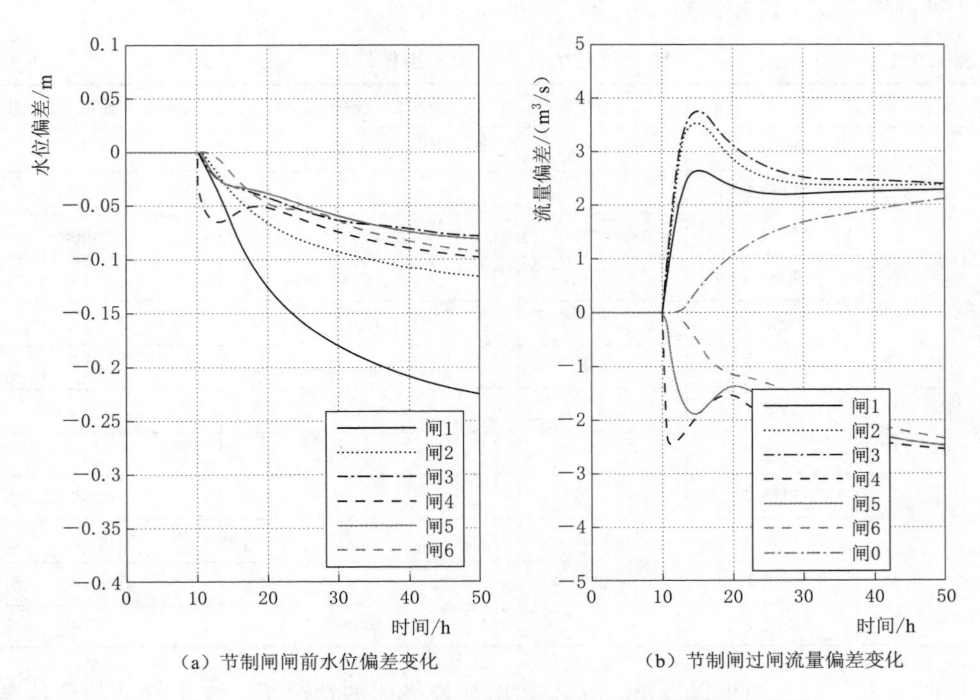

（a）节制闸闸前水位偏差变化　　（b）节制闸过闸流量偏差变化

图 4.3.2　常水位控制方法-Ⅰ情况下的水位和流量变化情况

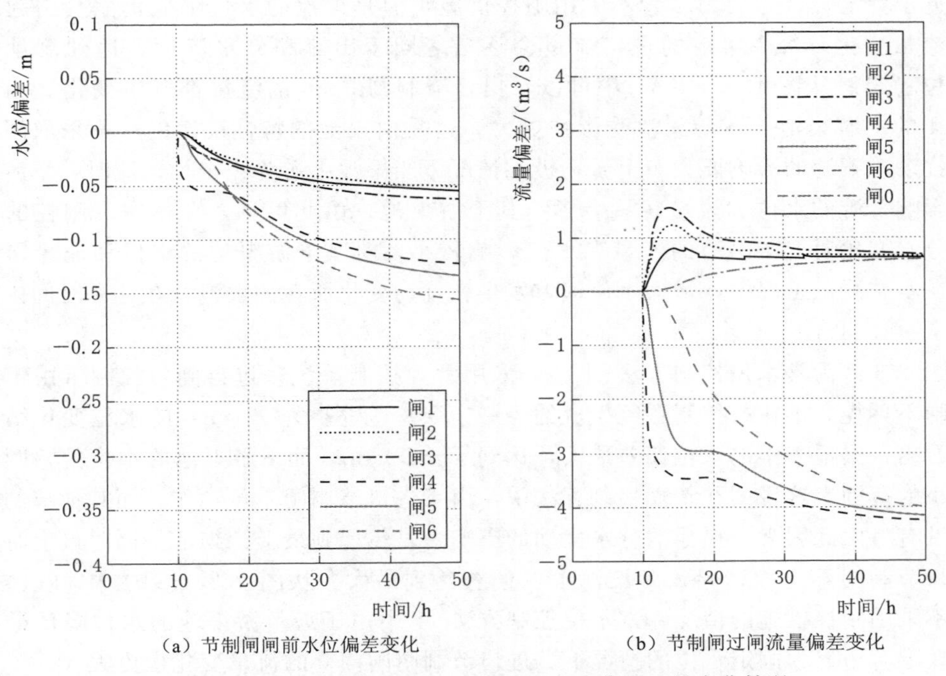

（a）节制闸闸前水位偏差变化　　（b）节制闸过闸流量偏差变化

图 4.3.3　常水位控制方法-Ⅱ情况下的水位和流量变化情况

3 种调控方式下的控制指标结果汇总见表 4.3.1。

表 4.3.1　　3 种调控方式下的控制指标汇总

指　标		无调控	常水位控制方法-Ⅰ	常水位控制方法-Ⅱ
MAE/m	渠池 1	0.04	0.23	0.06
	渠池 2	0.05	0.12	0.05
	渠池 3	0.12	0.08	0.06
	渠池 4	0.34	0.10	0.13
	渠池 5	0.29	0.08	0.14
	渠池 6	0.14	0.09	0.16
AAE/m	渠池 1	0.02	0.16	0.04
	渠池 2	0.03	0.08	0.04
	渠池 3	0.07	0.06	0.05
	渠池 4	0.25	0.07	0.09
	渠池 5	0.19	0.05	0.09
	渠池 6	0.08	0.06	0.10

从图 4.3.1（a）中可以看出，在不采用闸控措施的情况下，发生扰动的渠池会发生最大的水位变化，而其他渠池的水位也会发生小幅度的变化，并且最终渠池的水位都会趋近于稳定。这是因为尽管不采用闸控措施，但是渠池的水位降低仍然会引起节制闸的流量变化，每个渠池的进口流量会逐渐等同于出流和分水流量，达到流量平衡和水位稳定。从图 4.3.1（b）中可以看出，节制闸 0～6 的流量都发生变化。相比于渠池 4 的上游渠池，下游渠池受影响更大。这是由渠池的特性决定的，不采取闸控措施时扰动对下游的影响要大于上游，极端情况下当渠池上游为完全均匀流时，下游扰动不会影响上游的水位和流量，只会影响其下游渠池。由此可见，在不采取闸控的情况下，分水变化对上游渠池的流量和水位影响较小，对其下游渠池的水位和流量影响较大。在本文测试工况中，最大水位偏差发生在扰动变化所在的渠池，在计算时间内最大达到了－0.34m。

图 4.3.2 为常水位控制方法-Ⅰ——采用常规控制系统来进行闸门控制（由于进口节制闸不可控，不执行控制系统生成的控制指令）。从图 4.3.2（a）的水位变化结果中可以看出，渠池 1 中的水位偏差最大，达到了－0.23m，而下游渠池的水位偏差则保持在较小的范围。这说明在常规控制算法中，由于进口节制闸不可动作，而其他节制闸的动作没有考虑此因素，渠池的分水扰动的影响一直传递到最上游渠池，同时最上游渠池的进口节制闸不可控，导致此渠池水位偏差达到最大。从图 4.3.2（b）中可以看出，相比不采用闸控措施的情况，常水位控制方法-Ⅰ中由于最上游渠池的水位降低最为明显，在上游边界为固定水位的情况下，进口节制闸闸门 0 的流量变化也更大。

图 4.3.3 为常水位控制方法-Ⅱ——采用进口节制闸不可调控情况下常水位控制方

式的控制模型设计的优化控制算法的结果。从图 4.3.3 (a) 中的水位变化过程可以看出，尽管每个渠池的水位差权重相等，但调控结果下渠池的水位偏差并非完全一样。进口节制闸不可调控情况下必然会出现渠池水位偏差，但是由于渠池的水位流量关系特性以及在目标函数中还需要保证流量变化尽可能小，在常水位控制模式下的最优解并非为渠池水位偏差保持一致。在水位偏差权重值一样的情况下，采用常水位目标的控制结果仍为扰动发生渠池及其下游渠池的水位偏差及流量变化更大，而其上游渠池的水位偏差较小。渠池的最大水位偏差为－0.16m。

因此，从以上 3 种工况下的渠池水位偏差及流量变化过程可以看出：①在渠池分水口流量增加的情况下，若不采取闸控措施，则整个渠系的水位呈现下降趋势，且分水扰动所在的渠池的水位下降速率最快而其他渠池的下降速率较慢，分水扰动所在的渠池的水位也会最快达到危险状态，且扰动主要向下游传递，下游渠池的水位下降明显；②在基于常态控制模型设计的常水位控制算法工况，由于集中控制算法会将扰动传递到最上游渠池，在进口节制闸不可调控的情况下，第一个渠池的水位变化最为明显，而其他渠池的水位偏差较小，因此这种情况下扰动主要向上游第一个渠池传递；③在基于进口节制闸不可控控制模型设计的常水位控制算法工况，扰动会往上、下游方向传递，但渠池的水位偏差还是呈现下游渠池较大，而上游渠池较小的情况。因此，在进口节制闸不可控的情况下，由于维持闸前水位稳定已经不能实现，渠池水位都会发生变化，这时候的调控目标应当为尽可能降低渠池的水位变化速率。

4.4 进、出口控制建筑不可控情况下水位差控制算法设计

4.4.1 水位差控制模式下的预测控制算法

4.4.1.1 水位差控制目标及模型建立

若要让渠池的水位尽可能在进口流量不可调整期间维持在安全的范围，则需要将分水扰动引起的水位下降分摊到各个渠池，让所有渠池的水位变化趋势尽可能接近，这样就能保证渠系中的最大下降速率最低。如果要让渠池的水位变化趋势接近，则应以渠池间的水位偏差尽可能接近为控制目标。即调控不再保持水位偏差 $e(k)$ 为 0，而是使上、下游渠池之间的水位偏差的差值 $D(k)$ 为 0。对应于渠池 i，可将 $D_i(k)$ 定义为

$$D_i(k)=e_i(k)-e_{i+1}(k) \tag{4.4.1}$$

式中：i 为渠池编号；$e_i(k)$、$e_{i+1}(k)$ 分别为第 i 个、第 $i+1$ 个渠池的水位偏差。

但是对于每个渠池而言，其水位偏差允许值可能不同。对于分水供给给比较重要用水户的渠池而言，其水位偏差允许值可能更小，因为同样的水位偏差值带来的分水流量变化会更大。在第 3 章的常态控制算法中，由于水位偏差即为控制目标，水位偏差的允许度差异可对目标函数中的水位差权重矩阵 $\boldsymbol{Q}$ 水位偏差权重系数 q_e 进行不同的赋值来实现。这种水位差控制模式以水位差为目标，在目标函数中对权重矩阵 $\boldsymbol{Q}$ 中

权重系数 q_D 进行差异化赋值，只会体现 $D_i(k)$ 的差异，但并不能体现各个渠池的 $e_i(k)$ 的差异，因此这里将这种权重直接体现在控制目标中，将水位差控制模式的控制目标改为

$$D_i = m_i e_i - m_{i+1} e_{i+1} \tag{4.4.2}$$

式中：m_i 为每个渠池的水位偏差 e_i 的权重。

这样，在控制目标 D_i 等于 0 的情况下，上、下游渠池的水位差之比为权重系数的反比。由于水位差控制模式的目标为水位偏差的加权值之差，在后续控制模型构建的时候也考虑到权重 m_i。

控制目标由原先的 $e_i(k)$ 变为 $D_i(k)$，因此需要重新构造控制输入与控制输出之间的关系。对于两个连续渠池 i 和 $i+1$，若记渠池 i 的进口流量为 $\Delta q_{in}(k)$，渠池 i 的出口流量，也就是渠池 $i+1$ 的进口流量为 $q_{c,i}(k)$，渠池 $i+1$ 的出口流量为 $q_{c,i+1}(k)$，则有

$$\begin{aligned} e_i(k+1) = {} & e_i(k) + \Delta e_i(k) \\ & + \frac{T_s}{A_d}\{\Delta q_{in}(k-k_{d,i}) - [\Delta q_{c,i}(k) + \Delta q_{offtake,i}(k)]\} \end{aligned} \tag{4.4.3}$$

$$\begin{aligned} e_{i+1}(k+1) = {} & e_{i+1}(k) + \Delta e_{i+1}(k) \\ & + \frac{T_s}{A_d}\{\Delta q_{c,i}(k)(k-k_{d,i+1}) - [\Delta q_{c,i+1}(k) + \Delta q_{offtake,i+1}(k)]\} \end{aligned} \tag{4.4.4}$$

将式（4.4.3）与式（4.4.4）代入到式（4.4.2）中，并定义 $\Delta D_i(k) = D_i(k) - D_i(k-1)$，则可得

$$\begin{aligned} D_i(k+1) = {} & D_i(k) + \Delta D_i(k) + m_i \frac{T_s}{A_{d,i}} \Delta q_{in}(k-k_{d,i}) \\ & - m_i \frac{T_s}{A_{d,i}}[\Delta q_{c,i}(k) + \Delta q_{offtake,i}(k)] - m_{i+1}\frac{T_s}{A_{d,i+1}}\Delta q_{c,i}(k-k_{d,i+1}) \\ & + m_{i+1}\frac{T_s}{A_{d,i+1}}[\Delta q_{c,i+1}(k) + \Delta q_{offtake,i+1}(k)] \end{aligned} \tag{4.4.5}$$

$$\begin{aligned} \Delta D_i(k+1) = {} & \Delta D_i(k) + m_i \frac{T_s}{A_{d,i}} \Delta q_{in}(k-k_{d,i}) - m_i \frac{T_s}{A_{d,i}}[\Delta q_{c,i}(k) + \Delta q_{offtake,i}(k)] \\ & - m_{i+1}\frac{T_s}{A_{d,i+1}}\Delta q_{c,i}(k-k_{d,i+1}) \\ & + m_{i+1}\frac{T_s}{A_{d,i+1}}[\Delta q_{c,i+1}(k) + \Delta q_{offtake,i+1}(k)] \end{aligned} \tag{4.4.6}$$

假设这里渠池的进、出口节制闸为不可控制，因此 $\Delta q_{in}(k)$ 和 $\Delta q_{c,i+1}(k)$ 是不可控制的，这里应当归为扰动，而不是控制作用量。将式（4.4.4）和式（4.4.5）写为以 $\Delta q_{c,i}(k)$ 为控制变量的矩阵形式，则为

$$\begin{bmatrix} D_i(k+1) \\ \Delta D_i(k+1) \\ \Delta q_{c,i}(k) \\ \vdots \\ \Delta q_{c,i}(k-k_d) \end{bmatrix} = \begin{bmatrix} 1 & 1 & 0 & \cdots & -m_{i+1}\frac{T_s}{A_{d,i+1}} \\ 0 & 1 & 0 & \cdots & -m_{i+1}\frac{T_s}{A_{d,i+1}} \\ 0 & 0 & 0 & 0 & 0 \\ \vdots & \vdots & \vdots & \vdots & \vdots \\ 0 & 0 & 0 & 1 & 0 \end{bmatrix} \begin{bmatrix} D_i(k) \\ \Delta D_i(k) \\ \Delta q_{c,i}(k-1) \\ \vdots \\ \Delta q_{c,i}(k-k_d-1) \end{bmatrix} +$$

$$\begin{bmatrix} -m_i\frac{T_s}{A_{d,i}} \\ -m_i\frac{T_s}{A_{d,i}} \\ 1 \\ \vdots \\ 0 \end{bmatrix} [\Delta q_{c,i}(k)] + \begin{bmatrix} m_i\frac{T_s}{A_{d,i}} & -m_i\frac{T_s}{A_{d,i}} & m_{i+1}\frac{T_s}{A_{d,i+1}} \\ m_i\frac{T_s}{A_{d,i}} & -m_i\frac{T_s}{A_{d,i}} & m_{i+1}\frac{T_s}{A_{d,i+1}} \\ 0 & 0 & 0 \\ \vdots & \vdots & \vdots \\ 0 & 0 & 0 \end{bmatrix} \times$$

$$\begin{bmatrix} \Delta q_{in}(k-k_{d,i}) \\ \Delta q_{offtake,i}(k) \\ \Delta q_{offtake,i+1}(k) + \Delta q_{c,i+1}(k) \end{bmatrix} \tag{4.4.7}$$

式（4.4.7）建立了包含 $D_i(k)$ 的状态量与控制输入量 $\Delta q_{c,i}(k)$ 之间的关系式。具有前述状态空间方程的形式。

再令 $\boldsymbol{C}=[1 \quad 0 \quad 0 \quad \cdots \quad 0]^{\mathrm{T}}$，则输出变量中 $\boldsymbol{y}(k)=[D_i(k)]^{\mathrm{T}}$，可将控制输出目标转化为水位偏差 $D_i(k)$。

4.4.1.2 目标函数确定

对于 MPC 预测最优控制，其控制目标可描述为有限二次规划优化形式。显然，这种水位差控制下的控制目标 $D_i(k)$ 的值也是 0，目标向量 $\boldsymbol{y}_r$ 中的元素值都为 0，控制目标可简化为

$$\min_{\boldsymbol{u}(k)} J = \sum_{j=1}^{p}[\boldsymbol{y}^{\mathrm{T}}(k+j \mid k)\boldsymbol{Q}\boldsymbol{y}(k+j \mid k)] + \sum_{j=0}^{m-1}[\boldsymbol{u}^{\mathrm{T}}(k+j \mid k)\boldsymbol{R}\boldsymbol{u}(k+j \mid k)] \tag{4.4.8}$$

而对于 LQR 控制算法，控制目标可设置为无限时域内的二次规划问题：

$$\min J = \sum_{j=0}^{\infty}[\boldsymbol{y}^{\mathrm{T}}(j)\boldsymbol{Q}\boldsymbol{y}(j) + \boldsymbol{u}^{\mathrm{T}}(j)\boldsymbol{R}\boldsymbol{u}(j)] \tag{4.4.9}$$

对于水位差控制算法下的目标权重赋值，可参考前述常态控制情况下的 q_e 进行赋值，即

$$q_D = q_e \tag{4.4.10}$$

对目标函数（4.4.8）进行滚动优化求解，即可生成 MPC 算法的每一步的最优调

控指令。而对目标函数（4.4.10）进行最优控制率计算，即可得到LQR算法的最优控制规律。

4.4.1.3 控制效果指标

为了衡量水位差控制模型结合集中控制算法的控制效果，这里除了选取前述的最大水位绝对偏差（*MAE*）、平均水位绝对偏差（*AAE*）以外，还选取了最大绝对水位差（*MAD*）和平均绝对水位差（*AAD*）作为控制指标。*MAD* 和 *AAD* 可定义为

$$MAD=\max(|m_i e_i(t)-m_{i+1}e_{i+1}(t)|) \tag{4.4.11}$$

$$AAD=\frac{\Delta t}{T}\sum_{t=0}^{T}(|m_i e_i(t)-m_{i+1}e_{i+1}(t)|) \tag{4.4.12}$$

式中：$e_i(t)$ 为渠池 i 的水位偏差；m_i 为水位偏差相对权重；Δt 为时间步长；T 为受控渠道运行时间。

4.4.2 案例分析

以前述研究工况进行水位差调控方式及控制算法的可行性分析。这里采用水位差控制模型来进行控制算法设计，并分别采用MPC控制算法以及LQR控制算法来生成控制指令。为了对比MPC控制算法在分水可预测与不可预测情况下的结果，可将渠池的分水扰动工况分为不可预知和可预知工况，分别应用于MPC控制，并与只能应用于不可预知工况下的LQR控制进行对比。MPC控制算法中，所有渠池的 q_D 都设置为10，和前述章节的 q_e 值相同。LQR控制算法中，将渠池的 q_D 也设置为10，同时增加对照组，将渠池的 q_D 设置为20。所有计算工况见表4.4.1。记MPC可预测情况为MPC-Ⅰ，MPC不可预测情况为MPC-Ⅱ，LQR中 q_D 为10的情况为LQR-Ⅰ，LQR中 q_D 为20的情况为LQR-Ⅱ。为了对比改进水位差控制模式，可将权重系数 m 分为两种类型：①所有渠池的水位偏差 e 的权重相等，m 都设置为1；②最下游渠池的水位偏差允许值更小，将最下游渠池的水位偏差 e 的权重设置为2，而其他渠池为1，两种渠池分别为渠池-Ⅰ和渠池-Ⅱ。这样，计算工况总共为8组。其中MPC-Ⅰ、MPC-Ⅱ、LQR-Ⅰ、LQR-Ⅱ应用于渠池-Ⅰ的结果如图4.4.1～图4.4.4所示，而MPC-Ⅰ、MPC-Ⅱ、LQR-Ⅰ、LQR-Ⅱ应用于渠池-Ⅰ的结果如图4.4.5～图4.4.8所示。同时，汇总其控制效果指标，见表4.4.2。

表4.4.1　MPC-Ⅰ、MPC-Ⅱ、LQR-Ⅰ、LQR-Ⅱ应用于渠池-Ⅰ和渠池-Ⅱ的控制效果指标

指标		渠池-Ⅰ				渠池-Ⅱ			
		MPC-Ⅰ	MPC-Ⅱ	LQR-Ⅰ	LQR-Ⅱ	MPC-Ⅰ	MPC-Ⅱ	LQR-Ⅰ	LQR-Ⅱ
MAE/m	渠池1	0.13	0.13	0.17	0.16	0.18	0.18	0.20	0.20
	渠池2	0.13	0.13	0.17	0.16	0.18	0.18	0.20	0.19
	渠池3	0.13	0.13	0.15	0.15	0.17	0.17	0.18	0.18
	渠池4	0.13	0.13	0.13	0.13	0.17	0.17	0.17	0.16
	渠池5	0.12	0.13	0.11	0.12	0.16	0.16	0.14	0.15
	渠池6	0.11	0.12	0.09	0.10	0.08	0.08	0.06	0.07

续表

指标		渠池-Ⅰ				渠池-Ⅱ			
		MPC-Ⅰ	MPC-Ⅱ	LQR-Ⅰ	LQR-Ⅱ	MPC-Ⅰ	MPC-Ⅱ	LQR-Ⅰ	LQR-Ⅱ
AAE/m	渠池 1	0.09	0.10	0.11	0.11	0.11	0.11	0.12	0.12
	渠池 2	0.09	0.10	0.11	0.11	0.11	0.11	0.12	0.12
	渠池 3	0.08	0.10	0.10	0.09	0.10	0.10	0.10	0.10
	渠池 4	0.08	0.09	0.09	0.08	0.09	0.09	0.10	0.10
	渠池 5	0.06	0.08	0.06	0.06	0.08	0.08	0.07	0.07
	渠池 6	0.05	0.07	0.04	0.04	0.03	0.03	0.03	0.03
MAD/m	渠池 1	0.00	0.01	0.01	0.01	0.00	0.01	0.01	0.01
	渠池 2	0.01	0.02	0.03	0.03	0.02	0.02	0.03	0.03
	渠池 3	0.02	0.05	0.03	0.03	0.02	0.01	0.03	0.02
	渠池 4	0.03	0.06	0.06	0.05	0.03	0.03	0.05	0.05
	渠池 5	0.02	0.03	0.04	0.03	0.02	0.02	0.03	0.03
	渠池 6	—	—	—	—	—	—	—	—
AAD/m	渠池 1	0.00	0.00	0.00	0.00	0.00	0.00	0.00	0.00
	渠池 2	0.01	0.01	0.02	0.01	0.01	0.01	0.02	0.02
	渠池 3	0.01	0.01	0.02	0.02	0.01	0.01	0.02	0.02
	渠池 4	0.02	0.02	0.03	0.03	0.02	0.02	0.03	0.03
	渠池 5	0.01	0.01	0.02	0.02	0.01	0.01	0.02	0.02
	渠池 6	—	—	—	—	—	—	—	—

图 4.4.1 和图 4.4.2 所示为 MPC-Ⅰ和 MPC-Ⅱ应用于渠池-Ⅰ的控制结果。从水位偏差的变化过程可以看出，在水位差控制模式下，采用 MPC 控制算法时，渠池的水位偏差的差值逐步趋近于 0。这样各个渠池的水位变化趋势趋于一致，水位偏差也接近于相等，相比常水位控制模式下的渠系，最大水位偏差缩小。在 MPC-Ⅰ中，渠系的最大水位绝对偏差为渠池 1 中的 0.13m；MPC-Ⅱ中，渠系的最大水位绝对偏差为渠池 1 中的 0.13m。常水位控制方法-Ⅰ下的最大水位绝对偏差一0.23m 和常水位控制方法-Ⅱ下的最大水位绝对偏差一0.16m，相比于前述 5.3 节中的无调控措施下的最大水位绝对偏差一0.34m，水位差控制模式能够达到降低渠系中的最大水位绝对偏差的效果。这样，流量扰动造成的水位偏差能够较好的分摊到各个渠池，从而使扰动引起的水位偏差更小。

而对比 MPC-Ⅰ中预知分水变化提前采取调控与 MPC-Ⅱ中不可预知分水没有提前采取调控措施的结果，可以看出在研究时段内的最大水位偏差 MPC-Ⅰ和 MPC-Ⅱ相近，这是因为水位差控制的目标为水位差，在研究时段的终点 50h 时刻两种算法的控制算法都趋近于稳定，所以最大水位偏差接近。而最大的差别体现在刚发生扰动后的 1.5h 后渠池 4 中的水位变化情况，MPC-Ⅰ中由于提前动作，渠池 4 中的水位略有上

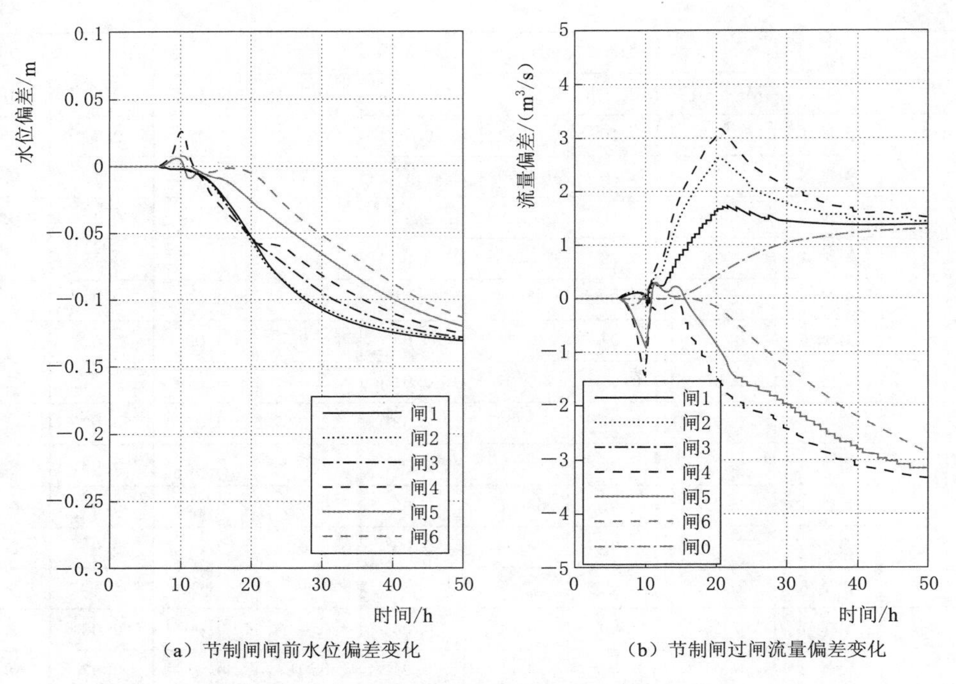

（a）节制闸闸前水位偏差变化　　（b）节制闸过闸流量偏差变化

图 4.4.1　MPC-Ⅰ应用于渠池-Ⅰ的控制结果

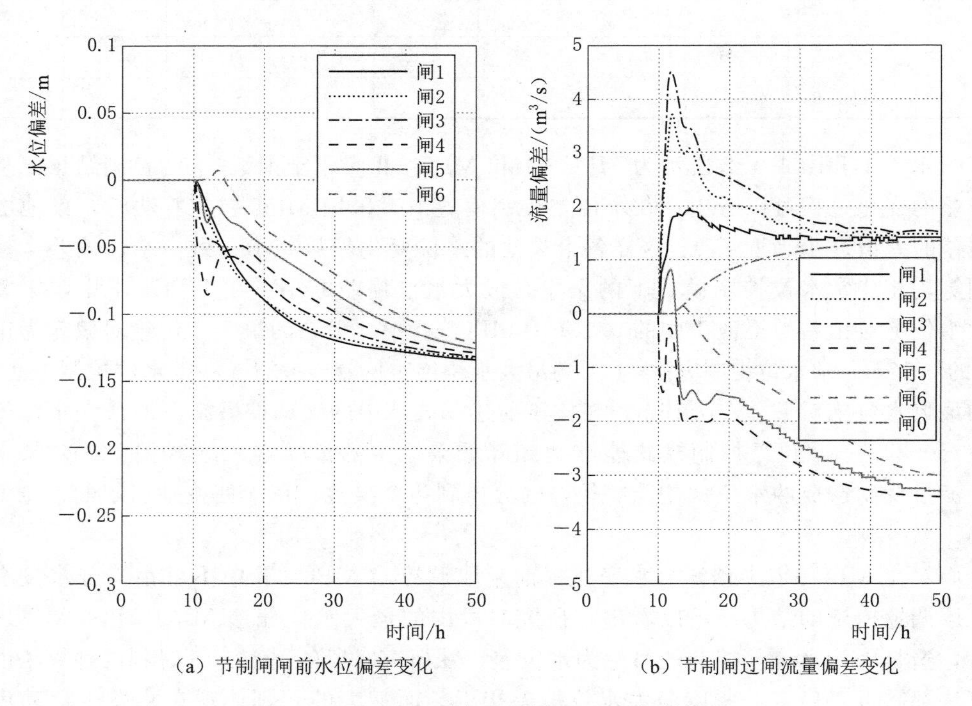

（a）节制闸闸前水位偏差变化　　（b）节制闸过闸流量偏差变化

图 4.4.2　MPC-Ⅱ应用于渠池-Ⅰ的控制结果

升，而后下降到偏离－0.01m；而在MPC－Ⅱ中，渠池4的水位骤降到偏离－0.08m。因此，在水位差控制模式中，考虑可预知分水情况，结合MPC进行提前动作，能够减缓渠池的分水造成的水位骤降现象，适用于大流量变化情况。但是由于进口节制闸不可长时间调控，最终两种情况的水位变化会趋于一致。

图4.4.3和图4.4.4所示为LQR－Ⅰ和LQR－Ⅱ应用于渠池－Ⅰ的控制结果。从水位偏差的变化过程可以看出，在水位差控制模式下，采用LQR控制算法同样能使得渠池的水位偏差的差值逐步趋近于0，相比于常水位控制模式下，渠系的最大水位偏差缩小。在LQR－Ⅰ中，渠系的最大MAE为渠池1中的0.17m，最大MAD为渠池4中的0.06m；LQR－Ⅱ中，渠系的最大MAE为渠池1中的0.16m，最大MAD为渠池4中的0.05m。lQR－Ⅱ中水位差的目标权重为lQR－Ⅰ中的2倍，因此LQR－Ⅱ的水位差以及水位偏差控制结果好于LQR－Ⅰ。但LQR－Ⅱ的结果仍然差于常水位控制方法－Ⅱ下的最大水位绝对偏差（0.16m），这说明控制效果除取决于控制模型外，还跟控制算法有关。通过采用同样的控制模型的MPC－Ⅱ和LQR－Ⅱ；可以看出，尽管控制模型一致，但是MPC的控制效果仍然优于LQR。在前述常规控制下的MPC控制与LQR控制的比较结论中，LQR可理解为全局最优解，MPC下的控制指令可理解为局部最优解。在相同的控制输出偏差权重下，MPC对控制输出的偏差控制要好于LQR算法，但是LQR控制算法的稳定时间更短。然而在水位差控制模式下，LQR算法即使加大控制输出偏差权重（即LQR－Ⅱ控制）其控制效果仍然差于MPC控制算法，而且稳定时间

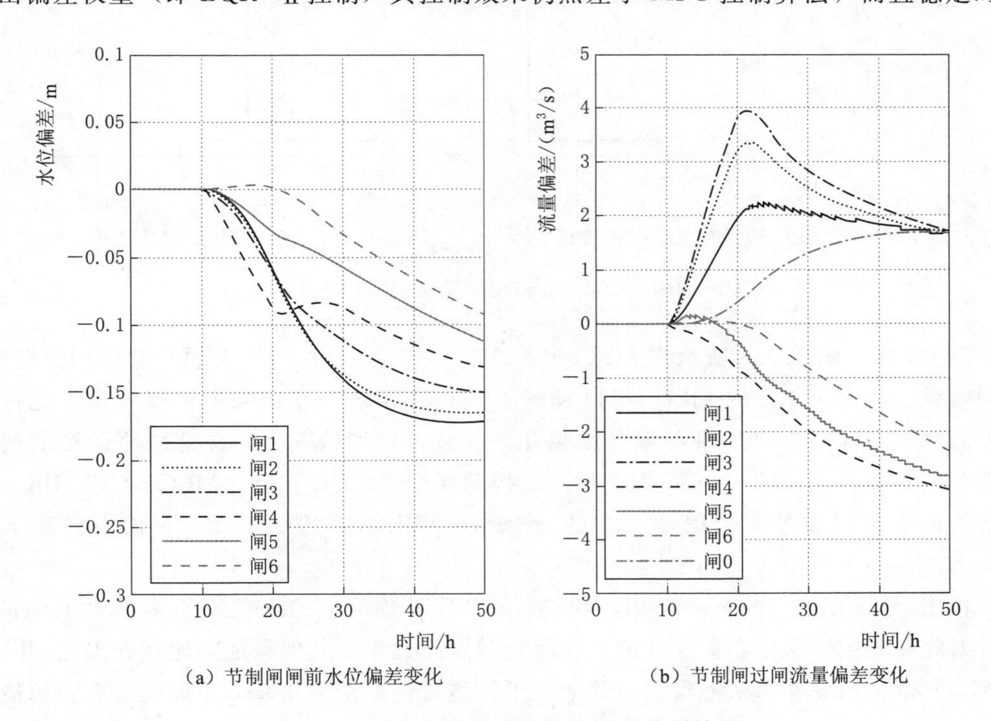

（a）节制闸闸前水位偏差变化　　（b）节制闸过闸流量偏差变化

图4.4.3　LQR－Ⅰ应用于渠池－Ⅰ的控制结果

比 MPC 控制算法时间更长。分析其原因：①MPC 控制算法是局部最优，因此在分水扰动的初期，MPC 控制作用量大于 LQR 算法，这一点可通过对比图 4.4.2（b）和图 4.4.4（b）的节制闸流量变化过程看出，因此在 MPC 控制下，水位的下降趋势更加接近；②对整个渠系而言，虽然进、出口节制闸不可调整，但是进、出口流量并非不变，其变化趋势为逐步弥补分水流量变化造成的流量不平衡，而这点是在控制模型中没有考虑的。在 MPC 调控下，初始阶段渠池水位下降趋势更加接近，扰动更快的影响到整个渠系的水位，从而使得进、出口流量更快的发生变化，因此相比于 LQR 算法，MPC 控制在扰动发生后有较大的控制作用量，反而缩短了渠池的稳定时间。

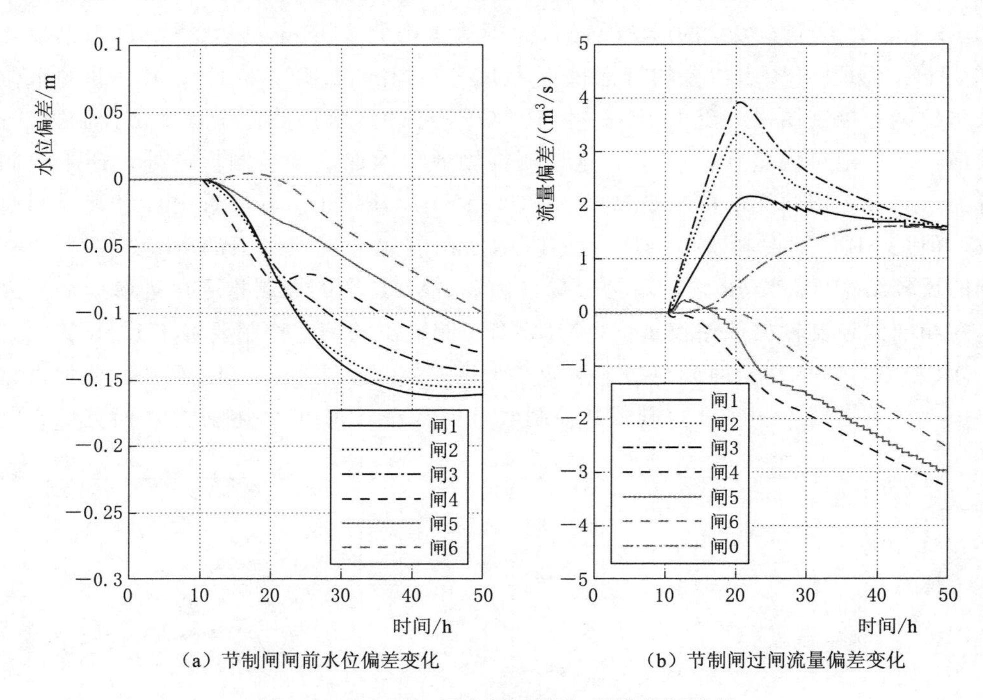

（a）节制闸闸前水位偏差变化　（b）节制闸过闸流量偏差变化

图 4.4.4　LQR-Ⅱ应用于渠池-Ⅰ的控制结果

图 4.4.5～图 4.4.8 所示为 MPC-Ⅰ、MPC-Ⅱ、LQR-Ⅰ、LQR-Ⅱ应用于渠池-Ⅱ的结果，从图 4.4.5 的 MPC-Ⅰ以及图 4.4.6 的 MPC-Ⅱ结果中可以看出，此种情况下的 MPC-Ⅰ和 MPC-Ⅱ的调控结果几乎一致，这种情况下，提前采用调控措施的效果并不显著。同样的，MPC 控制算法的控制要好于 LQR 控制，MPC-Ⅰ和 MPC-Ⅱ的水位最大绝对偏差都为渠池 1 中的 0.18m，而 LQR-Ⅰ、LQR-Ⅱ均为渠池 1 中的 0.20m。

相比于渠池-Ⅰ中的调控结果，渠池-Ⅱ中最下游渠池的水位权重为其他渠池的 2 倍，因此在调控结果中，渠池 6 的水位降低幅度要远小于其他渠池，比如在渠池-Ⅱ中，MPC-Ⅰ和 MPC-Ⅱ算法下渠池 6 的最大水位绝对偏差都为 0.08m，而渠池 5 中的最大水位绝对偏差都为 0.16m，为渠池 6 的最大水位绝对偏差的两倍。而在渠池-Ⅰ中，渠

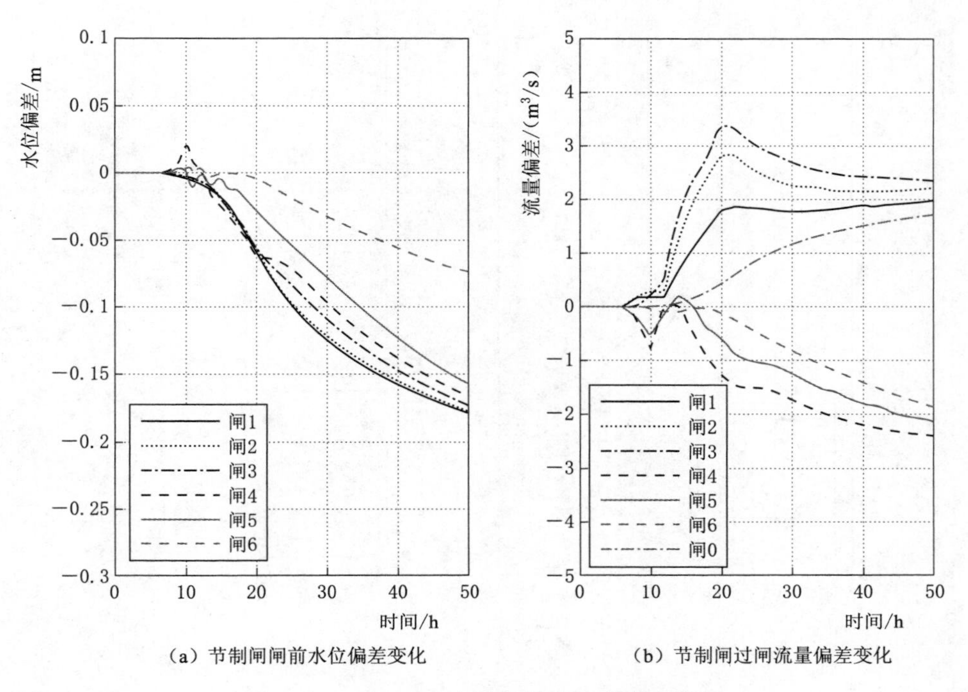

(a) 节制闸闸前水位偏差变化　　　(b) 节制闸过闸流量偏差变化

图 4.4.5　MPC-Ⅰ应用于渠池-Ⅱ的控制结果

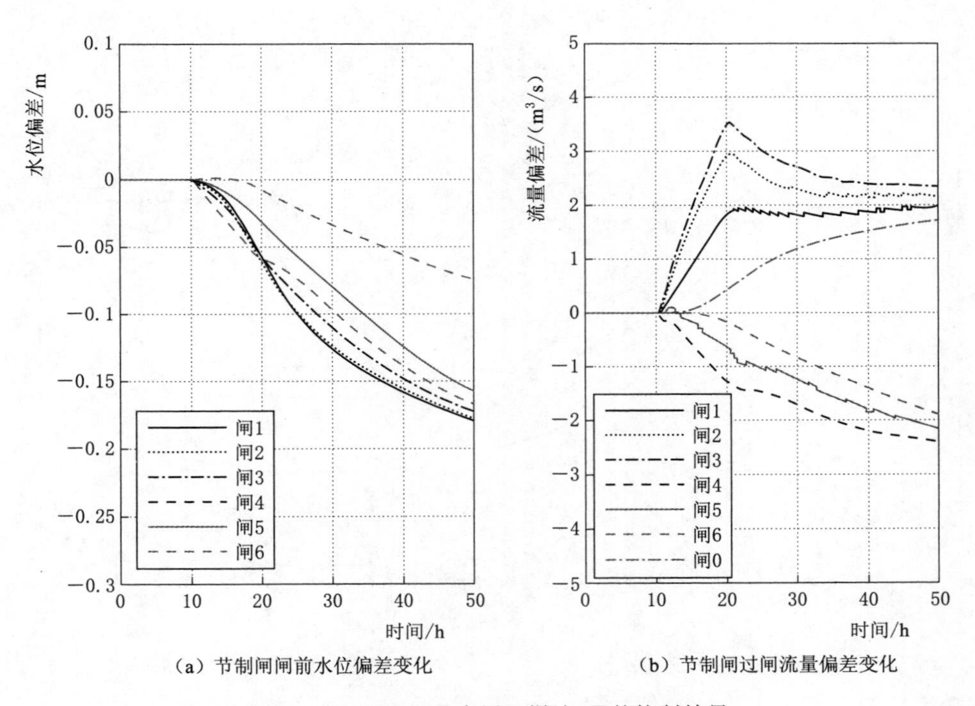

(a) 节制闸闸前水位偏差变化　　　(b) 节制闸过闸流量偏差变化

图 4.4.6　MPC-Ⅱ应用于渠池-Ⅱ的控制结果

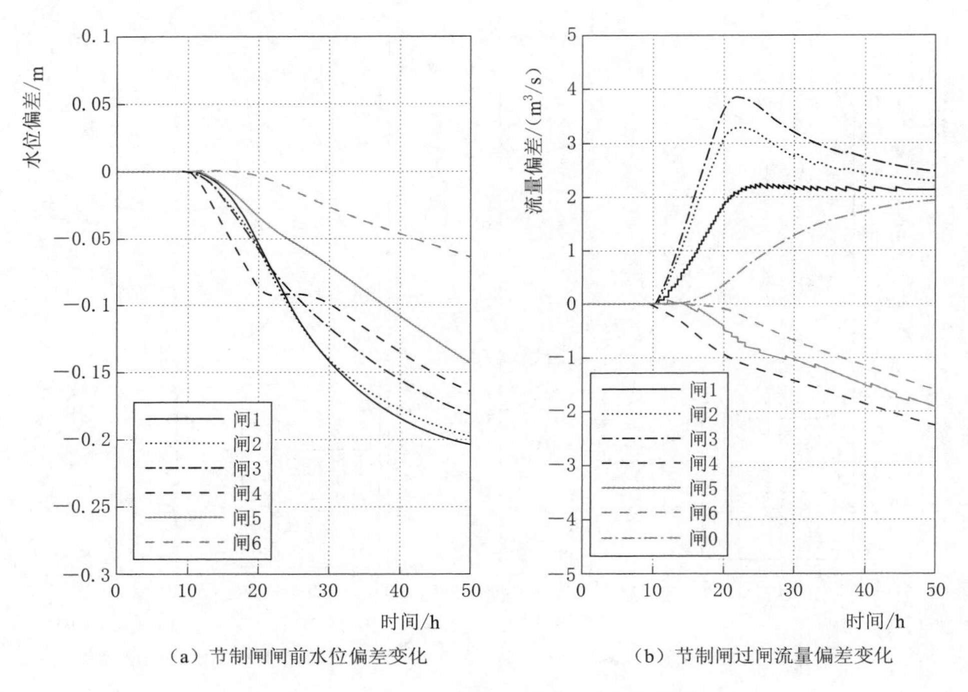

（a）节制闸闸前水位偏差变化　　（b）节制闸过闸流量偏差变化

图 4.4.7　LQR－Ⅰ应用于渠池－Ⅱ的控制结果

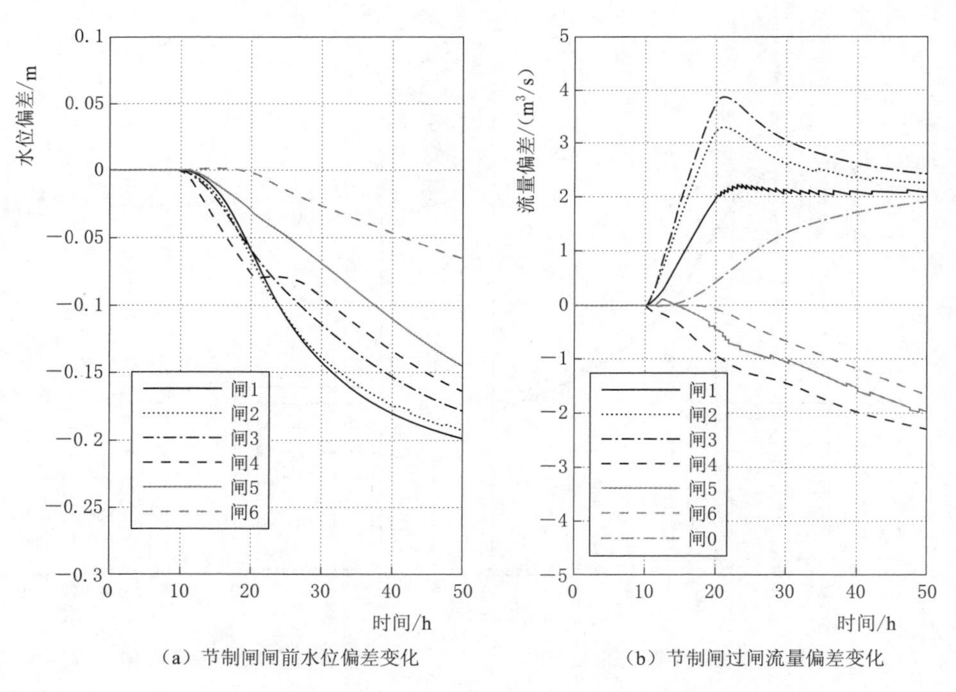

（a）节制闸闸前水位偏差变化　　（b）节制闸过闸流量偏差变化

图 4.4.8　LQR－Ⅱ应用于渠池－Ⅱ的控制结果

池 6 和其他渠池的水位降幅接近，MPC－Ⅰ和 MPC－Ⅱ算法下的渠池 6 的最大水位绝对偏差分别为 0.11m 和 0.12m，而渠池 5 的值为 0.12m 和 0.13m。可见在水位差控制目标中加入权重赋值，能使渠池水位偏差的变化呈比例变化，体现不同渠池的水位权重。而由于渠池 6 的水位偏差较小，渠系出口节制闸的流量变化幅度也更小。在渠池-Ⅰ中，出口节制闸流量降低 3.1m^3/s；而在渠池-Ⅱ中，出口节制闸流量降低 1.8m^3/s。对于渠系出口节制闸供水给重要用户的供水工程，保持末端供水稳定是极其重要的，其水位允许变动区间一般较小，这也体现了在水位差控制指标中加入权重系数的重要性。

而对应地，由于渠池 6 中的水位降低幅度较小，扰动更多地被其他渠池分摊，导致其他渠池的水位降低更为明显，在渠池-Ⅱ中，MPC－Ⅰ控制下的渠系中最大水位绝对偏差为渠池 1 中的 0.18m，而渠池-Ⅰ中的值为 0.13m。可见，由于扰动更多地被分摊到渠池 6 以外的其他渠池中，其他渠池的最大水位降幅要大于扰动平均分摊到各个渠池中的情况。

因此，对比渠池-Ⅰ和渠池-Ⅱ中的各种算法，可以得出以下结论：①在水位差控制模式下，MPC 控制算法的效果要好于 LQR 控制算法，尽管 MPC 算法的控制模型有局部最优解，但是 MPC 在控制初期能达到更好的水位差控制效果，渠系中最上游渠池、最下游渠池的水位能更快的变化，引起进、出口流量的变化，这一点是在控制模型中没有考虑的。进、出口流量的变化保证了渠池的水位偏差控制输出更快的接近于零。②在进口节制闸不可调控的情况下，水位差控制算法能够保证渠池的水位变化趋势接近，这样扰动能够分摊到各个渠池，使整个渠系的水位变化速率变慢。而在水位差控制模式的控制输出变量中加入水位权重系数 m，能够使扰动按照渠池水位稳定的重要性分摊到各个渠池中，达到管理者想要的各个渠池的水位变化。

4.5 本章小结

本章针对部分控制建筑不可控应急情况下的渠池控制模型不连续问题，将渠池划分为多个控制系统单元。主要针对渠池中进口控制建筑物不可调控单元内的渠池进行控制模型建模，并分别采用常水位控制模式和水位差控制模式进行渠道控制。主要成果及结论如下：

（1）分析了在进口控制建筑物不可调控单元内不采用闸控和直接采用常态下的控制指令情况下扰动对水位的影响。结果表明在不采用闸控情况下的分水扰动主要会影响扰动所在渠池和其下游渠池，扰动所在渠池的水位变幅最大；而直接采用常态下的控制指令时，扰动会向进口渠池传递，导致进口渠池的水位变幅达到最大。为了达到扰动分摊、减缓渠系中的最大水位变速的目的，建立了考虑进口控制建筑不可控的状态空间控制模型，并以常水位控制为目标设计了控制算法，结果表明这种模式下的扰动仍更多地向下游传递，但相比于不采用闸门调控直接采用常态下的控制指令，渠系中的最大水位变幅有所降低。

（2）以扰动分摊为目的，采用水位差控制模式对渠池的水位进行控制，并通过在水

位差控制目标中加入水位偏差权重，来体现不同渠池对水位偏差值的容许度。基于这种控制模式建立了水位差控制状态空间矩阵，并结合集中控制算法进行渠道控制。结果表明这种控制模式情况下能够保证各个渠池的水位偏差加权值保持一致，即按照水位偏差容许度对分水扰动进行分摊。

（3）对比分析了 LQR 算法与 MPC 算法在水位差控制模式中的结果。结果表明局部最优解的 MPC 算法要优于全局最优解的 LQR 算法。并分析其原因主要是 MPC 算法的局部最优能够在调控初期让扰动更快地影响到渠池进、出口渠池，从而使得进、出口流量更快的发生变化，尽快使渠池系统稳定。而这种进、出口流量变化扰动为不可知扰动，没有在控制模型中进行考虑。

第 5 章
明渠输水工程突发水污染快速预测研究

5.1 引言

传统水质模型应用于突发水污染事故的模拟预测时存在速度慢的问题，难以满足快速应对突发水污染事故的需求。掌握突发水污染事故下的污染物输移扩散规律和建立突发水污染快速预测公式，对快速预测突发水污染事故后污染物的输移扩散过程具有重要作用。本章设置大量突发水污染情景，利用中线干渠一维水力学水质数值模拟模型进行分析，得到中线干渠突发水污染事故下的污染物输移扩散规律，提出快速预测方法，利用情景模拟结果建立中线干渠快速预测公式。

5.2 突发水污染情景模拟

突发水污染事故时，渠道运行工况、事故发生位置、污染物质量等因素会影响污染物输移扩散过程。可通过大量情景模拟，对比分析不同情景下污染物输移扩散过程，揭示污染物输移扩散规律。

5.2.1 水质模型建立

基于圣维南方程组［式（5.2.1）］构建了中线干渠一维水力学模型，对节制闸、分水口、退水闸、倒虹吸等复杂的内部建筑物进行概化处理并与圣维南方程组进行耦合，采用 Preissmann 四点隐格式对圣维南方程组进行离散，采用双扫描法快速求解，可模拟中线干渠的恒定流和非恒定流过程。在水力学模型基础之上，参照 QUAL-Ⅱ综合水质模型，基于平衡-弥散质量迁移方程［式（5.2.2）］，利用均衡域中物质质量守恒的概念，构建了水质模型，可模拟以下 9 种水质变量在常规和应急条件下的输移扩散过程：①假想的一种可降解物质；②假想的一种不可降解物质；③溶解氧；④氨氮；⑤亚硝酸氮；⑥硝酸氮；⑦生化需氧量；⑧叶绿素-a；⑨可溶性磷。水质模型的纵向离散系数 E_d 采用费希尔 1975 年提出的经验公式［式（5.2.3）］来计算：

$$\left.\begin{aligned}\frac{\partial A}{\partial t}+\frac{\partial Q}{\partial x}=q_1\\ \frac{\partial}{\partial t}\left(\frac{Q}{A}\right)+\frac{\partial}{\partial x}\left(\beta\frac{Q^2}{2A^2}\right)+g\frac{\partial h}{\partial x}+g(S_f-S_0)=0\end{aligned}\right\}\tag{5.2.1}$$

式中：A 和 Q 分别为断面面积和流量；x 和 t 分别为空间坐标和时间坐标；q_1 为单位长度渠道旁侧入流；S_0 和 S_f 分别为渠道底坡和水力坡度；h 为水深；β 为断面上流速不均匀修正系数；g 为重力加速度。

$$\frac{\partial AC}{\partial t}=\frac{\partial}{\partial x}\left(E_d A\,\frac{\partial C}{\partial x}\right)-\frac{\partial QC}{\partial x}+AS \tag{5.2.2}$$

式中：A 为断面面积；Q 为断面流量；C 为水质变量的断面平均浓度；S 为源漏项；E_d 为纵向离散系数。

$$E_d=0.011\,\frac{u^2B^2}{Hu_*} \tag{5.2.3}$$

式中：u_* 为摩阻流速，$u_*=\sqrt{gHJ}$（式中的 J 为水力坡降）；H 为平均水深；u 为断面平均流速；B 为断面平均宽度。

5.2.2　情景设置

中线干渠前 60 个渠池中，各渠池的平均长度为 20km，其中长度为 10～20km 的渠池有 21 个，长度为 20～30km 的渠池有 32 个。退水闸为中线干渠应急调度的重要控制建筑物，设置退水闸的渠池有 46 个，未设置退水闸的渠池有 14 个。综合考虑这两个因素，选择桩号为 4 和 36 的渠池作为事故渠池进行应用分析，基本参数见表 5.2.1。

表 5.2.1　两个事故渠池基本信息表

渠池编号	控制建筑物	桩号/km	渠池长度/km	闸底高程/m	设计流量/(m^3/s)	设计水位/m
4	严陵河节制闸	48.781	25.859	138.53	340	144.74
	谭寨分水口	70.562		135.939	1	—
	淇河节制闸	74.64		135.04	340	143.07
36	安阳河节制闸	717.045	14.321	85.60	235	92.67
	漳河退水闸	730.623		85.19	120	—
	漳河节制闸	731.366		82.50	235	91.87

由于突发水污染事件一般在某一位置突然发生，假设突发水污染的方式为瞬时点源污染，且污染物为假设的不可降解物；为了分析不同污染量级的影响，假设污染物的质量有 3 种（1t、5t、10t）；为了分析渠道不同运行工况的影响，假设渠池流量有 3 种（设计流量的 30%、50%、70%）；而各节制闸闸前水位为设计水位。为了分析突发水污染不同位置的影响，假设事故位置有 5 个（渠池长度的 10%、30%、50%、70%、90%）。则共有 90 种情景（表 5.2.2），模拟时间为 24h，步长为 10min（与第 3 章和第 4 章各情景模拟时间和步长均相同）。

表 5.2.2　突发水污染事故情景

项　目	内　容	数　量
污染物类别	不可降解物	1
发生方式	瞬时点源	1

续表

项　目	内　容	数　量
事故渠池	第4个和第36个渠池	2
污染物质量	1t、5t、10t	3
发生位置	渠池长度的10%、30%、50%、70%、90%	5
渠池流量	设计流量的30%、50%、70%	3
模拟时间/步长	24h/10min	1

5.2.3 污染物输移扩散过程分析及规律总结

鉴于中线工程供水特点，渠道内发生突发水污染事故后，最受关注的是事故渠池的分水口（如果该渠池有分水口）和下节制闸闸前的水质状况，因为其直接影响该分水口及下游区域供水水质安全。以污染物到达时间（T_0）、峰值浓度（C_{max}）和峰值浓度出现时间（T_{Cmax}）3个特征参数来分析污染物输移扩散过程，其中，污染物到达时间是指水质控制点（分水口或下节制闸闸前）的污染物浓度超过0.001mg/L的时间，因为天然水体中的部分物质（如汞、镉）浓度超过0.001mg/L即可产生毒性效应。

结合上述情景模拟结果可发现，各水质控制点污染物的浓度变化过程均是先升高后降低，仅以第4个渠池在30%设计流量和10%渠池长度处突发水污染事故时淇河节制闸闸前污染物的浓度变化过程为例（图5.2.1）。统计各情景下各水质控制点污染物的浓度变化过程的3个特征参数，分别见表5.2.3、表5.2.4和表5.2.5，并对3个特征参数进行对比分析。

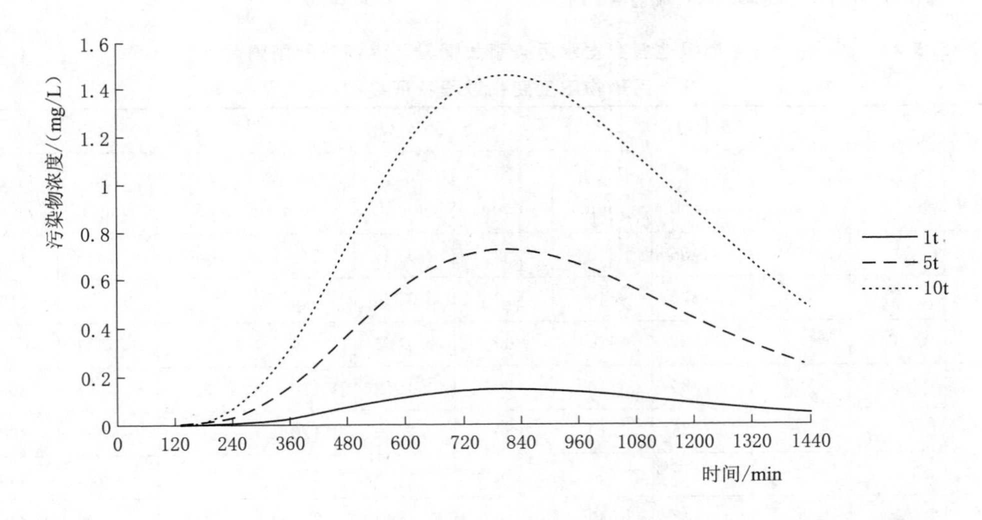

图5.2.1　第4个渠池在30%设计流量和10%渠池长度处突发水污染事故下淇河节制闸闸前污染物的浓度变化过程

表 5.2.3　　第 4 个渠池各突发水污染事故情景下谭寨分水口污染物浓度变化过程特征参数

事发位置	污染物质量/t	30%$Q_{设}$			50%$Q_{设}$			70%$Q_{设}$		
		T_0 /min	C_{max} /(mg/L)	T_{Cmax} /min	T_0 /min	C_{max} /(mg/L)	T_{Cmax} min	T_0 /min	C_{max} /(mg/L)	T_{Cmax} /min
0.1L	1	110	0.1558	680	70	0.1544	450	50	0.1476	350
	5	80	0.779	680	50	0.7718	450	30	0.7382	350
	10	70	1.558	680	40	1.5435	450	30	1.4764	350
0.3L	1	80	0.1648	580	50	0.1636	390	30	0.1568	300
	5	50	0.8237	580	30	0.8177	390	20	0.7841	300
	10	40	1.6475	580	20	1.6355	390	20	1.5681	300
0.5L	1	40	0.2083	400	20	0.207	270	20	0.1992	200
	5	20	1.0412	400	10	1.035	270	10	0.9958	200
	10	20	2.0825	400	10	2.07	270	10	1.9917	200
0.7L	1	10	0.3158	210	10	0.3141	140	10	0.3036	110
	5	10	1.579	210	10	1.5704	140	10	1.5182	110
	10	10	3.158	210	10	3.1409	140	10	3.0364	110
0.9L	1	10	1.7233	10	10	1.5966	10	10	1.4808	10
	5	10	8.6165	10	10	7.9832	10	10	7.4041	10
	10	10	17.233	10	10	15.966	10	10	14.808	10

注　L 为渠池长度；$Q_{设}$ 为渠池设计流量，下同。

表 5.2.4　　第 4 个渠池各突发水污染事故情景下淇河节制闸闸前污染物浓度变化过程特征参数

事发位置	污染物质量/t	30% $Q_{设}$			50% $Q_{设}$			70% $Q_{设}$		
		T_0 /min	C_{max} /(mg/L)	T_{Cmax} /min	T_0 /min	C_{max} /(mg/L)	T_{Cmax} /min	T_0 /min	C_{max} /(mg/L)	T_{Cmax} /min
0.1L	1	160	0.1455	810	100	0.1445	540	80	0.1386	410
	5	120	0.7275	810	70	0.7226	540	50	0.693	410
	10	100	1.4551	810	60	1.4451	540	40	1.3859	410
0.3L	1	120	0.1525	710	80	0.1518	470	60	0.1459	360
	5	90	0.7625	710	50	0.7589	470	40	0.7296	360
	10	70	1.5249	710	40	1.5178	470	30	1.4592	360
0.5L	1	70	0.1847	530	40	0.1843	350	30	0.178	270
	5	50	0.9237	530	30	0.9215	350	20	0.8898	270
	10	40	1.8474	530	20	1.8431	350	20	1.7795	270

续表

事发位置	污染物质量/t	30% $Q_{设}$			50% $Q_{设}$			70% $Q_{设}$		
		T_0 /min	C_{max} /(mg/L)	T_{Cmax} /min	T_0 /min	C_{max} /(mg/L)	T_{Cmax} /min	T_0 /min	C_{max} /(mg/L)	T_{Cmax} /min
0.7L	1	30	0.2514	340	20	0.2514	220	10	0.2442	170
	5	20	1.2569	340	10	1.2567	220	10	1.2209	170
	10	10	2.5138	340	10	2.5135	220	10	2.4419	170
0.9L	1	10	0.5382	110	10	0.5155	80	10	0.4947	50
	5	10	2.6912	110	10	2.5773	80	10	2.4734	50
	10	10	5.3823	110	10	5.1546	80	10	4.9469	50

表 5.2.5　第 36 个渠池各突发水污染事故情景下漳河节制闸闸前污染物浓度变化过程特征参数

事发位置	污染物质量/t	30% $Q_{设}$			50% $Q_{设}$			70% $Q_{设}$		
		T_0 /min	C_{max} /(mg/L)	T_{Cmax} /min	T_0 /min	C_{max} /(mg/L)	T_{Cmax} /min	T_0 /min	C_{max} /(mg/L)	T_{Cmax} /min
0.1L	1	100	0.3843	560	60	0.3679	380	40	0.3507	260
	5	70	1.9212	560	40	1.8397	380	30	1.7535	260
	10	60	3.8425	560	40	3.6793	380	20	3.507	260
0.3L	1	60	0.4107	450	40	0.3939	310	20	0.3771	210
	5	40	2.0535	450	20	1.9693	310	10	1.8856	210
	10	30	4.1071	450	20	3.9385	310	10	3.7711	210
0.5L	1	20	0.4965	280	10	0.475	200	10	0.4577	130
	5	10	2.4823	280	10	2.3752	200	10	2.2887	130
	10	10	4.9647	280	10	4.7504	200	10	4.5773	130
0.7L	1	10	0.5387	220	10	0.5146	150	10	0.4975	100
	5	10	2.6935	220	10	2.5729	150	10	2.4873	100
	10	10	5.3871	220	10	5.1457	150	10	4.9745	100
0.9L	1	10	0.8862	110	10	0.8199	80	10	0.7963	50
	5	10	4.4308	110	10	4.0996	80	10	3.9816	50
	10	10	8.8615	110	10	8.1993	80	10	7.9633	50

5.2.3.1　污染物到达时间

在第 4 个渠池中：当突发水污染事故位置和污染物质量相同时，渠池流量越大，污染物到达谭寨分水口和淇河节制闸的时间越早；由于计算步长为 10min，部分情景下污染物能很快扩散至谭寨分水口和淇河节制闸，因此统计结果均为 10min。当突发水污染

事故位置和渠池流量相同时，污染物质量越大，污染物到达谭寨分水口和淇河节制闸的时间越早。当污染物质量和渠池流量相同时，突发水污染事故位置离严陵河节制闸越远，污染物到达谭寨分水口和淇河节制闸的时间越早。当突发水污染事故位置、污染物质量和渠池流量相同时，污染物到达谭寨分水口的时间要早于到达淇河节制闸的时间，且差值随着突发水污染事故位置与严陵河节制闸的距离、污染物质量和渠池流量的增大而减小。在上述情景中，污染物到达谭寨分水口的最大时间为 110min，到达淇河节制闸的最大时间为 160min，最小时间均为 10min。

在第 36 个渠池中：当突发水污染事故位置和污染物质量相同时，渠池流量越大，污染物到漳河节制闸的时间越早；由于计算步长为 10min，部分情景下污染物能很快扩散至漳河节制闸，统计结果均为 10min。当突发水污染事故位置和渠池流量相同时，污染物质量越大，污染物到达漳河节制闸的时间越早。当污染物质量和渠池流量相同时，突发水污染事故位置离安阳河节制闸越远，污染物到漳河节制闸的时间越早。在上述情景中，污染物到漳河节制闸的最大时间为 100min，最小时间为 10min。此外，在污染物质量、事发位置与上节制闸距离占渠池长度比例和渠池流量占设计流量比例相同时，在第 36 个渠池中污染物到漳河节制闸的时间要小于第 4 个渠池中污染物到淇河节制闸的时间。

因此，在同一渠池中，对于某一水质控制点，突发水污染事故位置越近、污染物质量越大、渠池流量越大，污染物到达时间越早；对于不同的水质控制点，其他条件相同时，突发水污染事故位置越近，污染物到达时间越早。在不同渠池中，污染物质量、事发位置与上节制闸距离占渠池长度比例和渠池流量占设计流量比例相同时，污染物到达下节制闸的时间不同。

5.2.3.2　峰值浓度

在第 4 个渠池中：当突发水污染事故位置和污染物质量相同时，渠池流量越大，谭寨分水口和淇河节制闸的峰值浓度越小。当突发水污染事故位置和渠池流量相同时，污染物质量越大，谭寨分水口和淇河节制闸的峰值浓度越大，且同一水质控制点的峰值浓度与污染物质量成正比。当污染物质量和渠池流量相同时，突发水污染事故位置离严陵河节制闸越远，谭寨分水口和淇河节制闸的峰值浓度越大。当突发水污染事故位置、污染物质量和渠池流量相同时，谭寨分水口的峰值浓度比淇河节制闸的峰值浓度大，且差值随着突发水污染事故位置与严陵河节制闸的距离、污染物质量的增大而增大，随着渠池流量的增大而减小。

在第 36 个渠池中：当突发水污染事故位置和污染物质量相同时，渠池流量越大，漳河节制闸的峰值浓度越小。当突发水污染事故位置和渠池流量相同时，污染物质量越大，漳河节制闸的峰值浓度越大，且峰值浓度与污染物质量成正比。当污染物质量和渠池流量相同时，突发水污染事故位置离安阳河节制闸越远，漳河节制闸的峰值浓度越大。此外，污染物质量、事发位置与上节制闸距离占渠池长度比例和渠池流量占设计流量比例相同时，第 36 个渠池中漳河节制闸的峰值浓度要大于第 4 个渠池中淇河节制闸的峰值浓度。

因此，在同一渠池中，对于某一水质控制点，突发水污染事故位置越近、污染物质量越大、渠池流量越小，污染物峰值浓度越大；对于不同的水质控制点，突发水污染事故位置越近，其他条件相同时，污染物峰值浓度越大。在不同渠池中，污染物质量、事发位置与上节制闸距离占渠池长度比例和渠池流量占设计流量比例相同时，下节制闸的污染物峰值浓度不同。

5.2.3.3 峰值浓度出现时间

在第 4 个渠池中：当突发水污染事故位置和污染物质量相同时，渠池流量越大，谭寨分水口和淇河节制闸的峰值浓度出现时间越早。当突发水污染事故位置和渠池流量相同时，污染物质量不同时，谭寨分水口或淇河节制闸的峰值浓度出现时间相同。当污染物质量和渠池流量相同时，突发水污染事故位置离严陵河节制闸越远，谭寨分水口和淇河节制闸的峰值浓度出现时间越早。当突发水污染事故位置、污染物质量和渠池流量相同时，谭寨分水口的峰值浓度出现时间比淇河节制闸的峰值浓度出现时间早，且随差值渠池流量的增大而减小，但与突发水污染事故位置与严陵河节制闸的距离、污染物质量的关系较小。

在第 36 个渠池中：当突发水污染事故位置和污染物质量相同时，渠池流量越大，漳河节制闸的峰值浓度出现时间越早。当突发水污染事故位置和渠池流量相同时，污染物质量不同时，漳河节制闸的峰值浓度出现时间相同。当污染物质量和渠池流量相同时，突发水污染事故位置离安阳河节制闸越远，漳河节制闸的峰值浓度出现时间越早。此外，在污染物质量、事发位置与上节制闸距离占渠池长度比例、渠池流量占设计流量比例相同时，第 36 个渠池中漳河节制闸的峰值浓度出现时间要早于第 4 个渠池中淇河节制闸的峰值浓度出现时间。

因此，在同一渠池中，对于某一水质控制点，突发水污染事故位置越近、渠池流量越大，污染物峰值浓度出现时间越早，但污染物峰值浓度出现时间与污染物质量无关；对于不同的水质控制点，其他条件相同时，突发水污染事故位置越近，污染物峰值浓度出现时间越早。在不同渠池中，污染物质量、事发位置与上节制闸距离占渠池长度比例、渠池流量占设计流量比例相同时，下节制闸的污染物峰值浓度出现时间不同。

5.3 突发水污染快速预测方法

对于河渠恒定流场的一维水质模拟，可由式（5.3.1）计算污染源下游断面的污染物浓度变化过程：

$$c(x,t)=\frac{M}{\sqrt{4\pi E_{\mathrm{d}}t}}\exp\left[-\frac{(x-ut)^2}{4E_{\mathrm{d}}t}\right] \tag{5.3.1}$$

式中：$c(x,t)$为 x 断面 t 时刻的平均浓度，mg/L；x 为污染源位置到下游断面的距离，m；t 为从污染源排放为零点起算的时间，s；M 为污染物初始面源强度，g/m^2；u 为平均流速，m/s；E_{d} 为纵向离散系数，m^2/s。

结合式（5.3.1）和上述突发水污染情景模拟结果，根据污染物到达时间 T_0、峰值浓度 C_{max} 和峰值浓度出现时间 $T_{C\max}$ 3个特征参数的影响因素，可基于量纲分析，分别提出3个特征参数的快速预测方法。

5.3.1　污染物到达时间

由式（5.3.1）可知，如果某一渠池出现突发水污染事故，污染物到达水质控制点的时间 T_0 的影响因素包括污染物质量 m、事发位置到水质控制点的距离 x、渠池平均流速 u（反映渠池流量和断面面积的影响）、纵向离散系数 E_d 和污染物浓度阈值 C_0，即

$$f(T_0,m,x,u,E_d,C_0)=0 \tag{5.3.2}$$

根据量纲分析原理，T_0 可表示为其他5个物理量的指数乘积：

$$T_0=km^a x^b u^c E_d^d C_0^e \tag{5.3.3}$$

式中：k、a、b、c、d 和 e 均为常数系数。

根据式（5.3.3）写出量纲式：

$$[T]=[M]^a[L]^b([L][T]^{-1})^c([L]^2[T]^{-1})^d([M][L]^{-3})^e \tag{5.3.4}$$

由量纲和谐可得

$$\left.\begin{aligned}[M]&:0=a+e\\ [L]&:0=b+c+2d-3e\\ [T]&:1=-c-d\end{aligned}\right\} \tag{5.3.5}$$

由式（5.3.5）解得

$$a=-e;\ b=1-d+3e;\ c=-d-1 \tag{5.3.6}$$

因此，式（5.3.3）可写成

$$T_0=km^{-e}x^{1-d+3e}u^{-d-1}E_d^d C_0^e \tag{5.3.7}$$

式（5.3.7）仅有 k、d 和 e 这3个系数需要确定，可用最小二乘法来计算。对式（5.3.7）两端取对数，则变为

$$\lg T_0=\lg k+(\lg E_d-\lg x-\lg u)d+(3\lg x-\lg m+\lg C_0)e+(\lg x-\lg u) \tag{5.3.8}$$

令 $y=\lg T_0$，$a'=\lg E_d-\lg x-\lg u$，$b'=3\lg x-\lg m+\lg C_0$，$c'=\lg x-\lg u$；则式（5.3.8）变为

$$y=\lg k+a'd+b'e+c' \tag{5.3.9}$$

对于有 n 组数据（y、a'、b'和c'）的水质控制点，对第 i 组数据，式（5.3.9）可改写为

$$y_i=\lg k+a_i'd+b_i'e+c_i' \quad (i=1,2,\cdots,n) \tag{5.3.10}$$

其矩阵形式为

$$K+dA+eB+C=Y \tag{5.3.11}$$

其中　$K=[\lg k,\lg k,\cdots,\lg k]^T$；$A=[a_1',a_2',\cdots,a_n']^T$；$B=[b_1',b_2',\cdots,b_n']^T$；

$$C=[c_1',c_2',\cdots,c_n']^T;\ Y=[y_1,y_2,\cdots,y_n]^T$$

根据式（5.2.10）只能确定出系数 k、d 和 e 的估计值 $\hat{k}$、$\hat{d}$ 和 $\hat{e}$，即

$$\zeta=Y-\hat{k}-\hat{d}A-\hat{e}B-C \tag{5.3.12}$$

式中：ζ 为拟合误差，$\zeta=[\zeta_1,\zeta_2,\cdots,\zeta_n]^{\mathrm{T}}$。

为了得到系数 k、d 和 e 的最优估计 $\hat{k}_m$、$\hat{d}_m$ 和 $\hat{e}_m$，应使得 ζ_i 的平方和最小，即

$$\min s=\sum_{i=1}^{n}\zeta_i^2=\sum_{i=1}^{n}(y_i-\lg\hat{k}-\hat{d}a'_i-\hat{e}b'_i-c'_i)^2 \tag{5.3.13}$$

当 s 最小时，$\dfrac{\partial s}{\partial\hat{k}}=0$（等价于 $\dfrac{\partial s}{\partial(\lg\hat{k})}=0$），$\dfrac{\partial s}{\partial\hat{d}}=0$，$\dfrac{\partial s}{\partial\hat{e}}=0$，即

$$\frac{\partial s}{\partial(\lg\hat{k})}=-2\sum_{i=1}^{n}(y_i-\lg\hat{k}-\hat{d}a'_i-\hat{e}b'_i-c'_i)=0 \tag{5.3.14}$$

$$\frac{\partial s}{\partial\hat{d}}=-2\sum_{i=1}^{n}(y_i-\lg\hat{k}-\hat{d}a'_i-\hat{e}b'_i-c'_i)a'_i=0 \tag{5.3.15}$$

$$\frac{\partial s}{\partial\hat{e}}=-2\sum_{i=1}^{n}(y_i-\lg\hat{k}-\hat{d}a'_i-\hat{e}\cdot b'_i-c'_i)b'_i=0 \tag{5.3.16}$$

联立式（5.3.14）、式（5.3.15）和式（5.3.16），可得

$$\hat{d}_{\mathrm{m}}=\frac{rt-wq}{pt-q^2} \tag{5.3.17}$$

$$\hat{e}_{\mathrm{m}}=\frac{pw-rq}{pt-q^2} \tag{5.3.18}$$

$$\hat{k}_{\mathrm{m}}=10^{\left[\sum_{i=1}^{n}(y_i-c'_i)-\hat{d}_{\mathrm{m}}\sum_{i=1}^{n}a'_i-\hat{e}_{\mathrm{m}}\sum_{i=1}^{n}b'_i\right]/n} \tag{5.3.19}$$

其中 $p=n\sum_{i=1}^{n}a'^2_i-(\sum_{i=1}^{n}a'_i)^2$；$q=n\sum_{i=1}^{n}a'_ib'_i-\sum_{i=1}^{n}a'_i\sum_{i=1}^{n}b'_i$；

$t=n\sum_{i=1}^{n}b'^2_i-(\sum_{i=1}^{n}b'_i)^2$；$r=n\sum_{i=1}^{n}(y_i-c'_i)a'_i-\sum_{i=1}^{n}a'_i\sum_{i=1}^{n}(y_i-c'_i)$；

$$w=n\sum_{i=1}^{n}(y_i-c'_i)b'_i-\sum_{i=1}^{n}b'_i\sum_{i=1}^{n}(y_i-c'_i)$$

即选择水质控制点的 n 组数据后，可分别计算出系数的最优值 $\hat{k}_{\mathrm{m}}$、$\hat{d}_{\mathrm{m}}$ 和 $\hat{e}_{\mathrm{m}}$。

5.3.2 峰值浓度

由式（5.3.1）可知，如果某一渠池出现突发水污染事故，水质控制点的污染物峰值浓度 $C_{\max}$ 的影响因素包括污染物质量 m、事发位置到水质控制点的距离 x、渠池平均流速 u、纵向离散系数 E_{d}，即

$$f(C_{\max},m,x,u,E_{\mathrm{d}})=0 \tag{5.3.20}$$

根据量纲分析原理，$C_{\max}$ 可表示为其他 4 个物理量的指数乘积：

$$C_{\max}=km^ax^bu^cE_{\mathrm{d}}^d \tag{5.3.21}$$

式中：k、a、b、c 和 d 均为常数系数。

对式（5.3.21）写出量纲式：

$$[M][L]^{-3}=[M]^a[L]^b([L][T]^{-1})^c([L]^2[T]^{-1})^d \tag{5.3.22}$$

由量纲和谐可得

$$\left.\begin{aligned}[M]:1&=a\\ [L]:-3&=b+c+2d\\ [T]:0&=-c-d\end{aligned}\right\} \tag{5.3.23}$$

由式（5.3.23）解得

$$a=1;\ b=-3-d;\ c=-d \tag{5.3.24}$$

因此，式（5.3.21）可写成

$$C_{\max}=kmx^{-3-d}u^{-d}E_{\mathrm{d}}^{d} \tag{5.3.25}$$

式（5.3.25）仅有 k 和 d 这 2 个系数需要确定，可用最小二乘法来计算。对式（5.3.25）两端取对数，则变为

$$\lg C_{\max}=\lg k+(\lg E_{\mathrm{d}}-\lg x-\lg u)d+(\lg m-3\lg x) \tag{5.3.26}$$

令 $y=\lg C_{\max}$，$a'=\lg E_{\mathrm{d}}-\lg x-\lg u$，$b'=\lg m-3\lg x$；则式（5.3.26）变为

$$y=\lg k+a'd+b' \tag{5.3.27}$$

对于有 n 组数据（y、a' 和 b'）的水质控制点，对第 i 组数据式（5.3.27）可改写为

$$y_i=\lg k+a_i'd+b_i'\quad (i=1,2,\cdots,n) \tag{5.3.28}$$

其矩阵形式为

$$K+dA+B=Y \tag{5.3.29}$$

其中　$K=[\lg k,\lg k,\cdots,\lg k]^{\mathrm{T}}$；$A=[a_1',a_2',\cdots,a_n']^{\mathrm{T}}$；$B=[b_1',b_2',\cdots,b_n']^{\mathrm{T}}$；

$$Y=[y_1,y_2,\cdots,y_n]^{\mathrm{T}}$$

根据式（5.3.28）只能确定出系数 k 和 d 的估计值$\hat{k}$和$\hat{d}$，即

$$\zeta=Y-\hat{k}-\hat{d}A-B \tag{5.3.30}$$

式中：ζ 为拟合误差，$\zeta=[\zeta_1,\zeta_2,\cdots,\zeta_n]^{\mathrm{T}}$。

为了得到系数 k 和 d 的最优估计$\hat{k}_{\mathrm{m}}$和$\hat{d}_{\mathrm{m}}$，应使 ζ_i 的平方和最小，即

$$\min s=\sum_{i=1}^{n}\zeta_i^2=\sum_{i=1}^{n}(y_i-\lg\hat{k}-\hat{d}a'_i-b'_i)^2 \tag{5.3.31}$$

当 s 最小时，$\dfrac{\partial s}{\partial \hat{k}}=0$（等价于$\dfrac{\partial s}{\partial\ (\lg\hat{k})}=0$），$\dfrac{\partial s}{\partial \hat{d}}=0$，即

$$\frac{\partial s}{\partial(\lg\hat{k})}=-2\sum_{i=1}^{n}(y_i-\lg\hat{k}-\hat{d}a'_i-b'_i)=0 \tag{5.3.32}$$

$$\frac{\partial s}{\partial \hat{d}}=-2\sum_{i=1}^{n}(y_i-\lg\hat{k}-\hat{d}a'_i-b'_i)a'_i=0 \tag{5.3.33}$$

联立式（5.3.32）和式（5.3.33），可得

$$\hat{d}_{\mathrm{m}}=\frac{n\sum\limits_{i=1}^{n}(y_i-b'_i)a'_i-\sum\limits_{i=1}^{n}a'_i\sum\limits_{i=1}^{n}(y_i-b'_i)}{n\sum\limits_{i=1}^{n}a'^2_i-(\sum\limits_{i=1}^{n}a'^2_i)} \tag{5.3.34}$$

$$\hat{k}_{\mathrm{m}}=10^{[\sum_{i=1}^{n}(y_i-b_i')-\hat{d}_{\mathrm{m}}\sum_{i=1}^{n}a_i']/n} \tag{5.3.35}$$

即选择水质控制点的 n 组数据后，可分别计算出系数的最优值$\hat{k}_{\mathrm{m}}$ 和$\hat{d}_{\mathrm{m}}$。

5.3.3 峰值浓度出现时间

由式（5.3.1）和上一节突发水污染情景模拟结果可知，如果某一渠池出现突发水污染事故，水质控制点的污染物峰值浓度出现时间 T_{Cmax}的影响因素包括事发位置到水质控制点的距离 x、渠池平均流速 u、纵向离散系数 E_{d}，即

$$f(T_{\mathrm{Cmax}},x,u,E_{\mathrm{d}})=0 \tag{5.3.36}$$

根据量纲分析原理，T_{Cmax}可表示为其他 3 个物理量的指数乘积：

$$T_{\mathrm{Cmax}}=kx^a u^b E_{\mathrm{d}}^c \tag{5.3.37}$$

式中：k、a、b 和 c 均为常数系数。

对式（5.3.37）写出量纲式：

$$[T]=[L]^a([L][T]^{-1})^b([L]^2[T]^{-1})^c \tag{5.3.38}$$

由量纲和谐可得

$$\left.\begin{aligned}[L]:0=a+b+2c\\ [T]:1=-b-c\end{aligned}\right\} \tag{5.3.39}$$

由式（5.3.39）解得

$$a=1-c;\ b=-1-c \tag{5.3.40}$$

因此，式（5.3.37）可写成

$$T_{\mathrm{Cmax}}=kx^{1-c}u^{-1-c}E_{\mathrm{d}}^c \tag{5.3.41}$$

式（5.3.41）仅有 k 和 c 这 2 个系数需要确定，可用最小二乘法来计算。对式（5.3.41)两端取对数，则变为

$$\lg T_{\mathrm{Cmax}}=\lg k+(\lg E_{\mathrm{d}}-\lg x-\lg u)c+(\lg x-\lg u) \tag{5.3.42}$$

令 $y=\lg T_{\mathrm{Cmax}}$，$a'=\lg E_{\mathrm{d}}-\lg x-\lg u$，$b'=\lg x-\lg u$

则式（5.3.42）变为

$$y=\lg k+a'c+b' \tag{5.3.43}$$

对于有 n 组数据（y、a'和 b'）的水质控制点，对第 i 组数据，式（5.3.43）可改写为

$$y_i=\lg k+a_i'c+b_i' \quad (i=1,2,\cdots,n) \tag{5.3.44}$$

其矩阵形式为

$$K+cA+B=Y \tag{5.3.45}$$

其中　$K=[\lg k,\lg k,\cdots,\lg k]^{\mathrm{T}}$；$A=[a_1',a_2',\cdots,a_n']^{\mathrm{T}}$；$B=[b_1',b_2',\cdots,b_n']^{\mathrm{T}}$；$Y=[y_1,y_2,\cdots,y_n]^{\mathrm{T}}$

根据式（5.3.44）只能确定出系数 k 和 d 的估计值$\hat{k}$和$\hat{c}$，即

$$\zeta=Y-\hat{k}-\hat{c}A-B \tag{5.3.46}$$

式中：ζ 为拟合误差，$\zeta=[\zeta_1,\zeta_2,\cdots,\zeta_n]^{\mathrm{T}}$。

为了得到系数 k 和 c 的最优估计$\hat{k}_{\mathrm{m}}$和$\hat{c}_{\mathrm{m}}$，应使得 ζ_i 的平方和最小，即

$$\min s=\sum_{i=1}^{n}\zeta_i^2=\sum_{i=1}^{n}(y_i-\lg\hat{k}-\hat{c}a'_i-b'_i)^2 \tag{5.3.47}$$

当 s 最小时，$\frac{\partial s}{\partial \hat{k}}=0$ [等价于$\frac{\partial s}{\partial(\lg\hat{k})}=0$]，$\frac{\partial s}{\partial \hat{c}}=0$，即

$$\frac{\partial s}{\partial(\lg\hat{k})}=-2\sum_{i=1}^{n}(y_i-\lg\hat{k}-\hat{c}a'_i-b'_i)=0 \tag{5.3.48}$$

$$\frac{\partial s}{\partial \hat{c}}=-2\sum_{i=1}^{n}(y_i-\lg\hat{k}-\hat{c}a'_i-b'_i)a'_i=0 \tag{5.3.49}$$

联立式 (5.3.48) 和式 (5.3.49)，可得

$$\hat{c}_{\mathrm{m}}=\frac{n\sum_{i=1}^{n}(y_i-b'_i)a'_i-\sum_{i=1}^{n}a'_i\sum_{i=1}^{n}(y_i-b'_i)}{n\sum_{i=1}^{n}a'^2_i-(\sum_{i=1}^{n}a'_i)^2} \tag{5.3.50}$$

$$\hat{k}_{\mathrm{m}}=10^{[\sum_{i=1}^{n}(y_i-b'_i)-\hat{c}_{\mathrm{m}}\sum_{i=1}^{n}a'_i]/n} \tag{5.3.51}$$

即选择水质控制点的 n 组数据后，可分别计算出系数的最优值$\hat{k}_{\mathrm{m}}$和$\hat{c}_{\mathrm{m}}$。

5.4 中线干渠突发水污染快速预测公式

根据上述突发水污染情景模拟结果，可分别计算出污染物到达时间 T_0、峰值浓度 $C_{\max}$ 和峰值浓度出现时间 T_{Cmax} 3 个特征参数的快速预测方法的各项系数，从而建立中线干渠突发水污染快速预测公式，以便快速预测中线干渠突发水污染事故下的污染物输移扩散过程。

5.4.1 公式建立

对于选择的 2 个渠池，可利用水力学模型分别计算出 3 种流量下的平均流速和纵向离散系数，见表 5.4.1。

对于污染物到达时间 T_0、峰值浓度 $C_{\max}$ 和峰值浓度出现时间 T_{Cmax} 3 个特征参数的快速预测方法的各项系数，采用不同的数据会得到不同的结果。分别应用在第 4 个渠池、第 36 个渠池以及第 4 和第 36 这 2 个渠池的 3 种情景下的模拟结果来计算各项系数，分析突发水污染快速预测公式的适用性。

表 5.4.1　　两渠池不同流量下的平均流速和纵向离散系数

参　数	第 4 个渠池			第 36 个渠池		
	30% $Q_设$	50% $Q_设$	70% $Q_设$	30% $Q_设$	50% $Q_设$	70% $Q_设$
u/(m/s)	0.41	0.66	0.89	0.3	0.48	0.6
E_d/(m²/s)	27.11	46.14	63.22	16.05	28.07	30.45

1. 污染物到达时间

若利用第 4 个渠池在表 5.4.3 和表 5.4.4 中 $T_0 \geqslant 30\text{min}$（减小步长对污染物达到时间的影响）的共 41 组数据，可计算得 k、d 和 e 的最优估计值分别为 0.062、0.223 和 0.249，那么由式（5.3.6）可知 a、b 和 c 的值分别为－0.249、1.524 和－1.223。而 C_0 在本书中取值为 0.001（下同），因此，式（5.3.3）可表示为

$$T_0=0.011m^{-0.249}x^{1.524}u^{-1.223}E_{\mathrm{d}}^{0.223} \tag{5.4.1a}$$

若利用第 36 个渠池在表 5.3.5 中 $T_0 \geqslant 30\text{min}$ 的共 12 组数据，可计算得 k、d 和 e 的最优估计值分别为 0.014、－0.081 和 0.234，那么由式（5.3.6）可知 a、b 和 c 的值分别为－0.234、1.782 和－0.919。因此，式（5.3.3）可表示为

$$T_0=0.0028m^{-0.234}x^{1.782}u^{-0.919}E_{\mathrm{d}}^{-0.081} \tag{5.4.1b}$$

若利用第 4 和第 36 个渠池的共 53 组数据，可计算得 k、d 和 e 的最优估计值分别为 0.061、0.204 和 0.237，那么由式（5.3.6）可知 a、b 和 c 的值分别为－0.237、1.508 和－1.204。因此，式（5.3.3）可表示为

$$T_0=0.012m^{-0.237}x^{1.508}u^{-1.204}E_{\mathrm{d}}^{0.204} \tag{5.4.1c}$$

2. 峰值浓度

第 4 个渠池在表 5.2.3 和表 5.2.4 中事发位置为 0.1L、0.3L、0.5L 和 0.7L 的共 81 组数据，可计算得 k 和 d 的最优估计值分别为 1.066 和－2.449，由式（5.3.24）可知 b 和 c 的值分别为－0.551 和 2.449。因此，式（5.3.21）可表示为

$$C_{\max}=1.066mx^{-0.551}u^{2.449}E_{\mathrm{d}}^{-2.449} \tag{5.4.2a}$$

若利用第 36 个渠池在表 5.3.5 的共 45 组数据，可计算得 k 和 d 的最优估计值分别为 0.467 和－2.616，那么由式（5.3.24）可知 b 和 c 的值分别为－0.384 和 2.616。因此，式（5.3.21）可表示为

$$C_{\max}=0.467mx^{-0.384}u^{2.616}E_{\mathrm{d}}^{-2.616} \tag{5.4.2b}$$

若利用上述的第 4 和 36 个渠共 126 组数据，可计算得 k 和 d 的最优估计值分别为 0.746 和－2.519，由式（5.3.24）可知 b 和 c 的值分别为－0.481 和 2.519。因此，式（5.3.21）可表示为

$$C_{\max}=0.746mx^{-0.481}u^{2.519}E_{\mathrm{d}}^{-2.519} \tag{5.4.2c}$$

3. 峰值浓度出现时间

若利用第 4 个渠池表 5.2.3 和表 5.2.4 中事发位置为 0.1L、0.3L、0.5L 和 0.7L 的共 27 组数据，可计算得 k 和 c 的最优估计值分别为 2.25 和 0.146，由式（5.3.40）可知 a 和 b 的值分别为 0.854 和－1.146。因此，式（5.3.37）可表示为

$$T_{\mathrm{Cmax}}=2.25x^{0.854}u^{-1.146}E_{\mathrm{d}}^{0.146} \tag{5.4.3a}$$

若利用第 36 个渠池在表 5.4.5 中的共 15 组数据，可计算得 k 和 c 的最优估计值分别为 3.391 和 0.285，由式（5.3.40）可知 a 和 b 的值分别为 0.715 和－1.285。因此，

式（5.3.37）可表示为

$$T_{Cmax}=3.391x^{0.715}u^{-1.285}E_d^{0.285} \tag{5.4.3b}$$

若利用上述的第 4 和 36 个渠池共 42 组数据，可计算得 k 和 c 的最优估计值分别为 2.302 和 0.168，由式（5.3.24）可知 a 和 b 的值分别为 0.832 和 −1.168。因此，式（5.3.37）可表示为

$$T_{Cmax}=2.302x^{0.832}u^{-1.168}E_d^{0.168} \tag{5.4.3c}$$

5.4.2　公式验证

假设第 4 个渠池严陵河节制闸闸后和第 36 个渠池安阳河节制闸闸后发生突发水污染事故，污染物质量和渠池流量等其他条件同 3.2.1 节的情景设置。分别应用水质模型和快速预测公式进行模拟，并分析快速预测公式计算结果与水质模型计算结果的差异。污染物到达时间、峰值浓度和峰值浓度出现时间 3 个特征参数的对比结果分别见表 5.4.2～表 5.4.4。

表 5.4.2（a）　第 4 和第 36 个渠池上节制闸闸后突发水污染事故情景下污染物到达时间

单位：min

流量	计算方法	谭寨分水口			淇河节制闸			漳河节制闸		
		1t	5t	10t	1t	5t	10t	1t	5t	10t
$30\%Q_{设}$	水质模型	120	80	70	170	120	110	110	80	70
	式（5.4.1a）	149	100	84	194	130	109	103	69	58
	式（5.4.1b）	172	118	100	233	160	136	113	78	66
	式（5.4.1c）	151	103	88	196	134	113	105	72	61
$50\%Q_{设}$	水质模型	70	50	40	110	80	70	70	50	40
	式（5.3.1a）	94	63	53	122	82	69	65	44	37
	式（5.3.1b）	106	73	62	144	99	84	70	48	41
	式（5.3.1c）	95	65	55	123	84	71	67	46	39
$70\%Q_{设}$	水质模型	50	40	30	80	50	50	40	30	20
	式（5.3.1a）	70	47	39	91	61	51	51	34	39
	式（5.3.1b）	79	54	46	107	73	62	57	39	33
	式（5.3.1c）	71	48	41	92	63	53	52	36	30

表 5.4.2（b）　第 4 和第 36 个渠池污染物到达时间快速预测公式计算相对误差

%

流量	计算方法	谭寨分水口				淇河节制闸				漳河节制闸				MRE
		1t	5t	10t	MRE	1t	5t	10t	MRE	1t	5t	10t	MRE	
$30\%Q_{设}$	式（5.4.1a）	24.2	25	20	23.1	14.1	8.3	0.9	7.8	6.4	13.8	17.1	12.4	14.4
	式（5.4.1b）	43.3	47.5	42.9	44.6	37.1	33.3	23.6	31.3	2.7	2.5	5.7	3.6	26.5
	式（5.4.1c）	25.8	28.8	25.7	26.8	15.3	11.7	2.7	9.9	4.5	10	12.9	9.1	15.3

续表

流量	计算方法	谭寨分水口				淇河节制闸				漳河节制闸				MRE
		1t	5t	10t	MRE	1t	5t	10t	MRE	1t	5t	10t	MRE	
50%$Q_{设}$	式（5.4.1a）	34.3	26	32.5	30.9	10.9	2.5	1.4	4.9	7.1	12	7.5	8.9	14.9
	式（5.4.1b）	51.4	46	55	50.8	30.9	23.8	20	24.9	0	4	2.5	2.2	26
	式（5.4.1c）	35.7	30	37.5	34.4	11.8	5	1.4	6.1	4.3	8	2.5	4.9	15.1
70%$Q_{设}$	式（5.4.1a）	40	17.5	30	29.2	13.8	22	2	12.6	27.5	13.3	95	45.3	29
	式（5.4.1b）	58	35	53.3	48.8	33.8	46	24	34.6	42.5	30	65	45.8	42.1
	式（5.4.1c）	42	20	36.7	32.9	15	26	6	15.7	30	20	50	33.3	27.3

表 5.4.3(a)　　第 4 和 36 个渠池上节制闸闸后突发水污染事故情景下污染物峰值浓度

单位：mg/L

流量	计算方法	谭寨分水口			淇河节制闸			漳河节制闸		
		1t	5t	10t	1t	5t	10t	1t	5t	10t
30%$Q_{设}$	水质模型	0.1557	0.7785	1.5571	0.1454	0.7272	1.4544	0.3825	1.9123	3.8247
	式（5.4.2a）	0.1512	0.7558	1.5116	0.1375	0.6876	1.3752	0.3199	1.5997	3.1995
	式（5.4.2b）	0.1744	0.8718	1.7437	0.1632	0.8162	1.6325	0.3565	1.7825	3.5649
	式（5.4.2c）	0.1587	0.7937	1.5873	0.1462	0.7308	1.4616	0.3311	1.6556	3.3113
50%$Q_{设}$	水质模型	0.1543	0.7713	1.5426	0.1444	0.7221	1.443	0.3661	1.8303	3.6606
	式（5.4.2a）	0.1319	0.6595	1.3189	0.12	0.6	1.1999	0.2573	1.2865	2.5729
	式（5.4.2b）	0.1507	0.7536	1.5073	0.1411	0.7056	1.4112	0.2825	1.4123	2.8245
	式（5.4.2c）	0.138	0.6898	1.3796	0.127	0.6351	1.2703	0.2646	1.3232	2.6463
70%$Q_{设}$	水质模型	0.1475	0.7374	1.4748	0.1384	0.6922	1.3844	0.3483	1.7415	3.4829
	式（5.4.2a）	0.1268	0.6342	1.2684	0.1154	0.577	1.1539	0.3641	1.8204	3.6409
	式（5.4.2b）	0.1446	0.7228	1.4457	0.1353	0.6767	1.3535	0.4093	2.0463	4.0926
	式（5.4.2c）	0.1325	0.6626	1.3252	0.122	0.6101	1.2202	0.3782	1.891	3.782

表 5.4.3(b)　　第 4 和第 36 个渠池污染物峰值浓度快速预测公式计算相对误差

%

流量	计算方法	谭寨分水口			淇河节制闸			漳河节制闸			MRE
		1t	5t	10t	1t	5t	10t	1t	5t	10t	
30%$Q_{设}$	式（5.4.2a）	2.9			5.4			16.3			8.2
	式（5.4.2b）	12			12.2			6.8			10.3
	式（5.4.2c）	1.9			0.5			13.4			5.3
50%$Q_{设}$	式（5.4.2a）	14.5			16.9			29.7			20.4
	式（5.4.2b）	2.3			2.3			22.8			9.1
	式（5.4.2c）	10.6			12			27.7			16.8

续表

流量	计算方法	谭寨分水口			淇河节制闸			漳河节制闸			MRE
		1t	5t	10t	1t	5t	10t	1t	5t	10t	
70%$Q_{设}$	式（5.4.2a）	14			16.6			4.5			11.7
	式（5.4.2b）	2			2.2			17.5			7.2
	式（5.4.2c）	10.1			11.9			8.6			10.2

表 5.4.4(a)　第 4 和第 36 个渠池上节制闸闸后突发水污染事故情景下污染物峰值浓度出现时间

单位：min

流量	计算方法	谭寨分水口			淇河节制闸			漳河节制闸		
		1t	5t	10t	1t	5t	10t	1t	5t	10t
30%$Q_{设}$	水质模型	680			810			580		
	式（5.4.3a）	855			989			791		
	式（5.4.3b）	575			650			548		
	式（5.4.3c）	770			888			716		
50%$Q_{设}$	水质模型	460			540			390		
	式（5.4.3a）	535			620			501		
	式（5.4.3b）	363			411			352		
	式（5.4.3c）	483			557			454		
70%$Q_{设}$	水质模型	350			420			270		
	式（5.4.3a）	398			461			393		
	式（5.4.3b）	271			306			270		
	式（5.4.3c）	359			414			355		

表 5.4.4(b)　第 4 和第 36 个渠池污染物峰值浓度出现时间快速预测公式计算相对误差

%

流量	计算方法	谭寨分水口			淇河节制闸			漳河节制闸			MRE
		1t	5t	10t	1t	5t	10t	1t	5t	10t	
30%$Q_{设}$	式（5.4.3a）	25.7			22.1			36.4			28.1
	式（5.4.3b）	15.4			19.8			5.5			13.6
	式（5.4.3c）	13.2			9.6			23.4			15.4
50%$Q_{设}$	式（5.4.3a）	16.3			14.8			28.5			19.9
	式（5.4.3b）	21.1			23.9			9.7			18.2
	式（5.4.3c）	5			3.1			16.4			8.2
70%$Q_{设}$	式（5.4.3a）	13.7			9.8			45.6			23
	式（5.4.3b）	22.6			27.1			0			16.6
	式（5.4.3c）	2.6			1.4			31.5			11.8

从表 5.4.2(b) 中可看出，污染物到达时间快速预测的 3 个公式与水质模型在两个渠池各情景下的平均误差（RE）大部分都小于 30%，且平均相对误差（MRE）仅有1 组［式（5.4.1b）在两个渠池流量为 70%设计流量时］超过 30%。从表 5.4.3(b) 中可看出，峰值浓度快速预测的 3 个公式与水质模型在两个渠池各情景下的平均误差（RE)大部分都小于 20%，且平均相对误差（MRE）几乎都小于 20%。从表 5.4.4(b) 中可看出，峰值浓度出现时间快速预测的 3 个公式与水质模型在两个渠池各情景下的平均误差（RE）大部分都小于 30%，且平均相对误差（MRE）仅有 2 组［式（5.4.1a）在两个渠池流量为 30%和 70%设计流量时］超过 20%。结果表明，基于水质模型模拟结果建立的中线干渠突发水污染快速预测公式，与水质模型本身的计算误差是可接受的，且计算更为简单和快速，具有较强的可靠性和适用性。

通过统计表 5.4.2(b)、表 5.4.3(b) 和表 5.4.4(b) 中的相对误差发现，利用第 4 个渠池的情景模拟结果得到的突发水污染快速预测公式［式（5.4.1a)、式（5.4.2a) 和式（5.4.3a)］时，第 4 个渠池谭寨分水口和淇河节制闸的污染物到达时间、峰值浓度和峰值浓度出现时间 3 个特征参数的相对误差平均值分别比第 36 个渠池漳河节制闸的小 4.1%、5.2%和 19.7%（图 5.4.1)，而利用第 36 个渠池的情景模拟结果得到的突发水污染快速预测公式［式（5.4.1b)、式（5.4.2b）和式（5.4.3b)］时，第 36 个渠池漳河节制闸的污染物到达时间、峰值浓度和峰值浓度出现时间 3 个特征参数的相对误差平均值分别比第 4 个渠池谭寨分水口和淇河节制闸的小 22%、－10.2%和 16.6%（图 5.4.2)。结果表明，利用某个渠池的情景模拟结果得到的突发水污染快速预测公式在本渠池的应用效果总体上略好于其他渠池的应用效果。

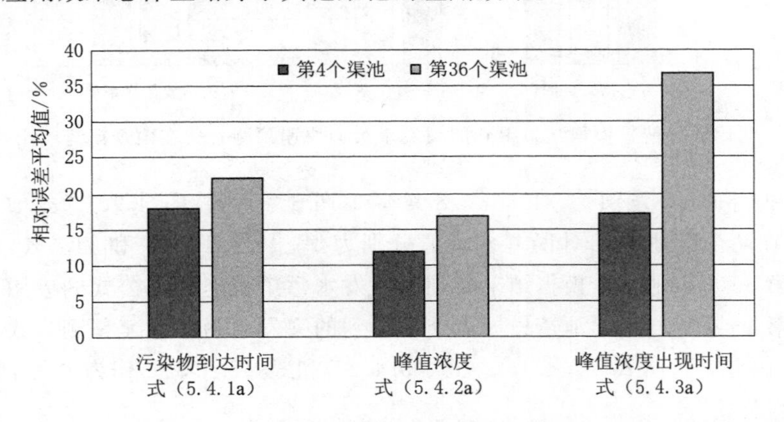

图 5.4.1　利用第 4 个渠池的情景模拟结果得到的突发水污染快速预测公式在两个渠池应用效果对比

此外，利用 3 种情景模拟结果得到的突发水污染快速预测公式，分别求出并统计在第 4 和第 36 个渠池的污染物到达时间、峰值浓度和峰值浓度出现时间 3 个特征参数的相对误差平均值，发现式（5.4.1a)、式（5.4.2a）和式（5.4.3a）在两个渠池的相对误差平均值分别为 19.4%、13.4%和 23.7%，式（5.4.1b)、式（5.4.2b）和式（5.4.3b)在两个渠

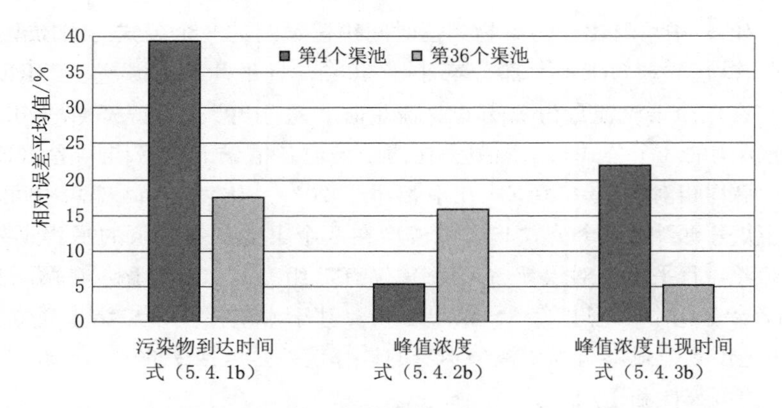

图 5.4.2　利用第 36 个渠池的情景模拟结果得到的突发水污染快速预测公式在两个渠池应用效果对比

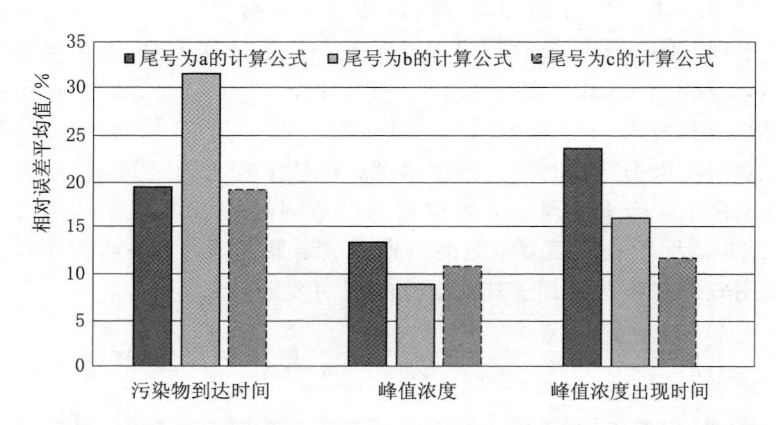

图 5.4.3　利用 3 种情景模拟结果得到的突发水污染快速预测公式在两个渠池应用效果对比

池的相对误差平均值分别为 31.5%、8.9%和 16.1%，式（5.4.1c)、式（5.4.2c）和式（5.4.3c)在两个渠池的相对误差平均值分别为 19.2%、10.8%和 11.8%。结果表明，利用第 4 和第 36 个渠池情景模拟结果得到的突发水污染快速预测公式的应用效果总体上略好于仅用第 4 或第 36 个渠池情景模拟结果得到的突发水污染快速预测公式的应用效果（图 5.4.3)。因此，可将式（5.4.1c)、式（5.4.2c)和式（5.4.3c）作为中线干渠的突发水污染快速预测公式。

5.5　本章小结

针对中线干渠快速应对突发水污染事故的需求，在两个渠池设置流量、事故发生位置、污染物质量等大量组合情景，利用中线干渠一维水力学水质模型进行模拟，采用污染物到达时间、峰值浓度和峰值浓度出现时间 3 个特征参数来对比分析不同情景下的分

水口和下节制闸闸前污染物浓度变化过程，并总结出污染物输移扩散规律：①对于某一水质控制点，突发水污染事故位置越近、污染物质量越大、渠池流量越大，污染物到达时间越早；②突发水污染事故位置越近、污染物质量越大、渠池流量越小，污染物峰值浓度越大；③突发水污染事故位置越近、渠池流量越大，污染物峰值浓度出现时间越早，但污染物峰值浓度出现时间与污染物质量无关。

在此基础上，针对污染物到达时间、峰值浓度和峰值浓度出现时间 3 个特征参数，基于量纲分析提出了快速预测方法，可用相应数据快速确定公式的各项系数。利用 3 种情景模拟结果为依据建立了相应的快速预测公式并进行验证，最终确定了以两个渠池情景模拟结果为依据的快速预测公式作为中线干渠在突发水污染快速预测公式，以便快速预测中线干渠在突发水污染事故下的污染物输移扩散过程。

第6章 明渠输水工程突发水污染多目标应急调度

6.1 引言

常态下的明渠控制以维持水位稳定和分水稳定为目标。然而在意外情况下，尤其是当明渠上方有较多交叉建筑和排水建筑时，可能发生突发性水污染事件，特别是突发点源污染事件。突发污染事件发生后，需要通过闸门联动调控来控制污染范围，以减小其对下游水质的影响。但在调控过程中，如果闸门关闭不合理，便会破坏渠道或加大污染物扩散范围，进而造成更大的经济损失。在突发水污染情况下的明渠调控的控制目标并不是水位的稳定，而是在控制污染渠池的水污染扩散的同时，保证非污染渠池在供水中断情况下的工程安全和供水安全。因此必须提出可行的水污染闸门应急控制策略，达到最有效的应急调控。一旦发生突发水污染事件，则以事故发生渠池的2座节制闸为界，将干渠分为事故渠池、事故渠池上游段和事故渠池下游段3个区域南水北调中线干渠突发水污染事故下分段示意图如图6.1.1所示。为了及时控制污染范围，减少经济损失，减少供水中断的影响范围和时间，保障工程安全，需要进行3个区域的联合应急调度。本章分析了闸门群应急调度引起的渠道水力响应特性和3个区域的闸门群应急调度方法，形成了“安全—经济”多目标协同的闸门群应急调度方法。

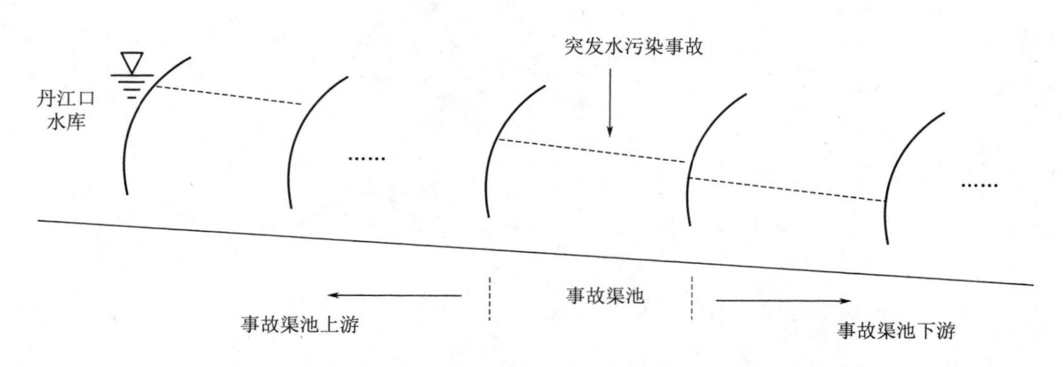

图6.1.1　南水北调中线干渠突发水污染事故下分段示意图

6.2 事故渠池应急调度

事故渠池（图 6.2.1）应急调度是事故渠池上游、下游段应急调度的基础，其目标是在保障工程安全的前提下控制污染范围，防止上游干净水体进入事故渠池被污染，避免事故渠池中被污染的水体流向下游。这就要求在污染物到达前快速关闭事故渠池内分水口，快速关闭事故渠池 2 座节制闸，根据水位波动情况确定是否利用退水闸退水。分水口流量相对于节制闸流量而言一般较小，快速关闭对渠道水位波动影响不大[74]，应急调度时可忽略。事故渠池应急调度思路如图 6.2.2 所示，根据不同污染物的处置需求、2 座节制闸快速关闭引起的水力响应过程和渠池内是否有退水闸等因素，事故渠池应急调度可能包括 1 个渠池或多个渠池的闸门群联合应急调度。但归根结底，仅需在1 个渠池分析 2 座节制闸快速关闭、2 座节制闸快速关闭并启用退水闸这 2 类情况，因为多个渠池的联合应急调度可由各个渠池的应急调度组成。

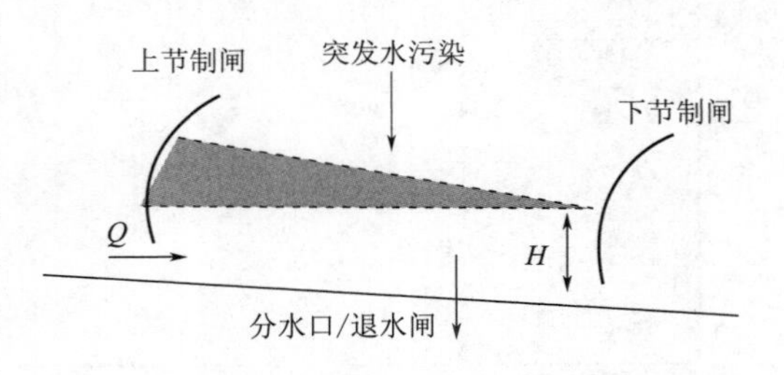

图 6.2.1 事故渠池示意图

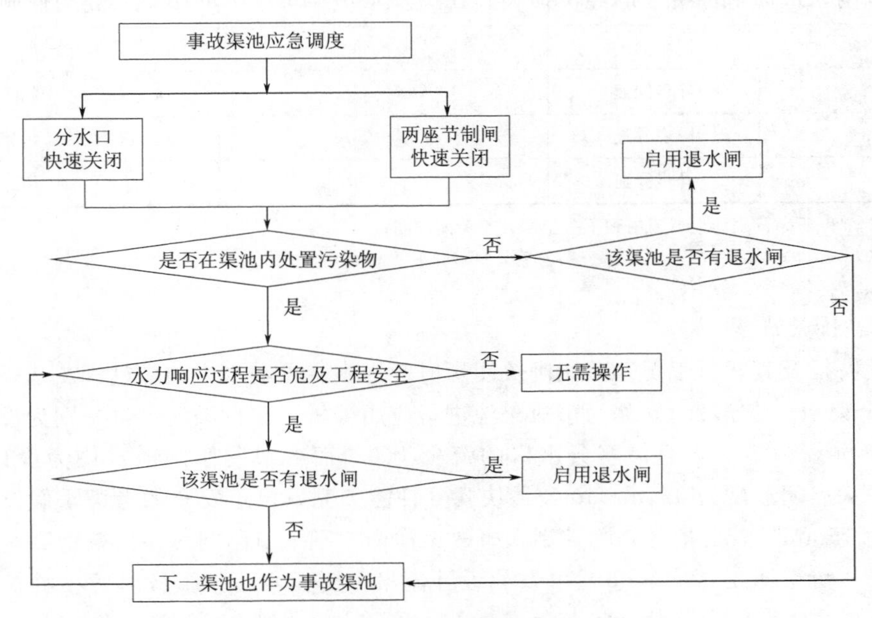

图 6.2.2 事故渠池应急调度思路

6.2.1 2 座节制闸快速关闭

事故渠池 2 座节制闸快速关闭引起的水力响应过程是否危及工程安全是判断是否启用退水闸等措施的依据，因此，应提出各种可能的闭闸组合方式，并通过大量情景模拟

来分析其引起的水力响应过程，为应急调度提供科学建议。

6.2.1.1　闭闸组合方式

确定节制闸关闭过程（图 6.2.3）要解决 2 个问题：节制闸什么时候（T_0）开始关闭；用多长时间（T_1-T_0）由初流量（Q_0）关闭到末流量（Q_1）。而对于事故渠池的 2 座节制闸，可知快速关闭时节制闸的初流量和末流量（$Q_1=0$），因此有同步同速、异步同速、同步异速和异步异速这 4 种闭闸组合方式（表 6.2.1）。由于事故渠池的两座节制闸的初流量一般差异极小，闭闸速度可用闭闸历时来表示。其中，同步同速闭闸方式操作较为简单，异步异速闭闸方式较为复杂，异步同速闭闸方式和同步异速闭闸方式介于两者之间。

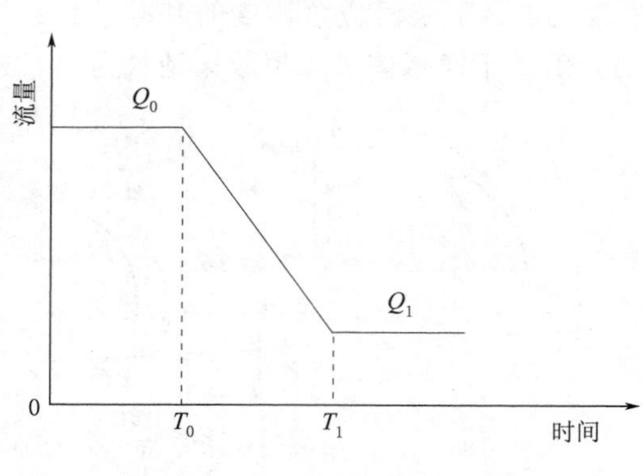

图 6.2.3　节制闸关闭过程

表 6.2.1　**事故渠池两座节制闸闭闸组合方式及其特征**

编　号	闭　闸　方　式	闸门开始关闭时间/T_0	闸门关闭历时 T_1-T_0
1	同步同速	$T_{0上}=T_{0下}$	$(T_1-T_0)_上=(T_1-T_0)_下$
2	异步同速	$T_{0上}\neq T_{0下}$	$(T_1-T_0)_上=(T_1-T_0)_下$
3	同步异速	$T_{0上}=T_{0下}$	$(T_1-T_0)_上\neq(T_1-T_0)_下$
4	异步异速	$T_{0上}\neq T_{0下}$	$(T_1-T_0)_上\neq(T_1-T_0)_下$

注：1. $T_{0上}$和 $T_{0下}$分别为上节制闸和下节制闸开始关闭时间；
2. $(T_1-T_0)_上$ 和 $(T_1-T_0)_下$ 分别为上节制闸和下节制闸关闭历时。

6.2.1.2　情景设置

渠池特征及其运行工况、节制闸关闭历时等因素会影响水力响应过程。选择第 4 和 36 这两个渠池（表 5.2.1）作为事故渠池进行应用分析。假设渠池流量分别为设计流量的 30%、50%和 70%，且谭寨分水口的流量为 0；而各节制闸闸前水位为设计水位。节制闸最大启闭速度为 0.4m/min，最快几分钟能关完，出于安全的考虑，假设最小关闭历时为 15min；若要把污染物控制在事故渠池内，则下节制闸应在污染物到达之前关闭，而第 4 个渠池在 30%、50%和 70%设计流量下突发水污染事故时污染物扩散到淇河节制闸的最大时间分别为 170min、110min 和 80min，第 36 个渠池在 30%、50%和 70%设计流量下突发水污染事故时污染物扩散到漳河节制闸的最大时间分别为 110min、70min 和 40min［表 5.4.2(a) 的水质模型模拟结果］，因此，假设第 4 个渠池在 30%、50%和 70%设计流量下两座节制闸的最大关闭历时分别为 165min、105min 和 75min，第 36 个渠池在 30%、50%和 70%设计流量下两座节制闸的最大关闭历时分别为

105min、60min 和 30min（留有安全余地）；每间隔 15min 设置一组关闭情景。由于事故渠池要防止上游干净水体被污染和污染水体进入下游，上节制闸的开始关闭时间应不晚于下节制闸，异步只需考虑下节制闸，使其比上节制闸晚关，且根据工程调度管理经验将异步间隔时间设为 30min。同理，上节制闸的关闭速度应不慢于下节制闸，所以异速只需考虑下节制闸关闭历时，使其比上节制闸关闭历时长，异速闭闸情景下，假设上节制闸关闭历时为 15min，而第 4 和第 36 个渠池下节制闸关闭历时分别为其余的各种数值，共有 132 种情景（表 6.2.2）。

表 6.2.2　　事故渠池两座节制闸闭闸组合情景

闭闸方式	编号	流量	内容	数量/个
同步同速	4	30% $Q_{\text{设}}$	$(T_1-T_0)_{\text{上}}=(T_1-T_0)_{\text{下}}$=15，30，45，60，75，90，105，120，135，150，165（min）	11
		50% $Q_{\text{设}}$	$(T_1-T_0)_{\text{上}}=(T_1-T_0)_{\text{下}}$=15，30，45，60，75，90，105（min）	7
		70% $Q_{\text{设}}$	$(T_1-T_0)_{\text{上}}=(T_1-T_0)_{\text{下}}$=15，30，45，60，75min	5
	36	30% $Q_{\text{设}}$	$(T_1-T_0)_{\text{上}}=(T_1-T_0)_{\text{下}}$=15，30，45，60，75，90，105（min）	7
		50% $Q_{\text{设}}$	$(T_1-T_0)_{\text{上}}=(T_1-T_0)_{\text{下}}$=15，30，45，60（min）	4
		70% $Q_{\text{设}}$	$(T_1-T_0)_{\text{上}}=(T_1-T_0)_{\text{下}}$=15，30（min）	2
异步同速	4	30% $Q_{\text{设}}$	$(T_{0\text{上}}-T_{0\text{下}})$=30min；$(T_1-T_0)_{\text{上}}$ 和 $(T_1-T_0)_{\text{下}}$ 为同步同速 11 种	11
		50% $Q_{\text{设}}$	$(T_{0\text{上}}-T_{0\text{下}})$=30min；$(T_1-T_0)_{\text{上}}$ 和 $(T_1-T_0)_{\text{下}}$ 为同步同速 7 种	7
		70% $Q_{\text{设}}$	$(T_{0\text{上}}-T_{0\text{下}})$=30min；$(T_1-T_0)_{\text{上}}$ 和 $(T_1-T_0)_{\text{下}}$ 为同步同速 5 种	5
	36	30% $Q_{\text{设}}$	$(T_{0\text{上}}-T_{0\text{下}})$=30min；$(T_1-T_0)_{\text{上}}$ 和 $(T_1-T_0)_{\text{下}}$ 为同步同速 7 种	7
		50% $Q_{\text{设}}$	$(T_{0\text{上}}-T_{0\text{下}})$=30min；$(T_1-T_0)_{\text{上}}$ 和 $(T_1-T_0)_{\text{下}}$ 为同步同速 4 种	4
		70% $Q_{\text{设}}$	$(T_{0\text{上}}-T_{0\text{下}})$=30min；$(T_1-T_0)_{\text{上}}$ 和 $(T_1-T_0)_{\text{下}}$ 为同步同速 2 种	2
同步异速	4	30% $Q_{\text{设}}$	$(T_1-T_0)_{\text{上}}$=15min；$(T_1-T_0)_{\text{下}}$=30，45，60，75，90，105，120，135，150，165（min）	10
		50% $Q_{\text{设}}$	$(T_1-T_0)_{\text{上}}$=15min；$(T_1-T_0)_{\text{下}}$=30，45，60，75，90，105（min）	6
		70% $Q_{\text{设}}$	$(T_1-T_0)_{\text{上}}$=15min；$(T_1-T_0)_{\text{下}}$=30，45，60，75（min）	4
	36	30% $Q_{\text{设}}$	$(T_1-T_0)_{\text{上}}$=15min；$(T_1-T_0)_{\text{下}}$=30，45，60，75，90，105（min）	6
		50% $Q_{\text{设}}$	$(T_1-T_0)_{\text{上}}$=15min；$(T_1-T_0)_{\text{下}}$=30，45，60（min）	3
		70% $Q_{\text{设}}$	$(T_1-T_0)_{\text{上}}$=15min；$(T_1-T_0)_{\text{下}}$=30（min）	1

续表

闭闸方式	编号	流 量	内 容	数量/个
异步异速	4	30% $Q_{设}$	$(T_{0上}-T_{0下})$=30min；$(T_1-T_0)_{上}$=15min；$(T_1-T_0)_{下}$为同步异速 10 种	10
		50% $Q_{设}$	$(T_{0上}-T_{0下})$=30min；$(T_1-T_0)_{上}$=15min；$(T_1-T_0)_{下}$为同步异速 6 种	6
		70% $Q_{设}$	$(T_{0上}-T_{0下})$=30min；$(T_1-T_0)_{上}$=15min；$(T_1-T_0)_{下}$为同步异速 4 种	4
	36	30% $Q_{设}$	$(T_{0上}-T_{0下})$=30min；$(T_1-T_0)_{上}$=15min；$(T_1-T_0)_{下}$为同步异速 6 种	6
		50% $Q_{设}$	$(T_{0上}-T_{0下})$=30min；$(T_1-T_0)_{上}$=15min；$(T_1-T_0)_{下}$为同步异速 3 种	3
		70% $Q_{设}$	$(T_{0上}-T_{0下})$=30min；$(T_1-T_0)_{上}$=15min；$(T_1-T_0)_{下}$为同步异速 1 种	1

注 $(T_{0上}-T_{0下})$ 为异步间隔时间。

6.2.1.3 结果分析

利用水力学模型模拟上述各情景下的水力响应过程，发现严陵河节制闸和安阳河节制闸的闸后水位都是“先降后升”，淇河节制闸闸前水位都是“先升后降”，而漳河节制闸闸前水位仅在采用同步同速和同步异速闭闸方式时“先升后降”，且波动幅度随着时间增长而逐渐减小，最终达到稳定状态（本文认为水位波动小于 1cm 时水流达到稳定状态）。

为了对比分析上述 4 种闭闸组合方式引起的水力响应特性，选择上节制闸闸后水位首次最大降速、下节制闸闸前水位最大涨幅、下节制闸闸前水位稳定后涨幅和稳定时间 4 个特征参数来分析。上节制闸闸后水位首次最大降速是指上节制闸闸后水位在首次下降过程中第 1 个小时的降幅，如果首次下降历时小于 1h，则取第 1 个小时的降幅为最大降幅。下节制闸闸前水位最大涨幅是指下节制闸闸前水位在波动过程中的最大值与初始水位的差值；为了保障工程安全，最大涨幅不宜超过极限值（极限值等于预警水位与设计水位的差值），且淇河节制闸和漳河节制闸闸前水位的极限值分别为 0.81m 和 0.48m。下节制闸闸前水位稳定后涨幅是指下节制闸闸前水位在稳定后与初始水位的差值；同理，为了保护工程安全，稳定后涨幅不宜超过极限值。稳定时间是指从闸门开始操作到水流稳定的时间。

(1) 同步同速闭闸方式。在同步同速闭闸方式下，分别以第 4 和第 36 个渠池两座节制闸 15min 关闭为例，展示水位变化过程（图 6.2.4），并统计了这 2 个渠池在各情景下的水位波动过程特征参数［表 6.2.3(a)、(b)］，分析如下。

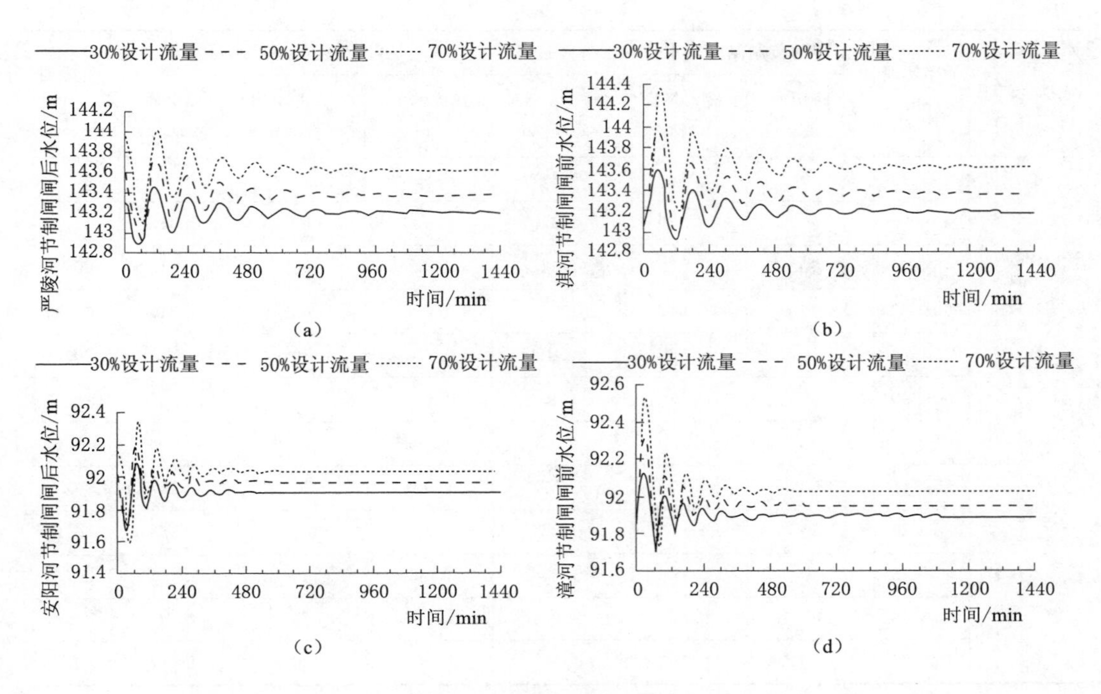

图 6.2.4 同步同速闭闸方式两座节制闸 15min 关闭的水位变化过程

(a) 严陵河；(b) 淇河；(c) 安阳河；(d) 漳河

表 6.2.3(a) 同步同速闭闸方式下第 4 个渠池水位波动过程特征参数统计表

渠池流量	关闭历时/min	严陵河节制闸闸后水位首次下降过程			淇河节制闸闸前水位			稳定时间/h
		下降历时/min	最大降幅/m	第 1 个小时降幅/m	最大涨幅/m	最大涨幅出现时间/min	稳定后涨幅/m	
30%$Q_{设}$	15+15	50	0.402	0.402	0.525	40	0.135	19.67
	30+30	50	0.396	0.396	0.517	50	0.135	19.83
	45+45	50	0.387	0.387	0.479	50	0.135	19.00
	60+60	60	0.386	0.386	0.451	60	0.134	19.00
	75+75	70	0.339	0.309	0.393	70	0.132	19.17
	90+90	80	0.288	0.258	0.338	80	0.131	18.33
	105+105	80	0.251	0.221	0.299	80	0.13	15.5
	120+120	80	0.223	0.195	0.267	80	0.129	15.67
	135+135	80	0.201	0.174	0.241	80	0.129	12
	150+150	80	0.183	0.157	0.219	80	0.129	13.33
	165+165	80	0.168	0.144	0.201	80	0.128	14.5

续表

渠池流量	关闭历时/min	严陵河节制闸闸后水位首次下降过程			淇河节制闸闸前水位			稳定时间/h
		下降历时/min	最大降幅/m	第 1 个小时降幅/m	最大涨幅/m	最大涨幅出现时间/min	稳定后涨幅/m	
$50\% Q_{设}$	15+15	50	0.647	0.647	0.896	40	0.31	20.67
	30+30	60	0.629	0.629	0.883	50	0.315	20.67
	45+45	60	0.622	0.622	0.82	60	0.315	20.83
	60+60	60	0.617	0.617	0.778	60	0.313	19.17
	75+75	70	0.561	0.49	0.701	70	0.31	20.00
	90+90	80	0.5	0.407	0.628	80	0.309	18.17
	105+105	90	0.44	0.35	0.56	90	0.306	18.33
$70\% Q_{设}$	15+15	60	0.878	0.878	1.305	50	0.548	20.5
	30+30	60	0.874	0.874	1.307	50	0.558	20.67
	45+45	60	0.848	0.848	1.23	60	0.563	20.67
	60+60	60	0.831	0.831	1.156	70	0.56	20.83
	75+75	80	0.793	0.654	1.073	80	0.557	20.00

表 6.2.3(b)　　同步同速闭闸方式下第 36 个渠池水位波动过程特征参数统计表

渠池流量	关闭历时/min	安阳河节制闸闸后水位首次下降过程			漳河节制闸闸前水位			稳定时间/h
		下降历时/min	最大降幅/m	第 1 个小时降幅/m	最大涨幅/m	最大涨幅出现时间/min	稳定后涨幅/m	
$30\% Q_{设}$	15+15	20	0.251	0.251	0.283	20	0.037	7
	30+30	30	0.242	0.242	0.265	30	0.037	7.67
	45+45	40	0.18	0.18	0.197	40	0.037	6.67
	60+60	40	0.134	0.134	0.156	40	0.037	5.67
	75+75	40	0.107	0.107	0.134	40	0.037	3.83
	90+90	40	0.089	0.089	0.118	40	0.037	5.33
	105+105	50	0.076	0.076	0.105	40	0.037	5.5
$50\% Q_{设}$	15+15	20	0.383	0.383	0.451	20	0.094	8.17
	30+30	30	0.379	0.379	0.426	30	0.083	7.67
	45+45	40	0.299	0.299	0.331	40	0.084	6.83
	60+60	40	0.219	0.219	0.289	30	0.084	6.83
$70\% Q_{设}$	15+15	30	0.56	0.56	0.683	20	0.167	8.83
	30+30	30	0.56	0.56	0.674	20	0.16	8.33

1）上节制闸闸后水位首次最大降速。在同一渠池中：在同一流量下，关闭历时越长（关闭速度越慢），上节制闸闸后水位首次最大降速越小；在同一关闭历时（关闭速度）下，流量越大，上节制闸闸后水位首次最大降速越大。但是，在第4个渠池中，严陵河节制闸闸后水位首次最大降速仅在30%设计流量下两座节制闸165min关闭时小于安全标准（0.15m/h），其余情景下均超过安全标准；在第36个渠池中，安阳河节制闸闸后水位首次最大降速仅在30%设计流量下两座节制闸关闭历时超过60min时小于安全标准，其余情景下均超过安全标准。

2）下节制闸闸前水位最大涨幅。在同一渠池中：在同一流量下，关闭历时越长，下节制闸闸前水位最大涨幅越小；在同一关闭历时下，流量越大，下节制闸闸前水位最大涨幅越大。但是，在第4个渠池中，淇河节制闸闸前水位最大涨幅在50%设计流量下两座节制闸关闭历时小于60min和70%设计流量下超过极限值（0.81m），其余情景下均未超过极限值；在第36个渠池中，漳河节制闸闸前水位最大涨幅仅在70%设计流量下超过极限值（0.48m），其余情景下均未超过极限值。

3）下节制闸闸前水位稳定后涨幅。在同一渠池中：同一流量下，下节制闸闸前水位稳定后涨幅在各关闭历时下几乎一样，说明在同速闭闸过程中上节制闸流入该渠池的水量和下节制闸流出该渠池的水量几乎一样；在同一关闭历时下，流量越大，稳定后涨幅越大，因为流量越大渠池蓄量越大且闭闸前后渠池蓄量几乎不变。而且，在第4和第36个渠池中，淇河节制闸和漳河节制闸闸前水位稳定后涨幅在各情景下均未超过极限值。

4）稳定时间。在同一渠池中，各情景下，不同关闭历时下的稳定时间差异不大。在第4个渠池中，各情景下的稳定时间的平均值为18.54h；在第36个渠池中，各情景下的稳定时间的平均值为6.79h。

（2）异步同速闭闸方式。在异步同速闭闸方式下，分别以第4和第36个渠池两座节制闸15min关闭为例，展示水位变化过程（图6.2.5），其中，漳河节制闸闸前水位出现了“先降后升”的现象，且首次下降的幅度较小[图6.2.5(d)]。统计了这2个渠池在各情景下的水位波动过程特征参数[表6.2.4(a)、(b)]，分析如下。

表6.2.4(a)　异步同速闭闸方式下第4个渠池水位波动过程特征参数统计表

渠池流量	关闭历时/min	严陵河节制闸闸后水位首次下降过程			淇河节制闸闸前水位			稳定时间/h
		下降历时/min	最大降幅/m	第1个小时降幅/m	最大涨幅/m	最大涨幅出现时间/min	稳定后涨幅/m	
$30\%Q_{设}$	15+15	70	0.416	0.406	0.404	60	−0.027	18.17
	30+30	80	0.415	0.397	0.39	60	−0.027	20.17
	45+45	80	0.411	0.392	0.318	70	−0.03	19.33
	60+60	80	0.408	0.392	0.257	80	−0.03	19.33
	75+75	80	0.403	0.312	0.212	80	−0.032	18.50
	90+90	90	0.402	0.26	0.18	80	−0.032	17.67
	105+105	100	0.372	0.223	0.156	80	−0.03	16.67
	120+120	120	0.344	0.196	0.138	90	−0.03	14.83
	135+135	130	0.313	0.175	0.124	90	−0.03	12.83

续表

渠池流量	关闭历时/min	严陵河节制闸闸后水位首次下降过程			淇河节制闸闸前水位			稳定时间/h
		下降历时/min	最大降幅/m	第1个小时降幅/m	最大涨幅/m	最大涨幅出现时间/min	稳定后涨幅/m	
$30\%Q_{设}$	150+150	150	0.3	0.158	0.112	90	−0.031	12.5
	165+165	170	0.293	0.145	0.103	90	−0.031	12.83
$50\%Q_{设}$	15+15	80	0.694	0.658	0.665	60	0.06	20.17
	30+30	80	0.689	0.638	0.646	60	0.065	20.17
	45+45	90	0.678	0.623	0.557	70	0.062	20.33
	60+60	90	0.67	0.617	0.483	90	0.06	19.50
	75+75	90	0.661	0.489	0.414	90	0.059	19.67
	90+90	90	0.655	0.406	0.358	90	0.057	19.67
	105+105	110	0.63	0.348	0.317	100	0.057	18
$70\%Q_{设}$	15+15	90	0.967	0.874	0.91	60	0.214	21.17
	30+30	90	0.965	0.868	0.918	60	0.222	21.17
	45+45	90	0.957	0.841	0.866	80	0.225	20.33
	60+60	100	0.939	0.825	0.797	90	0.221	21.33
	75+75	100	0.929	0.649	0.69	100	0.219	20.50

表 6.2.4(b)　异步同速闭闸方式下第 36 个渠池水位波动过程特征参数统计表

渠池流量	关闭历时/min	安阳河河节制闸闸后水位首次下降过程			漳河节制闸闸前水位			稳定时间 h
		下降历时/min	最大降幅/m	第1个小时降幅/m	最大涨幅/m	最大涨幅出现时间/min	稳定后涨幅/m	
$30\%Q_{设}$	15+15	60	0.285	0.285	0.045	40	−0.185	5.67
	30+30	60	0.284	0.284	0.056	40	−0.184	5.67
	45+45	60	0.279	0.279	0.048	40	−0.183	4.33
	60+60	60	0.275	0.275	0.039	40	−0.182	4.33
	75+75	80	0.257	0.217	0.033	40	−0.181	2.5
	90+90	100	0.245	0.179	0.028	40	−0.181	2.5
	105+105	110	0.248	0.152	0.025	40	−0.182	3.5
$50\%Q_{设}$	15+15	60	0.455	0.455	0.194	40	−0.245	6.33
	30+30	60	0.458	0.458	0.149	40	−0.255	6.5
	45+45	60	0.445	0.445	0.121	50	−0.252	6
	60+60	70	0.438	0.433	0.114	50	−0.25	5
$70\%Q_{设}$	15+15	70	0.707	0.706	0.326	50	−0.322	6.67
	30+30	70	0.718	0.706	0.328	50	−0.331	6.83

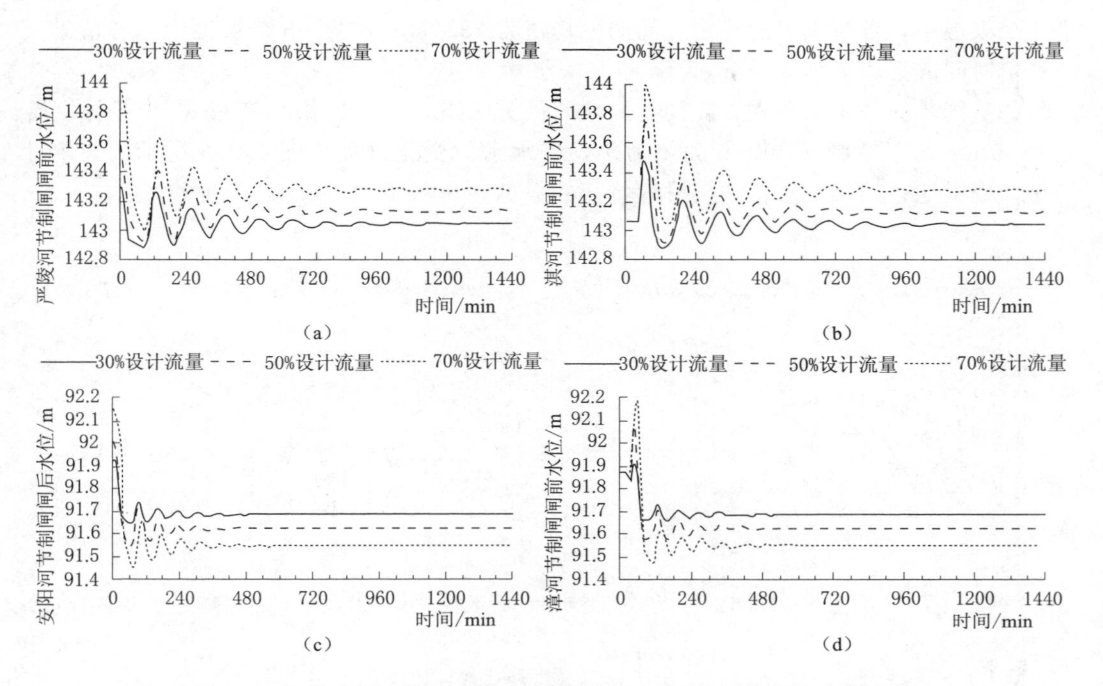

图 6.2.5 异步同速闭闸方式两座节制闸 15min 关闭的水位变化过程

(a) 严陵河；(b) 淇河；(c) 安阳河；(d) 漳河

1) 上节制闸闸后水位首次最大降速。在同一渠池中：在同一流量下，关闭历时越长，上节制闸闸后水位首次最大降速越小；在同一关闭历时下，流量越大，上节制闸闸后水位首次最大降速越大。但是，在第 4 个渠池中，严陵河节制闸闸后水位首次最大降速仅在 30％设计流量下 2 座节制闸 165min 关闭时小于安全标准（0.15m/h），其余情景下均超过安全标准；在第 36 个渠池中，安阳河节制闸闸后水位首次最大降速在各情景下均超过安全标准。

2) 下节制闸闸前水位最大涨幅。在同一渠池中：在同一流量下，关闭历时越长，下节制闸闸前水位最大涨幅越小；在同一关闭历时下，流量越大，下节制闸闸前水位最大涨幅越大。但是，在第 4 个渠池中，淇河节制闸闸前水位最大涨幅在 70％设计流量下 2 座节制闸关闭历时小于 60min 时超过极限值（0.81m），其余情景下均未超过极限值；在第 36 个渠池中，漳河节制闸闸前水位最大涨幅在各情景下均未超过极限值（0.48m）。

3) 下节制闸闸前水位稳定后涨幅。在同一渠池中，同一流量下，不同关闭历时下，下节制闸闸前水位稳定后涨幅几乎一样。在第 4 个渠池中，淇河节制闸闸前水位稳定后涨幅在 30％设计流量下小于 0；在第 36 个渠池中，漳河节制闸闸前水位稳定后涨幅在各情景下均小于 0。而且，在第 4 和第 36 个渠池中，淇河节制闸和漳河节制闸闸前水位稳定后涨幅分别在各情景下均未超过极限值。

4) 稳定时间。在同一渠池中，各情景下不同关闭历时下的稳定时间差异不大。在

第 4 个渠池中，各情景下的稳定时间的平均值为 18.47h；在第 36 个渠池中，各情景下的稳定时间的平均值为 5.06h。

（3）同步异速闭闸方式。在同步异速闭闸方式下，分别以第 4 和第 36 个渠池上节制闸 15min 与下节制闸 30min 关闭为例，展示水位变化过程如图 6.2.6 所示，并统计了这 2 个渠池各情景下水位波动过程特征参数见表 6.2.5(a)、(b)，分析如下。

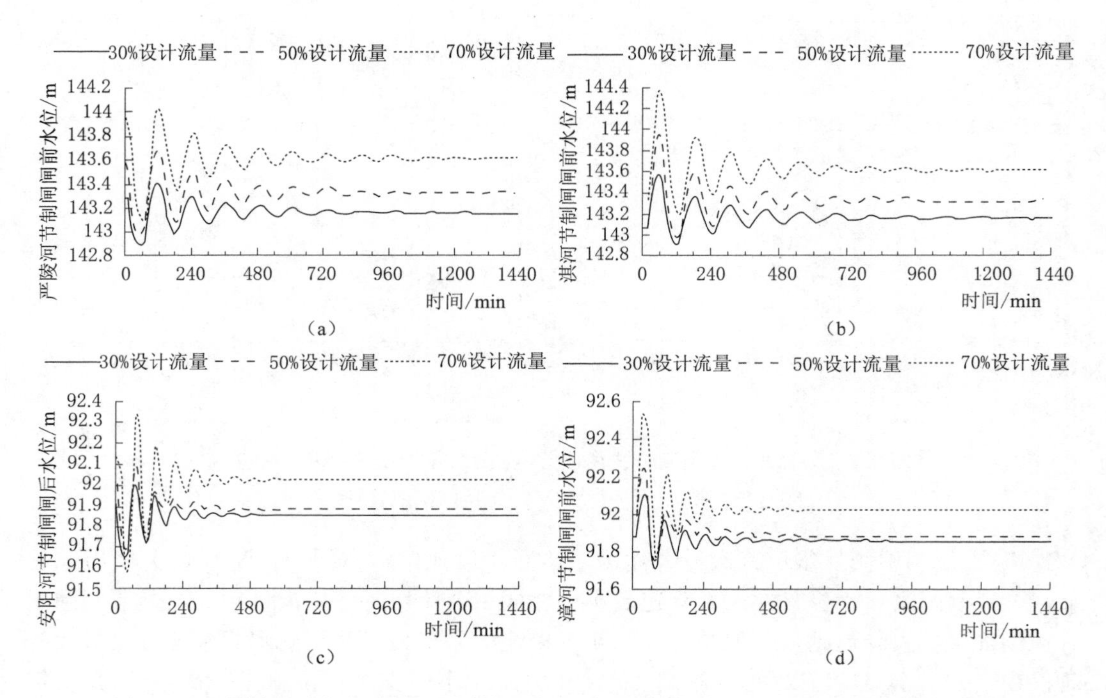

图 6.2.6　同步异速闭闸方式上节制闸 15min 与下节制闸 30min 关闭的水位变化过程
（a）严陵河；（b）淇河；（c）安阳河；（d）漳河

表 6.2.5(a)　　同步异速闭闸方式下第 4 个渠池水位波动过程特征参数统计表

渠池流量	关闭历时/min	严陵河节制闸闸后水位首次下降过程			淇河节制闸闸前水位			稳定时间/h
		下降历时/min	最大降幅/m	第 1 个小时降幅/m	最大涨幅/m	最大涨幅出现时间/min	稳定后涨幅/m	
30%$Q_{设}$	15+30	50	0.398	0.398	0.514	50	0.099	17.67
	15+45	50	0.396	0.396	0.475	50	0.056	19
	15+60	60	0.397	0.397	0.391	50	0.016	19
	15+75	60	0.399	0.399	0.316	50	−0.026	18
	15+90	60	0.4	0.4	0.265	50	−0.066	15.83
	15+105	60	0.401	0.401	0.227	50	−0.106	15.67
	15+120	60	0.402	0.402	0.199	50	−0.144	15.5

续表

渠池流量	关闭历时/min	严陵河节制闸闸后水位首次下降过程			淇河节制闸闸前水位			稳定时间/h
		下降历时/min	最大降幅/m	第1个小时降幅/m	最大涨幅/m	最大涨幅出现时间/min	稳定后涨幅/m	
30%$Q_{设}$	15+135	60	0.402	0.402	0.177	50	−0.185	17.83
	15+150	60	0.403	0.403	0.159	50	−0.224	17.83
	15+165	60	0.403	0.403	0.144	50	−0.266	18.83
50%$Q_{设}$	15+30	60	0.645	0.645	0.877	50	0.261	20.67
	15+45	60	0.652	0.652	0.8	50	0.193	20.83
	15+60	60	0.654	0.654	0.677	60	0.131	20.83
	15+75	60	0.655	0.655	0.537	60	0.066	19
	15+90	60	0.656	0.656	0.444	50	0.004	18
	15+105	60	0.656	0.656	0.38	50	−0.058	15.83
70%$Q_{设}$	15+30	60	0.879	0.879	1.305	50	0.547	20.5
	15+45	60	0.879	0.879	1.187	60	0.462	20.67
	15+60	70	0.882	0.877	1.097	60	0.378	20.83
	15+75	70	0.893	0.877	0.89	60	0.289	20

表 6.2.5(b)　同步异速闭闸方式下第 36 个渠池水位波动过程特征参数统计表

渠池流量	关闭历时/min	安阳河节制闸闸后水位首次下降过程			漳河节制闸闸前水位			稳定时间/h
		下降历时/min	最大降幅/m	第1个小时降幅/m	最大涨幅/m	最大涨幅出现时间/min	稳定后涨幅/m	
30%$Q_{设}$	15+30	20	0.253	0.253	0.24	30	−0.015	7.17
	15+45	20	0.253	0.253	0.155	20	−0.073	7
	15+60	30	0.254	0.254	0.126	20	−0.126	6
	15+75	30	0.255	0.255	0.105	20	−0.182	6.5
	15+90	30	0.256	0.256	0.089	20	−0.236	7
	15+105	30	0.257	0.257	0.078	20	−0.293	7.17
50%$Q_{设}$	15+30	30	0.385	0.385	0.399	30	0.013	7.67
	15+45	30	0.393	0.393	0.305	20	−0.077	7.67
	15+60	30	0.396	0.396	0.249	30	−0.157	6.67
70%$Q_{设}$	15+30	30	0.561	0.561	0.674	20	0.156	8.83

1）上节制闸闸后水位首次最大降速。在同一渠池中：在同一流量下，上节制闸闸后水位首次最大降速在下节制闸不同关闭历时下几乎一样；下节制闸在同一关闭历时下，流量越大，上节制闸闸后水位首次最大降速越大。但是，在第 4 和第 36 个

渠池中，严陵河节制闸和安阳河节制闸闸后水位首次最大降速在各情景下均超过安全标准。

2）下节制闸闸前水位最大涨幅。在同一渠池中：在同一流量下，下节制闸关闭历时越长，下节制闸闸前水位最大涨幅越小；在同一关闭历时下，流量越大，下节制闸闸前水位最大涨幅越大。但是，在第4个渠池中，淇河节制闸闸前水位最大涨幅在50%设计流量下淇河节制闸30min关闭和70%设计流量下超过极限值（0.81m），其余情景下均未超过极限值；在第36个渠池中，漳河节制闸闸前水位最大涨幅仅在70%设计流量下超过极限值（0.48m），其余情景下均未超过极限值。

3）下节制闸闸前水位稳定后涨幅。在同一渠池中：同一流量下，下节制闸关闭历时越长，下节制闸闸前水位稳定后涨幅越小。在第4个渠池中，淇河节制闸闸前水位稳定后涨幅在30%设计流量下淇河节制闸关闭历时大于60min和50%设计流量下淇河节制闸105min关闭时小于0；在第36个渠池中，漳河节制闸闸前水位稳定后涨幅仅在50%设计流量下漳河节制闸30min关闭和70%设计流量下大于0。而且，在第4和第36个渠池中，淇河节制闸和漳河节制闸闸前水位稳定后涨幅在各情景下均未超过极限值。

4）稳定时间。在同一渠池中，各情景下不同关闭历时下的稳定时间差异不大。在第4个渠池中，各情景下的稳定时间的平均值为18.62h；在第36个渠池中，各情景下的稳定时间的平均值为7.17h。

（4）异步异速闭闸方式。在异步异速闭闸方式下，分别以第4和第36个渠池上节制闸15min与下节制闸30min关闭为例展示水位变化过程（图6.2.7），其中，漳河节制闸闸前水位出现了“先降后升”的现象，且首次下降的幅度较小［图6.2.7(d)］。统计了这2个渠池各情景下水位波动过程特征参数［表6.2.6(a)和(b)］，分析如下。

表6.2.6(a)　异步异速闭闸方式下第4个渠池水位波动过程特征参数统计表

渠池流量	关闭历时/min	严陵河节制闸闸后水位首次下降过程			淇河节制闸闸前水位			稳定时间/h
		下降历时/min	最大降幅/m	第1个小时降幅/m	最大涨幅/m	最大涨幅出现时间/min	稳定后涨幅/m	
30%$Q_设$	15+30	70	0.415	0.406	0.341	60	-0.069	18.17
	15+45	70	0.414	0.406	0.203	60	-0.109	17.17
	15+60	70	0.414	0.406	0.132	60	-0.148	14.17
	15+75	70	0.414	0.406	0.096	50	-0.189	14.17
	15+90	70	0.414	0.406	0.079	50	-0.227	14.33
	15+105	70	0.414	0.406	0.067	50	-0.266	16.67
	15+120	70	0.414	0.406	0.058	50	-0.306	17.67
	15+135	70	0.414	0.406	0.051	50	-0.347	17

续表

渠池流量	关闭历时/min	严陵河节制闸闸后水位首次下降过程			淇河节制闸闸前水位			稳定时间/h
		下降历时/min	最大降幅/m	第1个小时降幅/m	最大涨幅/m	最大涨幅出现时间/min	稳定后涨幅/m	
30%$Q_{设}$	15+150	70	0.414	0.406	0.046	50	−0.389	18
	15+165	70	0.414	0.406	0.041	50	−0.431	17.17
50%$Q_{设}$	15+30	80	0.689	0.656	0.58	60	0.009	20.17
	15+45	100	0.696	0.658	0.353	60	−0.06	19.17
	15+60	100	0.727	0.658	0.236	60	−0.123	16.5
	15+75	110	0.753	0.658	0.166	60	−0.185	12.83
	15+90	120	0.78	0.658	0.12	50	−0.243	16.33
	15+105	160	0.812	0.658	0.1	50	−0.305	17.5
70%$Q_{设}$	15+30	90	0.969	0.874	0.905	60	0.21	21.17
	15+45	90	0.976	0.874	0.709	70	0.121	20.33
	15+60	100	0.999	0.874	0.474	70	0.035	19.5
	15+75	110	1.046	0.874	0.329	70	−0.051	16.83

表 6.2.6(b)　异步异速闭闸方式下第36个渠池水位波动过程特征参数统计表

渠池流量	关闭历时/min	安阳河节制闸闸后水位首次下降过程			漳河节制闸闸前水位			稳定时间/h
		下降历时/min	最大降幅/m	第1个小时降幅/m	最大涨幅/m	最大涨幅出现时间/min	稳定后涨幅/m	
30%$Q_{设}$	15+30	70	0.322	0.307	0	—	−0.235	4.33
	15+45	90	0.41	0.313	0	—	−0.292	6.83
	15+60	90	0.478	0.316	0	—	−0.346	7
	15+75	100	0.533	0.317	0	—	−0.404	6.67
	15+90	100	0.572	0.318	0	—	−0.46	6
	15+105	100	0.599	0.319	0	—	−0.517	4.83
50%$Q_{设}$	15+30	70	0.509	0.487	0.068	40	−0.323	5.5
	15+45	90	0.625	0.494	0	—	−0.41	7
	15+60	100	0.73	0.496	0	—	−0.492	7.17
70%$Q_{设}$	15+30	70	0.722	0.708	0.32	50	−0.336	7.17

1）上节制闸闸后水位首次最大降速。在同一渠池中：在同一流量下，上节制闸闸后水位首次最大降速在下节制闸不同关闭历时下几乎一样；在同一关闭历时下，下节制闸流量越大，上节制闸闸后水位首次最大降速越大。但是，在第4和36个渠池中，严

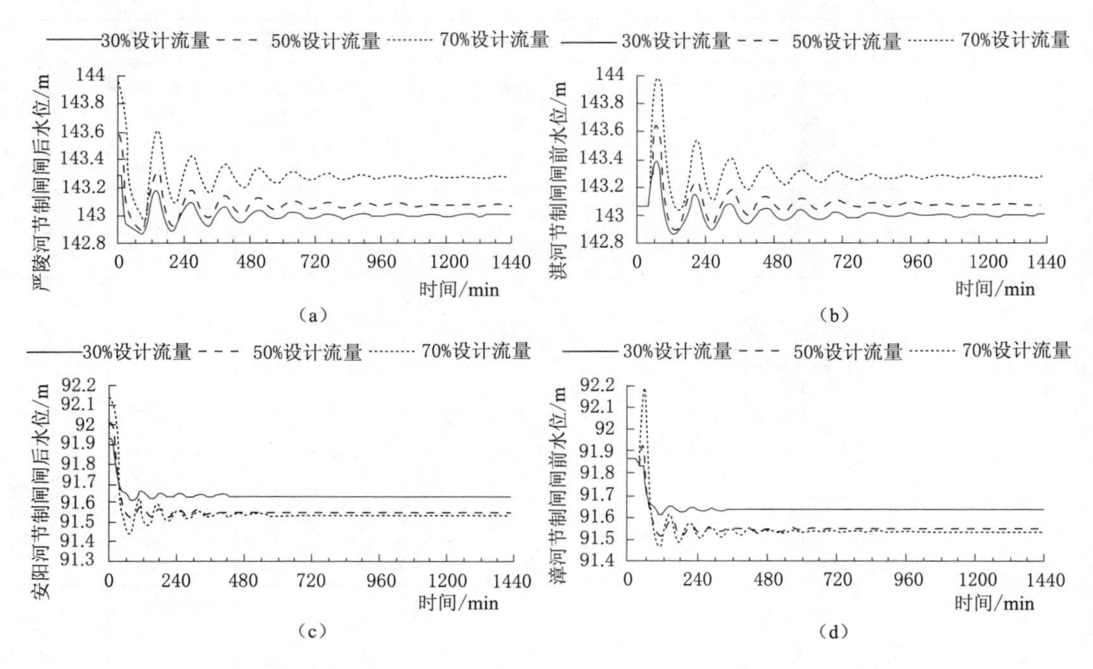

图6.2.7　异步异速闭闸方式上节制闸15min与下节制闸30min关闭的水位变化过程

(a) 严陵河；(b) 淇河；(c) 安阳河；(d) 漳河

陵河节制闸和安阳河节制闸闸后水位首次最大降速在各情景下均超过安全标准。

2）下节制闸闸前水位最大涨幅。在同一渠池中：在同一流量下，下节制闸关闭历时越长，下节制闸闸前水位最大涨幅越小；在同一关闭历时下，流量越大，下节制闸闸前水位最大涨幅越大。但是，在第4个渠池中，淇河节制闸闸前水位最大涨幅仅在70%设计流量下淇河节制闸30min关闭时超过极限值（0.81m），其余情景下均未超过极限值；在第36个渠池中，漳河节制闸闸前水位最大涨幅在各情景下均未超过极限值。

3）下节制闸闸前水位稳定后涨幅。在同一渠池中，同一流量下，下节制闸关闭历时越长，下节制闸闸前水位稳定后涨幅越小。在第4个渠池中，淇河节制闸闸前水位稳定后涨幅仅在50%设计流量下淇河节制闸30min关闭时、70%设计流量下下节制闸关闭历时小于75min时大于0；在第36个渠池中，漳河节制闸闸前水位稳定后涨幅在各情景下均小于0。而且，在第4和第36个渠池中，淇河节制闸和漳河节制闸闸前水位稳定后涨幅在各情景下均未超过极限值。

4）稳定时间。在同一渠池中，各情景下不同关闭历时下的稳定时间差异不大。在第4个渠池中，各情景下的稳定时间的平均值为17.24h；在第36个渠池中，各情景下的稳定时间的平均值为6.25h。

（5）对比分析。对比表6.2.4(a) 和表6.2.3(a)、表6.2.4(b) 和表6.2.3(b) 中

的特征参数可知，当渠池流量和两座节制闸关闭历时相同时，异步与同步相比：①严陵河节制闸闸后水位首次最大降速几乎一样；而安阳河节制闸闸后水位首次最大降速增大，在第36个渠池30%、50%和70%设计流量下分别平均增大0.085m/h、0.128m/h和0.146m/h。②淇河节制闸和漳河节制闸闸前水位最大涨幅分别减小，部分情景下减小到极限值以内；淇河节制闸闸前水位最大涨幅在第4个渠池30%、50%和70%设计流量下分别平均减小0.14m、0.261m和0.378m，漳河节制闸闸前水位最大涨幅在第36个渠池30%、50%和70%设计流量下分别平均减小0.141m、0.23m和0.352m。③淇河节制闸和漳河节制闸闸前水位稳定后涨幅分别减小，且淇河节制闸闸前水位稳定后涨幅在第4个渠池30%、50%和70%设计流量下分别平均减小0.162m、0.251m和0.337m，漳河节制闸闸前水位稳定后涨幅在第36个渠池30%、50%和70%设计流量下分别平均减小0.22m、0.337m和0.49m。④第4个渠池水流稳定时间几乎一样；而第36个渠池水流稳定时间略小，在30%、50%和70%设计流量下分别平均减小1.881h、1.418h和1.83h。

对比表6.2.6(a)和表6.2.5(a)、表6.2.6(b)和表6.2.5(b)中的特征参数可知，当渠池流量和两座节制闸关闭历时相同时，异步与同步相比：①严陵河节制闸闸后水位首次最大降速几乎一样；而安阳河节制闸闸后水位首次最大降速增大，在第36个渠池30%、50%和70%设计流量下分别平均增大0.06m/h、0.101m/h和0.147m/h。②淇河节制闸和漳河节制闸闸前水位最大涨幅分别减小，部分情景下减小到极限值以内；淇河节制闸闸前水位最大涨幅在第4个渠池30%、50%和70%设计流量下分别平均减小0.175m、0.36m和0.516m，漳河节制闸闸前水位最大涨幅在第36个渠池30%、50%和70%设计流量下分别平均减小0.132m、0.295m和0.354m。③淇河节制闸和漳河节制闸闸前水位稳定后涨幅分别减小，且淇河节制闸闸前水位稳定后涨幅在第4个渠池30%、50%和70%设计流量下分别平均减小0.164m、0.251m和0.34m，漳河节制闸闸前水位稳定后涨幅在第36个渠池30%、50%和70%设计流量下分别平均减小0.222m、0.335m和0.492m。④第4个渠池水流稳定时间总体略小，在30%、50%和70%设计流量下分别平均减小1.064h、2.11h和1.043h；而第36个渠池水流稳定时间总体略小，在30%、50%和70%设计流量下分别平均减小0.863h、0.78h和1.66h。

对比表6.2.5(a)和表6.2.3(a)、表6.2.5(b)和表6.2.3(b)中的特征参数可知，在同一渠池流量下，当上节制闸关闭历时相同（15min）时，异速（下节制闸关闭历时为30min、45min、60min…）与同速（下节制闸15min关闭）相比：①严陵河节制闸和安阳河节制闸闸后水位首次最大降速均几乎相同。②淇河节制闸和漳河节制闸闸前水位最大涨幅分别减小，部分情景下减小到极限值以内，且下节制闸关闭历时越长，减小得越多；淇河节制闸闸前水位最大涨幅在第4个渠池30%、50%和70%设计流量下分别平均减小0.238m、0.277m和0.251m，漳河节制闸闸前水位最大涨幅在第36个渠池30%、50%和70%设计流量下分别平均减小0.151m、0.133m和0.009m。③淇河

节制闸和漳河节制闸闸前水位稳定后涨幅分别减小，且下节制闸关闭历时越长，减小得越多；淇河节制闸闸前水位稳定后涨幅在第 4 个渠池 30%、50%和 70%设计流量下分别平均减小 0.22m、0.211m 和 0.129m，漳河节制闸闸前水位稳定后涨幅在第 36 个渠池 30%、50%和 70%设计流量下分别平均减小 0.191m、0.168m 和 0.011m。④第 4 个渠池水流稳定时间略小，在 30%、50%和 70%设计流量下分别平均减小 2.154h、1.477h 和 0；而第 36 个渠池水流稳定时间几乎一样。

对比表 6.2.6(a) 和表 6.2.4(a)、表 6.2.6(b) 和表 6.2.4(b) 中的特征参数可知，在同一渠池流量和异步操作时间下，当上节制闸关闭历时相同（15min）时，异速（下节制闸关闭历时为 30min、45min、60min…）与同速（下节制闸 15min 关闭）相比：①严陵河节制闸和安阳河节制闸闸后水位首次最大降速均几乎相同。②淇河节制闸和漳河节制闸闸前水位最大涨幅分别减小，部分情景下减小到极限值以内，且下节制闸关闭历时越长，减小得越多；淇河节制闸闸前水位最大涨幅在第 4 个渠池 30%、50%和 70%设计流量下分别平均减小 0.293m、0.406m 和 0.306m，漳河节制闸闸前水位最大涨幅在第 36 个渠池 30%、50%和 70%设计流量下分别平均减小 0.045m、0.171m 和 0.006m。③淇河节制闸和漳河节制闸闸前水位稳定后涨幅分别减小，且下节制闸关闭历时越长，减小得越多；淇河节制闸闸前水位稳定后涨幅在第 4 个渠池 30%、50%和 70%设计流量下分别平均减小 0.221m、0.211m 和 0.135m，漳河节制闸闸前水位稳定后涨幅在第 36 个渠池 30%、50%和 70%设计流量下分别平均减小 0.191m、0.163m 和 0.014m。④第 4 个渠池水流稳定时间略小，在 30%、50%和 70%设计流量下分别平均减小 1.718h、3.087h 和 1.713h；而第 36 个渠池水流稳定时间差异较小。

因此，在同一渠池中：当渠池流量和两座节制闸关闭历时相同时，与同步相比，异步可以减小下节制闸闸前水位最大涨幅和稳定后涨幅，且渠池流量越大，减小得越多；对于上节制闸闸后水位首次最大降速和稳定时间，总体上可认为作用很小。当渠池流量和上节制闸关闭历时相同时，与同速相比（下节制闸关闭历时大于上节制闸关闭历时），异速可以减小下节制闸闸前水位最大涨幅和稳定后涨幅，且渠池流量越大、下节制闸关闭历时越长，减小得越多；对于上节制闸闸后水位首次最大降速和稳定时间，总体上可认为作用很小。此外，认为稳定时间主要由渠池长度决定，因为，在同一渠池中，当流量和闭闸过程不相同时，稳定时间差异不大；而第 4 个渠池在各情景下的稳定时间比第 36 个渠池均要大很多。

6.2.2　两座节制闸快速关闭并启用退水闸

6.2.2.1　退水闸启用方式

对于有退水闸的事故渠池，如果两座节制闸快速关闭引起的水位波动过程较为剧烈，危及工程安全，或者需要将污染的水体排出渠外，则可启用退水闸。因此，存在快速关闭事故渠池两座节制闸并启用退水闸的应急调度方式。确定退水闸启用过程（图 6.2.8）需要解决 4 个问题：退水闸什么时候（T_0）开启、用多长时间（T_1-T_0）

开至退水流量（Q_0）、退水流量维持多长时间（T_2-T_1）、用多长时间（T_3-T_2）关闭退水闸？

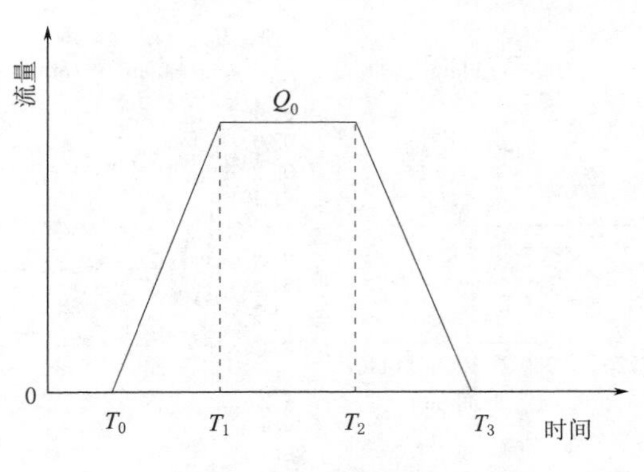

图 6.2.8 退水闸启用过程

6.2.2.2 情景设置

为了分析快速关闭事故渠池两座节制闸并启用退水闸的应急调度方式，假设第 36 个渠池为事故渠池。对于两座节制闸快速关闭引起的水位波动过程较为剧烈而需启用退水闸的情形，针对上一节中漳河节制闸闸前水位最大涨幅超过极限值的 3 种情景（70%设计流量下同步同速闭闸和同步异速闭闸），由于漳河节制闸闸前水位最大涨幅出现时间较快［表 6.2.3(b) 和表 6.2.5(b)］，假设漳河退水闸与两座节制闸同步开启；退水流量设为 2 种（60m^3/s 和 120m^3/s）；退水闸开启和关闭历时都设为 15min；退水流量维持时间设为 2 种（15min 和 30min）。对于需要将污染水体排出渠外的情形，针对 6.2.1 节中第 36 个渠池两座节制闸的 46 种关闭情景（表 6.2.2），由于漳河退水闸与漳河节制闸距离较近，假设漳河退水闸与漳河节制闸同步开启；退水流量设为 2 种（60m^3/s 和 120m^3/s）；退水闸开启历时设为 15min；在渠池水体排完后再关闭。则共有 104 种情景。

6.2.2.3 结果分析

利用水力学模型模拟上述各情景下的水力响应过程，发现对于两座节制闸快速关闭引起的水位波动过程较为剧烈而启用退水闸的情形，安阳河节制闸的闸后水位都是"先降后升"，而漳河节制闸闸前水位都是"先升后降"，且波动幅度随着时间增长而逐渐减小，最终达到稳定状态，因此使用上节制闸闸后水位首次最大降速、下节制闸闸前水位最大涨幅、下节制闸闸前水位稳定后涨幅和稳定时间 4 个特征参数来分析其水力响应特性；对于启用退水闸将污染水体排出渠外的情形，安阳河节制闸的闸后水位都是"先降后升"，而漳河节制闸闸前水位仅在同步同速和同步异速闭闸方式并启用漳河退水闸的情景下"先升后降"，水位在波动几次后持续下降，直至渠池水体排完，因此仅使用上节制闸闸后水位首次最大降速和下节制闸闸前水位最大涨幅这 2 个特征参数来分析其水力响应特性。

（1）70%设计流量下同步同速闭闸并启用漳河退水闸。对于第 36 个渠池 70%设计流量

下同步同速闭闸并启用漳河退水闸的情景，以两座节制闸 15min 关闭为例展示水位变化过程（图 6.2.9），并统计了各情景下水位波动过程特征参数（表 6.2.7），分析如下。

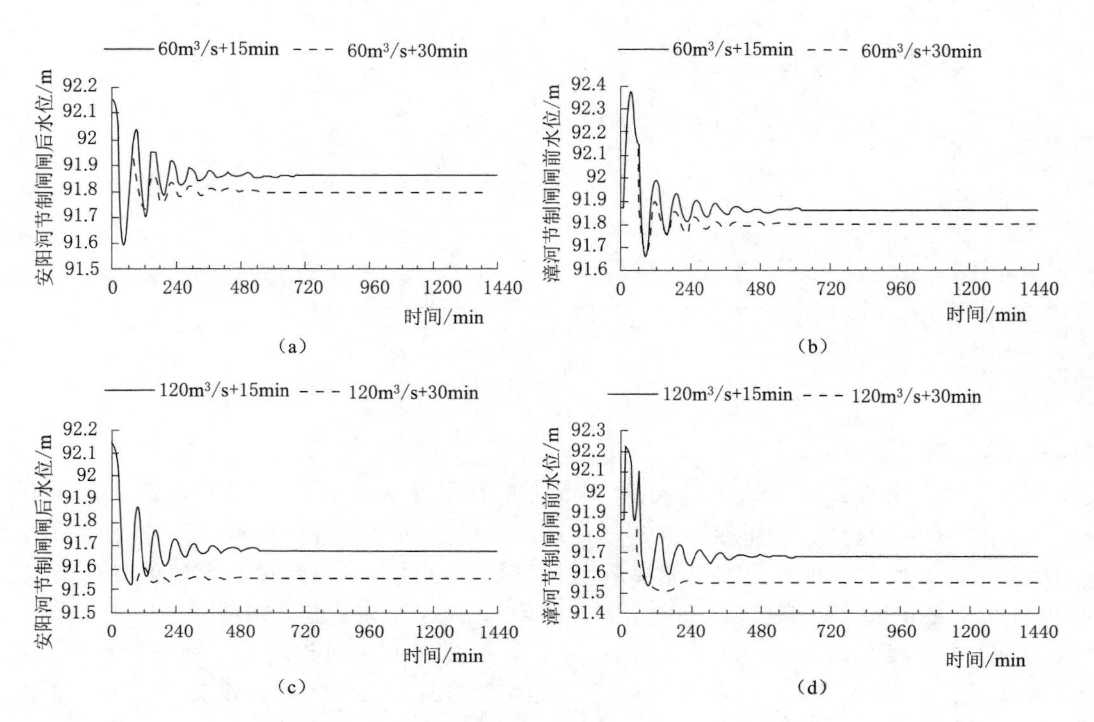

图 6.2.9 70%设计流量下两座节制闸 15min 关闭并启用漳河退水闸的水位变化过程

(a) 安阳河 $60m^3/s$；(b) 漳河 $60m^3/s$；(c) 安阳河 $120m^3/s$；(d) 漳河 $120m^3/s$

表 6.2.7 70%设计流量下同步同速闭闸并启用漳河退水闸的水位波动过程特征参数统计表

退水流量 /(m^3/s)	维持时间 /min	关闭历时 /min	安阳河节制闸闸后水位首次下降过程			漳河节制闸闸前水位			稳定时间/h
			下降历时 /min	最大降幅 /m	第 1 个小时降幅/m	最大涨幅 /m	最大涨幅出现时间 /min	稳定后涨幅/m	
60	15	15+15	30	0.561	0.561	0.507	20	−0.01	8.33
		30+30	30	0.561	0.561	0.501	20	−0.017	8.33
	30	15+15	30	0.561	0.561	0.507	20	−0.071	7.67
		30+30	30	0.561	0.561	0.501	20	−0.078	7.83
120	15	15+15	60	0.623	0.623	0.359	10	−0.19	7.67
		30+30	60	0.645	0.645	0.318	10	−0.196	7.67
	30	15+15	60	0.629	0.629	0.359	10	−0.314	6
		30+30	60	0.651	0.651	0.318	10	−0.321	6

1）上节制闸闸后水位首次最大降速。退水流量和两座节制闸关闭历时相同时，不同退水流量维持时间下，安阳河节制闸闸后水位首次最大降速几乎一样；两座节制闸在同一关闭历时下，退水流量越大，安阳河节制闸闸后水位首次最大降速越大。而且，安阳河节制闸闸后水位首次最大降速在各情景下均超过安全标准。

2）下节制闸闸前水位最大涨幅。退水流量和两座节制闸的关闭历时相同时，退水流量维持时间越长，漳河节制闸闸前水位最大涨幅越小；在同一退水流量和退水流量维持时间下，两座节制闸关闭历时越长，漳河节制闸闸前水位最大涨幅越小；两座节制闸的关闭历时和退水流量维持时间相同时，退水流量越大，漳河节制闸闸前水位最大涨幅越小。但是，漳河节制闸闸前水位最大涨幅在退水流量为 $60m^3/s$ 下的 4 种情景超过极限值，其余情景下均未超过极限值。

3）下节制闸闸前水位稳定后涨幅。退水流量和两座节制闸的关闭历时相同时，退水流量维持时间越长，漳河节制闸闸前水位稳定后涨幅越小（降幅越大）；在同一退水流量和退水流量维持时间下，两座节制闸关闭历时不同时，漳河节制闸闸前水位稳定后涨幅几乎一样；两座节制闸的关闭历时和退水流量维持时间相同时，退水流量越大，漳河节制闸闸前水位稳定后涨幅越小。而且，漳河节制闸闸前水位稳定后涨幅在各情景下均未超过极限值。

4）稳定时间。各情景下的稳定时间差异不大，各情景下的稳定时间的平均值为 7.44h。

（2）70%设计流量下同步异速闭闸并启用漳河退水闸。第 36 个渠池 70%设计流量下同步异速闭闸只有 1 种闭闸情景，在此情景下启用漳河退水闸的水位变化过程如图6.2.10 所示，并统计了各情景下水位波动过程特征参数（表 6.2.8），分析如下。

表 6.2.8　70%设计流量下同步异速闭闸并启用漳河退水闸的水位波动过程特征参数统计表

退水流量 /(m^3/s)	维持时间 /min	关闭历时 /min	安阳河节制闸闸后水位首次下降过程			漳河节制闸闸前水位			稳定时间/h
			下降历时 /min	最大降幅 /m	第 1 个小时降幅 /m	最大涨幅 /m	最大涨幅出现时间 /min	稳定后涨幅/m	
60	15	15+30	30	0.562	0.562	0.501	20	−0.021	7.83
	30	15+30	30	0.562	0.562	0.501	20	−0.082	7.83
120	15	15+30	60	0.648	0.648	0.318	10	−0.2	8.17
	30	15+30	60	0.653	0.653	0.318	10	−0.325	5.5

1）上节制闸闸后水位首次最大降速。在同一退水流量下，安阳河节制闸闸后水位首次最大降速在不同退水流量维持时间下几乎一样；在同一退水流量维持时间下，退水流量越大，安阳河节制闸闸后水位首次最大降速越大。而且，安阳河节制闸闸后水位首

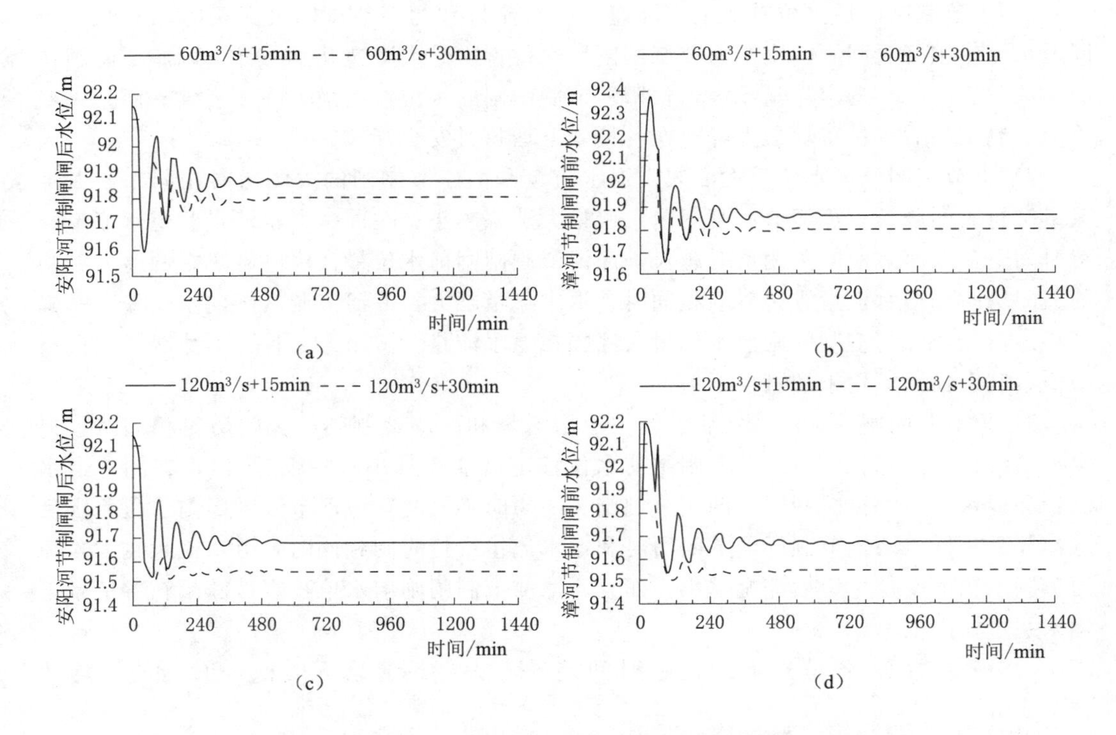

图 6.2.10　70%设计流量下同步异速闭闸并启用漳河退水闸的水位变化过程

(a) 安阳河 $60m^3/s$；(b) 漳河 $60m^3/s$；(c) 安阳河 $120m^3/s$；(d) 漳河 $120m^3/s$

次最大降速在各情景下均超过安全标准。

2）下节制闸闸前水位最大涨幅。在同一退水流量下，退水流量维持时间不同时，漳河节制闸闸前水位最大涨幅不变；在同一退水流量维持时间下，退水流量越大，漳河节制闸闸前水位最大涨幅越小。但是，漳河节制闸闸前水位最大涨幅在退水流量为 $60m^3/s$ 的 2 种情景下超过极限值，其余情景下均未超过极限值。

3）下节制闸闸前水位稳定后涨幅。在同一退水流量下，退水流量维持时间越长，漳河节制闸闸前水位稳定后涨幅越小；在同一退水流量维持时间下，退水流量越大，漳河节制闸闸前水位稳定后涨幅越小。而且，漳河节制闸闸前水位稳定后涨幅在各情景下均未超过极限值。

4）稳定时间。各情景下的稳定时间差异不大，各情景下的稳定时间的平均值为 7.33h。

（3）同步同速闭闸并启用漳河退水闸。在同步同速闭闸并启用退水闸方式下，分别以第 36 个渠池两座节制闸 15min 关闭以及漳河退水闸 15min 开至 $60m^3/s$ 和漳河退水闸 15min 开至 $120m^3/s$ 为例展示水位变化过程（图 6.2.11），并统计了各情景下水位波动过程特征参数（表 6.2.9），分析如下：

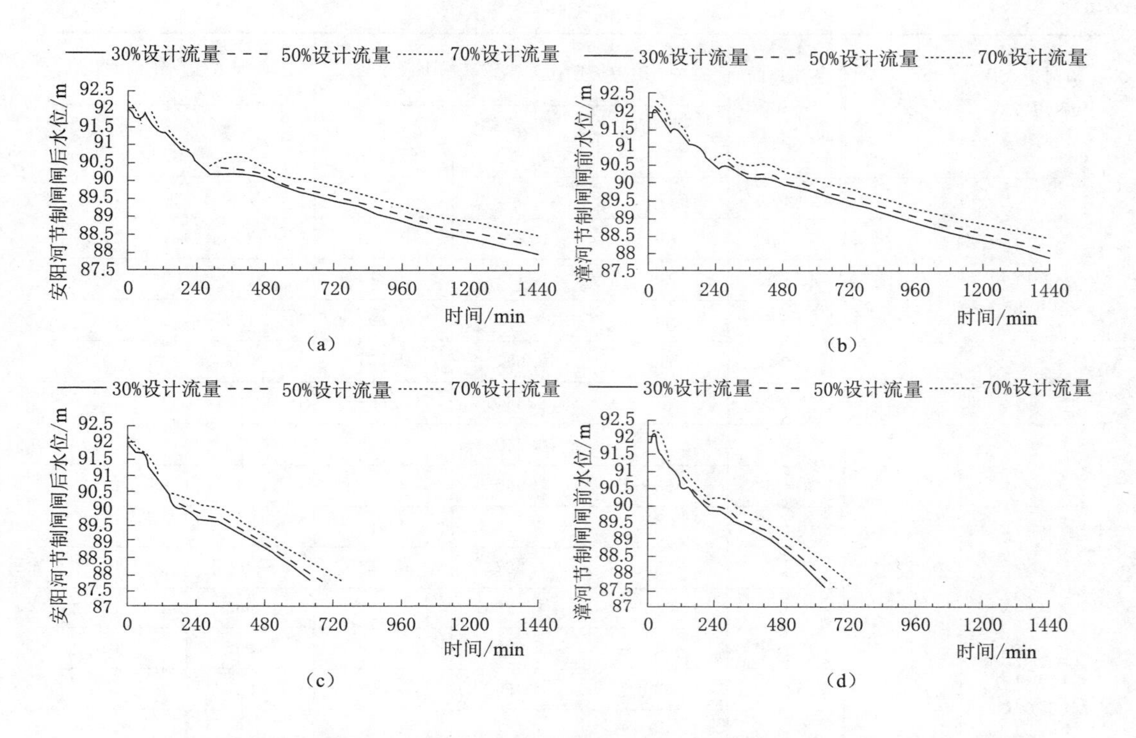

图 6.2.11 同步同速闭闸并启用漳河退水闸方式下两座节制闸 15min 关闭的水位变化过程

(a) 漳河退水闸 15min 开至 60m³/s 情景下安阳河节制闸闸后水位变化过程；

(b) 漳河退水闸 15min 开至 60m³/s 情景下漳河节制闸闸前水位变化过程；

(c) 漳河退水闸 15min 开至 120m³/s 情景下安阳河节制闸闸后水位变化过程；

(d) 漳河退水闸 15min 开至 120m³/s 情景下漳河节制闸闸前水位变化过程

表 6.2.9 同步同速闭闸并启用漳河退水闸方式下水位波动过程特征参数统计表

漳河退水闸启用方式	渠池流量	关闭历时/min	安阳河节制闸闸后水位首次下降过程			漳河节制闸闸前水位	
			下降历时/min	最大降幅/m	第1个小时降幅/m	最大涨幅/m	最大涨幅出现时间/min
15min 开至 60m³/s	30%$Q_{设}$	15+15	20	0.251	0.251	0.213	10
		30+30	30	0.244	0.244	0.144	10
		45+45	70	0.378	0.372	0.104	10
		60+60	70	0.45	0.423	0.08	10
		75+75	70	0.474	0.39	0.065	10
		90+90	310	1.863	0.366	0.055	10
		105+105	320	1.855	0.349	0.047	10

续表

<table>
<tr><th rowspan="2">漳河退水闸启用方式</th><th rowspan="2">渠池流量</th><th rowspan="2">关闭历时/min</th><th colspan="3">安阳河节制闸闸后水位首次下降过程</th><th colspan="2">漳河节制闸闸前水位</th></tr>
<tr><th>下降历时/min</th><th>最大降幅/m</th><th>第 1 个小时降幅/m</th><th>最大涨幅/m</th><th>最大涨幅出现时间/min</th></tr>
<tr><td rowspan="6">15min 开至 60m³/s</td><td rowspan="4">50%$Q_{设}$</td><td>15+15</td><td>20</td><td>0.382</td><td>0.382</td><td>0.401</td><td>10</td></tr>
<tr><td>30+30</td><td>30</td><td>0.381</td><td>0.381</td><td>0.261</td><td>10</td></tr>
<tr><td>45+45</td><td>60</td><td>0.414</td><td>0.414</td><td>0.176</td><td>10</td></tr>
<tr><td>60+60</td><td>60</td><td>0.493</td><td>0.493</td><td>0.132</td><td>10</td></tr>
<tr><td rowspan="2">70%$Q_{设}$</td><td>15+15</td><td>30</td><td>0.561</td><td>0.561</td><td>0.507</td><td>20</td></tr>
<tr><td>30+30</td><td>30</td><td>0.561</td><td>0.561</td><td>0.501</td><td>20</td></tr>
<tr><td rowspan="13">15min 开至 120m³/s</td><td rowspan="7">30%$Q_{设}$</td><td>15+15</td><td>20</td><td>0.249</td><td>0.249</td><td>0.213</td><td>10</td></tr>
<tr><td>30+30</td><td>630</td><td>4.069</td><td>0.6</td><td>0.144</td><td>10</td></tr>
<tr><td>45+45</td><td>630</td><td>4.068</td><td>0.674</td><td>0.104</td><td>10</td></tr>
<tr><td>60+60</td><td>630</td><td>4.067</td><td>0.701</td><td>0.08</td><td>10</td></tr>
<tr><td>75+75</td><td>640</td><td>4.128</td><td>0.647</td><td>0.065</td><td>10</td></tr>
<tr><td>90+90</td><td>640</td><td>4.128</td><td>0.609</td><td>0.055</td><td>10</td></tr>
<tr><td>105+105</td><td>630</td><td>4.06</td><td>0.583</td><td>0.047</td><td>10</td></tr>
<tr><td rowspan="4">50%$Q_{设}$</td><td>15+15</td><td>20</td><td>0.381</td><td>0.381</td><td>0.401</td><td>10</td></tr>
<tr><td>30+30</td><td>60</td><td>0.591</td><td>0.591</td><td>0.261</td><td>10</td></tr>
<tr><td>45+45</td><td>70</td><td>0.796</td><td>0.715</td><td>0.176</td><td>10</td></tr>
<tr><td>60+60</td><td>70</td><td>0.884</td><td>0.757</td><td>0.132</td><td>10</td></tr>
<tr><td rowspan="2">70%$Q_{设}$</td><td>15+15</td><td>60</td><td>0.626</td><td>0.626</td><td>0.359</td><td>10</td></tr>
<tr><td>30+30</td><td>60</td><td>0.649</td><td>0.649</td><td>0.318</td><td>10</td></tr>
</table>

1）上节制闸闸后水位首次最大降速。在 30%设计流量和同一退水流量下，随着两座节制闸关闭历时的增加，安阳河节制闸闸后水位首次最大降速先变大后减小，在两座节制闸 60min 关闭时最大；在 50%、70%设计流量和同一退水流量下，随着两座节制闸关闭历时的增加，安阳河节制闸闸后水位首次最大降速变大；在两座节制闸关闭历时和退水流量相同时，渠池流量越大，安阳河节制闸闸后水位首次最大降速越大；渠池流量和两座节制闸的关闭历时相同时，退水流量越大，安阳河节制闸闸后水位首次最大降速越大。而且，安阳河节制闸闸后水位首次最大降速在各情景下均超过安全标准。

2）下节制闸闸前水位最大涨幅。在同一渠池流量和退水流量下，两座节制闸关闭历时越长，漳河节制闸闸前水位最大涨幅越小；两座节制闸的关闭历时和退水流量相同时，渠池流量越大，下节制闸闸前水位最大涨幅越大；在 30%、50%设计流量下，两

座节制闸处于同一关闭历时时，退水流量不同时，漳河节制闸闸后水位最大涨幅相同；在70%设计流量下，两座节制闸处于同一关闭历时下，退水流量越大，漳河节制闸闸后水位最大涨幅越小。但是，漳河节制闸闸前水位最大涨幅仅在70%设计流量、退水流量为60m³/s的2种情景下超过极限值，其余情景下均未超过极限值。

（4）异步同速闭闸并启用漳河退水闸。在异步同速闭闸并启用退水闸方式下，分别以第36个渠池两座节制闸15min关闭、漳河退水闸15min开至60m³/s和漳河退水闸15min开至120m³/s为例展示水位变化过程（图6.2.12），其中，漳河节制闸闸前水位出现了“先降后升”的现象，且首次下降的幅度较小［图6.2.12(b)、(d)］。统计了各情景下水位波动过程特征参数（表6.2.10），分析如下。

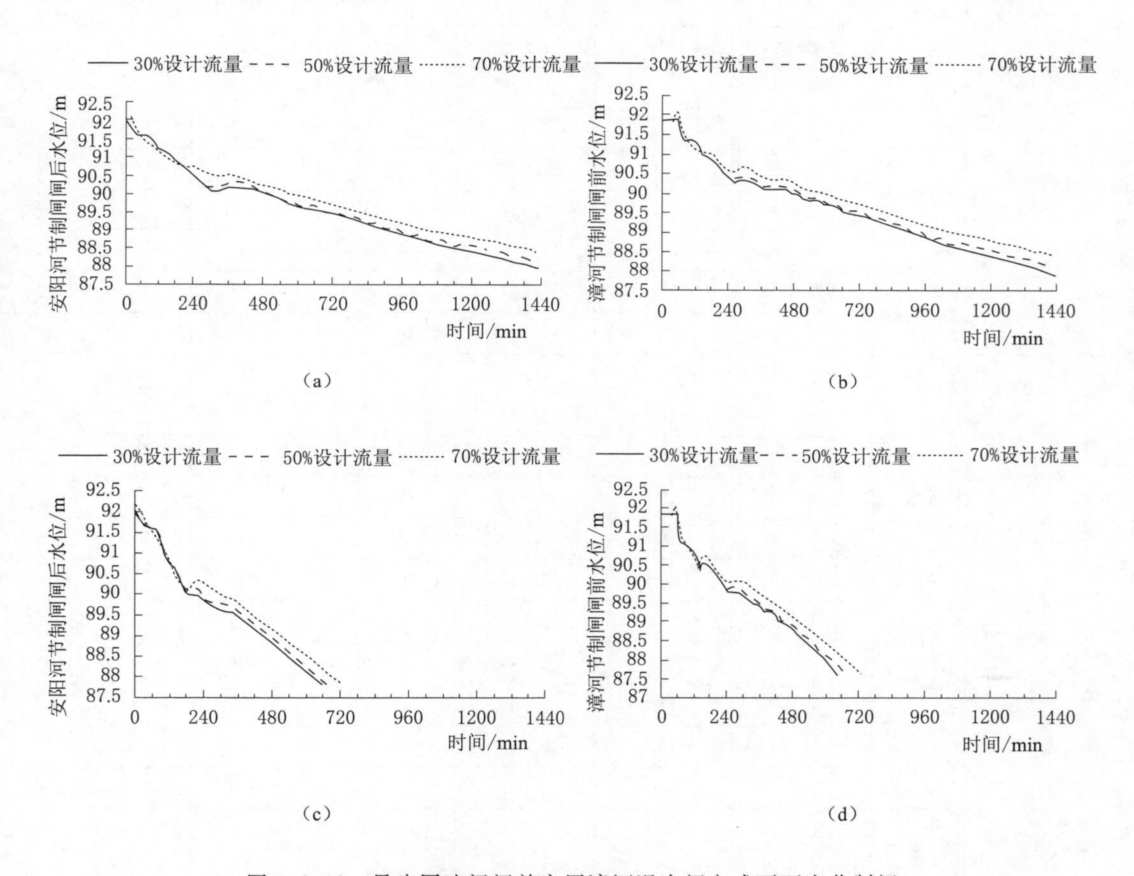

图6.2.12　异步同速闭闸并启用漳河退水闸方式下两座节制闸15min关闭的水位变化过程

（a）漳河退水闸15min开至60m³/s情景下安阳河节制闸闸后水位变化过程；
（b）漳河退水闸15min开至60m³/s情景下漳河节制闸闸前水位变化过程；
（c）漳河退水闸15min开至120m³/s情景下安阳河节制闸闸后水位变化过程；
（d）漳河退水闸15min开至120m³/s情景下漳河节制闸闸前水位变化过程

表 6.2.10　　异步同速闭闸并启用漳河退水闸方式下水位波动过程特征参数统计表

漳河退水闸启用方式	渠池流量	关闭历时/min	安阳河节制闸闸后水位首次下降过程			漳河节制闸闸前水位	
			下降历时/min	最大降幅/m	第1个小时降幅/m	最大涨幅/m	最大涨幅出现时间/min
15min 开至 60m³/s	30%$Q_{设}$	15+15	300	1.884	0.288	0.045	40
		30+30	300	1.893	0.285	0.056	40
		45+45	310	1.895	0.279	0.048	40
		60+60	320	1.895	0.274	0.039	40
		75+75	320	1.89	0.216	0.033	40
		90+90	330	1.876	0.178	0.028	40
		105+105	330	1.856	0.151	0.025	40
	50%$Q_{设}$	15+15	60	0.458	0.458	0.194	40
		30+30	300	1.841	0.459	0.149	40
		45+45	310	1.837	0.444	0.108	40
		60+60	310	1.828	0.432	0.083	40
	70%$Q_{设}$	15+15	180	1.437	0.705	0.251	40
		30+30	180	1.444	0.705	0.21	40
15min 开至 120m³/s	30% $Q_{设}$	15+15	190	1.963	0.284	0.045	40
		30+30	190	1.965	0.28	0.056	40
		45+45	190	1.985	0.273	0.048	40
		60+60	190	2.015	0.268	0.039	40
		75+75	190	2.089	0.21	0.033	40
		90+90	200	2.111	0.172	0.028	40
		105+105	220	2.136	0.145	0.025	40
	50% $Q_{设}$	15+15	180	1.944	0.455	0.194	40
		30+30	180	2.054	0.454	0.149	40
		45+45	180	2.072	0.437	0.108	40
		60+60	180	2.093	0.425	0.083	40
	70% $Q_{设}$	15+15	170	2.074	0.699	0.251	40
		30+30	170	2.096	0.698	0.21	40

1）上节制闸闸后水位首次最大降速。在同一渠池流量和退水流量下，两座节制闸关闭历时越长，安阳河节制闸闸后水位首次最大降速越小；两座节制闸的关闭历时和退水流量相同时，渠池流量越大，安阳河节制闸闸后水位首次最大降速越大；在渠池流量和两座节制闸关闭历时相同时，退水流量越大，安阳河节制闸闸后水位

首次最大降速越小。而且，安阳河节制闸闸后水位首次最大降速仅在30%设计流量、漳河退水闸15min开至120m³/s时不超过安全标准，其余各情景下均超过安全标准。

2）下节制闸闸前水位最大涨幅。在同一渠池流量和退水流量下，两座节制闸关闭历时越长，漳河节制闸闸前水位最大涨幅越小；两座节制闸的关闭历时和退水流量相同时，渠池流量越大，下节制闸闸前水位最大涨幅越大；在渠池流量和两座节制闸关闭历时相同时，退水流量不同时漳河节制闸闸后水位首次最大降速相同。而且，漳河节制闸闸前水位最大涨幅在各情景下均未超过极限值。

（5）同步异速闭闸并启用漳河退水闸。在同步异速闭闸并启用退水闸方式下，分别以漳河节制闸30min关闭以及漳河退水闸15min开至60m³/s和漳河退水闸15min开至120m³/s为例展示水位变化过程（图6.2.13），并统计了各情景下水位波动过程特征参数（表6.2.11），分析如下。

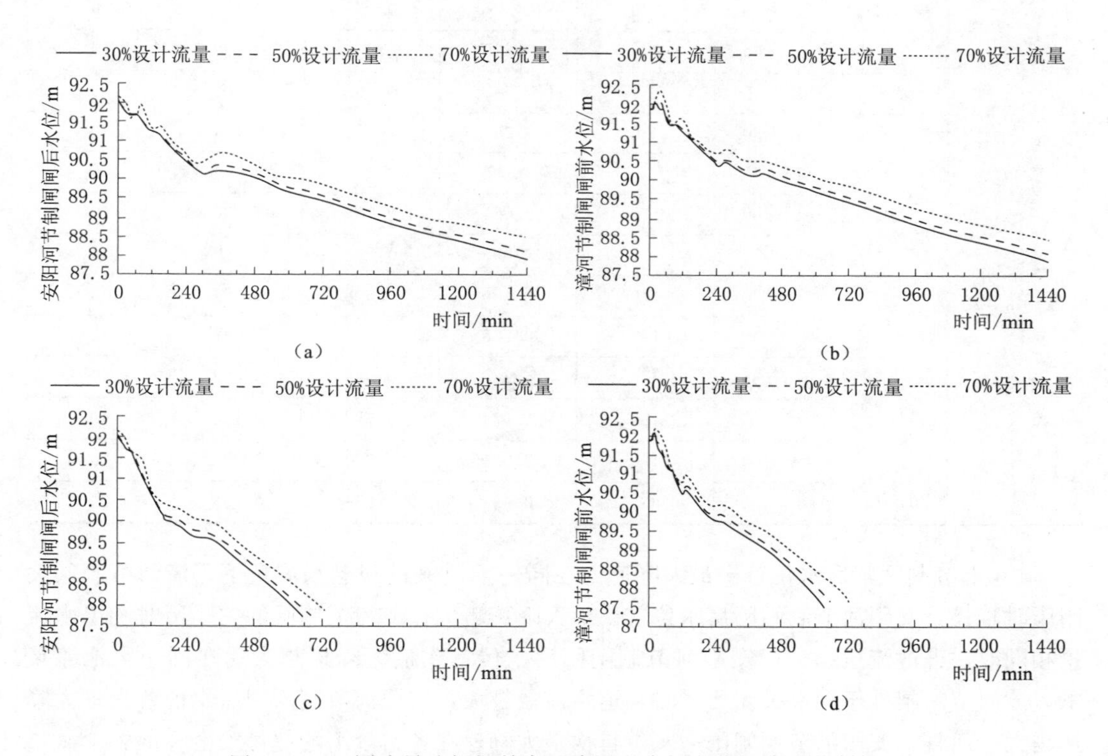

图6.2.13 同步异速闭闸并启用漳河退水闸方式下漳河节制闸30min关闭的水位变化过程

(a) 漳河退水闸15min开至60m³/s情景下安阳河节制闸闸后水位变化过程；
(b) 漳河退水闸15min开至60m³/s情景下漳河节制闸闸前水位变化过程；
(c) 漳河退水闸15min开至120m³/s情景下安阳河节制闸闸后水位变化过程；
(d) 漳河退水闸15min开至120m³/s情景下漳河节制闸闸前水位变化过程

表 6.2.11 同步异速闭闸并启用漳河退水闸方式下水位波动过程特征参数统计表

漳河退水闸启用方式	渠池流量	关闭历时/min	安阳河节制闸闸后水位首次下降过程			漳河节制闸闸前水位	
			下降历时/min	最大降幅/m	第1个小时降幅/m	最大涨幅/m	最大涨幅出现时间/min
15min开至60m³/s	30% $Q_{设}$	15+30	20	0.252	0.252	0.144	10
		15+45	290	1.856	0.412	0.104	10
		15+60	290	1.888	0.475	0.08	10
		15+75	290	1.884	0.51	0.065	10
		15+90	300	1.866	0.532	0.055	10
		15+105	300	1.843	0.548	0.047	10
	50% $Q_{设}$	15+30	30	0.388	0.388	0.262	10
		15+45	280	1.85	0.468	0.176	10
		15+60	290	1.836	0.566	0.132	10
	70% $Q_{设}$	15+30	30	0.562	0.562	0.501	20
15min开至120m³/s	30% $Q_{设}$	15+30	20	0.251	0.251	0.144	10
		15+45	20	0.25	0.25	0.104	10
		15+60	170	2.024	0.768	0.08	10
		15+75	170	2.095	0.793	0.065	10
		15+90	170	2.156	0.808	0.055	10
		15+105	170	2.206	0.819	0.047	10
	50% $Q_{设}$	15+30	670	4.178	0.623	0.262	10
		15+45	160	1.974	0.782	0.176	10
		15+60	160	2.081	0.854	0.132	10
	70% $Q_{设}$	15+30	60	0.651	0.651	0.193	30

1）上节制闸闸后水位首次最大降速。在同一渠池流量和退水流量下，漳河节制闸关闭历时越长，安阳河节制闸闸后水位首次最大降速越大；漳河节制闸的关闭历时和退水流量相同时，渠池流量越大，安阳河节制闸闸后水位首次最大降速越大；在同一渠池流量下，漳河节制闸处于同一关闭历时时，退水流量越大，安阳河节制闸闸后水位首次最大降速越大。而且，安阳河节制闸闸后水位首次最大降速在各情景下均超过安全标准。

2）下节制闸闸前水位最大涨幅。在同一渠池流量和退水流量下，漳河节制闸关闭历时越长，漳河节制闸闸前水位最大涨幅越小；在30%、50%设计流量下，漳河节制闸处于同一关闭历时时，退水流量不同时，漳河节制闸闸后水位最大涨幅相同；在70%设计流量下，两座节制闸处于同一关闭历时时，退水流量越大，漳河节制闸闸后水位最大涨幅越小。但是，漳河节制闸闸前水位最大涨幅仅在70%设计流量、退水流量为60m³/s下的1种情景超过极限值（0.48m），其余情景下均未超过极限值。

（6）异步异速闭闸并启用漳河退水闸。在异步异速闭闸并启用退水闸方式下，分别以漳河节制闸30min关闭、漳河退水闸15min开至60m³/s和漳河退水闸15min开至120m³/s为例展示水位变化过程（图6.2.14），其中，漳河节制闸闸前水位出现了“先降后升”的现象，且首次下降的幅度较小［图6.2.14(b)和图6.2.14(d)］，并统计了各情景下水位波动过程特征参数（表6.2.12），分析如下。

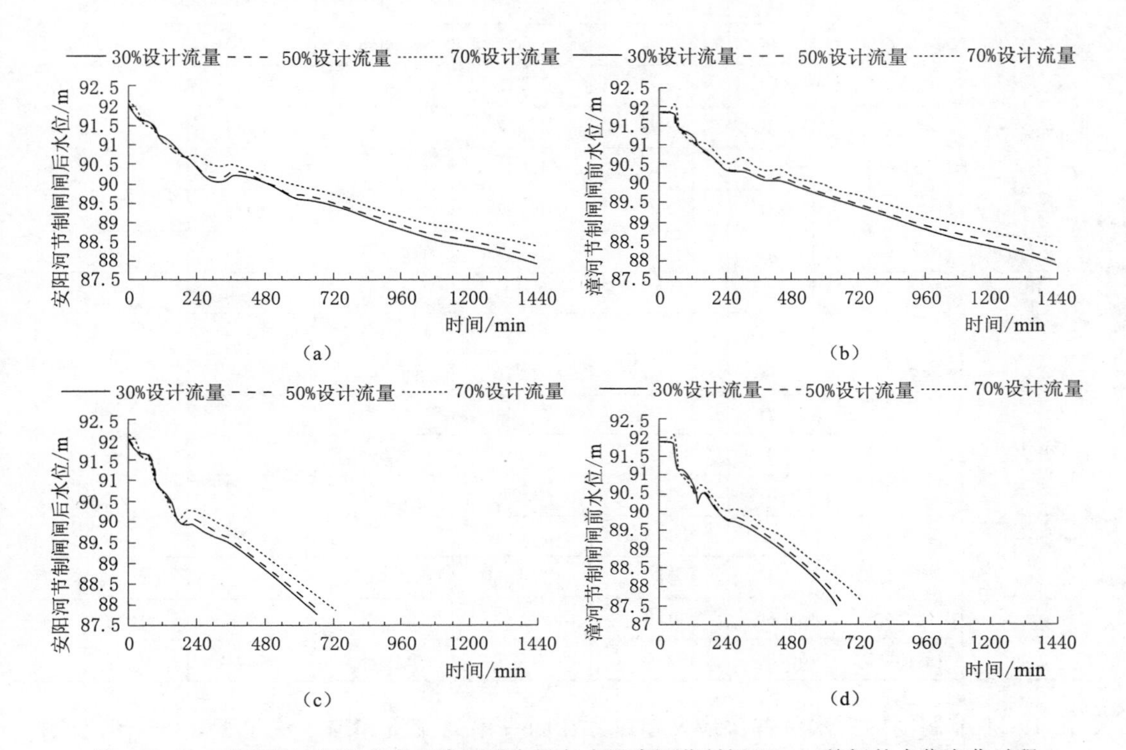

图6.2.14　异步异速闭闸并启用漳河退水闸方式下漳河节制闸30min关闭的水位变化过程

（a）漳河退水闸15min开至60m³/s情景下安阳河节制闸闸后水位变化过程；

（b）漳河退水闸15min开至60m³/s情景下漳河节制闸闸前水位变化过程；

（c）漳河退水闸15min开至120m³/s情景下安阳河节制闸闸后水位变化过程；

（d）漳河退水闸15min开至120m³/s情景下漳河节制闸闸前水位变化过程

表6.2.12　异步异速闭闸并启用漳河退水闸方式下水位波动过程特征参数统计表

漳河退水闸启用方式	渠池流量	关闭历时/min	安阳河节制闸闸后水位首次下降过程			漳河节制闸闸前水位	
			下降历时/min	最大降幅/m	第1个小时降幅/m	最大涨幅/m/	最大涨幅出现时间/min
15min开至60m³/s	30% $Q_{设}$	15+30	100	0.712	0.308	0	—
		15+45	100	0.822	0.312	0	—
		15+60	100	0.907	0.314	0	—

续表

漳河退水闸启用方式	渠池流量	关闭历时/min	安阳河节制闸闸后水位首次下降过程			漳河节制闸闸前水位	
			下降历时/min	最大降幅/m	第 1 个小时降幅/m	最大涨幅/m/	最大涨幅出现时间/min
15min 开至 60m³/s	30% $Q_{设}$	15＋75	100	0.957	0.315	0	—
		15＋90	320	1.843	0.316	0	—
		15＋105	240	1.749	0.316	0	—
	50% $Q_{设}$	15＋30	300	1.837	0.487	0.068	40
		15＋45	100	1.031	0.491	0	—
		15＋60	100	1.155	0.492	0	—
	70% $Q_{设}$	15＋30	180	1.448	0.707	0.206	40
15min 开至 120m³/s	30% $Q_{设}$	15＋30	180	2.01	0.302	0	—
		15＋45	180	2.085	0.304	0	—
		15＋60	180	2.152	0.305	0	—
		15＋75	180	2.209	0.306	0	—
		15＋90	190	2.258	0.306	0	—
		15＋105	190	2.27	0.306	0	—
	50% $Q_{设}$	15＋30	170	2.019	0.48	0.068	40
		15＋45	180	2.135	0.481	0	—
		15＋60	180	2.235	0.481	0	—
	70% $Q_{设}$	15＋30	170	2.101	0.7	0.206	40

1）上节制闸闸后水位首次最大降速。在同一渠池流量和退水流量下，安阳河节制闸闸后水位首次最大降速在不同漳河节制闸关闭历时下几乎一样；在漳河节制闸的关闭历时和退水流量相同时，渠池流量越大，安阳河节制闸闸后水位首次最大降速越大；在同一渠池流量下，漳河节制闸处于同一关闭历时时，安阳河节制闸闸后水位首次最大降速在不同退水流量下几乎一样。而且，安阳河节制闸闸后水位首次最大降速在各情景下均超过安全标准。

2）下节制闸闸前水位最大涨幅。在同一渠池流量和退水流量下，漳河节制闸关闭历时越长，漳河节制闸闸前水位最大涨幅越小；漳河节制闸的关闭历时和退水流量相同时，渠池流量越大，漳河节制闸闸后水位最大涨幅越大；在同一渠池流量，下漳河节制闸处于同一关闭历时时，漳河节制闸闸后水位最大涨幅在不同退水流量下均相同。而且，漳河节制闸闸前水位最大涨幅在各情景下均未超过极限值。

（7）对比分析。对比表 6.2.7 和表 6.2.3(b) 中的特征参数可知，在 70%设计流量下同步同速闭闸时，当两座节制闸关闭历时相同时，启用漳河退水闸与不启用漳河退水闸相比：①安阳河节制闸闸后水位首次最大降速增大，且退水流量越大，增大值越大，

在退水流量为 60m³/s 和 120m³/s 时分别平均增大 0.001m/h 和 0.077m/h。②漳河节制闸闸前水位最大涨幅减小，且退水流量越大，减小值越大，退水流量为 120m³/s 下的 4 种情景均能减小到极限值以内；在退水流量为 60m³/s 和 120m³/s 时分别平均减小 0.175m 和 0.34m。③漳河节制闸闸前水位稳定后涨幅减小，且退水流量越大、退水维持时间越长，减小得越大；在退水流量为 60m³/s 并维持 15min、退水流量为 60m³/s 并维持 30min、退水流量为 120m³/s 并维持 15min、退水流量为 120m³/s 并维持 30min 这 4 种条件下分别平均减小 0.177m、0.238m、0.357m 和 0.481m。④稳定时间差异较小。

对比表 6.2.8 和表 6.2.5(b) 中的特征参数可知，在 70%设计流量下同步异速闭闸时，启用漳河退水闸与不启用漳河退水闸相比：①安阳河节制闸闸后水位首次最大降速增大，且退水流量越大，增大值越大，在退水流量为 60m³/s 和 120m³/s 时分别平均增大 0.001m/h 和 0.09m/h。②漳河节制闸闸前水位最大涨幅减小，且退水流量越大，减小值越大，退水流量为 120m³/s 的 2 种情景均能减小到极限值以内；在退水流量为 60m³/s 和 120m³/s 下分别平均减小 0.173m 和 0.356m。③漳河节制闸闸前水位稳定后涨幅减小，且退水流量越大、退水维持时间越长，减小得越大；在退水流量为 60m³/s 并维持 15min、退水流量为 60m³/s 并维持 30min、退水流量为 120m³/s 并维持 15min、退水流量为 120m³/s 并维持 30min 这 4 种条件下分别减小 0.177m、0.238m、0.356m 和 0.481m。④稳定时间差异较小。

对比表 6.2.9 和表 6.2.3(b) 中的特征参数可知，在同步异速闭闸方式的各情景下，启用漳河退水闸与不启用漳河退水闸相比：①安阳河节制闸闸后水位首次最大降速增大，且两座节制闸关闭历时越长、退水流量越大，增大值越大；而渠池流量越大，增大值越小，在 30%设计流量下，退水流量为 60m³/s 和 120m³/s 时分别平均增大 0.188m/h 和 0.426m/h；在 50%设计流量下，退水流量为 60m³/s 和 120m³/s 时分别平均增大 0.098m/h 和 0.291m/h；在 70%设计流量下，退水流量为 60m³/s 和 120m³/s 时平均增大 0.001m/h 和 0.078m/h。②漳河节制闸闸前水位最大涨幅减小，且渠池流量越大，减小值越大。在 30%设计流量下，退水流量为 60m³/s 和 120m³/s 时都平均减小 0.079m；在 50%设计流量下，退水流量为 60m³/s 和 120m³/s 时都平均减小 0.132m；在 70%设计流量下，退水流量为 60m³/s 和 120m³/s 时分别平均减小 0.175m 和 0.34m。

对比表 6.2.10 和表 6.2.4(b) 中的特征参数可知，在异步同速闭闸方式的各情景下，启用漳河退水闸与不启用漳河退水闸相比：①安阳河节制闸闸后水位首次最大降速几乎不变。②漳河节制闸闸前水位最大涨幅减小，且渠池流量越大，减小值越大，在 30%设计流量下，退水流量为 60m³/s 和 120m³/s 时分别都不变；在 50%设计流量下，退水流量为 60m³/s 和 120m³/s 时都平均减小 0.011m；在 70%设计流量下，退水流量

为 60m³/s 和 120m³/s 时都平均减小 0.097m。

对比表 6.2.11 和表 6.2.5(b) 中的特征参数可知，在同步异速闭闸方式的各情景下，启用漳河退水闸与不启用漳河退水闸相比：①安阳河节制闸闸后水位首次最大降速增大，且两座节制闸关闭历时越长、退水流量越大，增大值越大，在 30%设计流量下，退水流量为 60m³/s 和 120m³/s 时分别平均增大 0.2m/h 和 0.36m/h；在 50%设计流量下，退水流量为 60m³/s 和 120m³/s 时分别平均增大 0.083m/h 和 0.362m/h；在 70%设计流量下，退水流量为 60m³/s 和 120m³/s 时分别增大 0.001m/h 和 0.09m/h。②漳河节制闸闸前水位最大涨幅减小，且渠池流量越大，减小值越大，在 30%设计流量下，退水流量为 60m³/s 和 120m³/s 时都平均减小 0.05m；在 50%设计流量下，在退水流量为 60m³/s 和 120m³/s 时都平均减小 0.128m；在 70%设计流量下，退水流量为 60m³/s 和 120m³/s 时分别减小 0.173m 和 0.481m。

对比表 6.2.12 和表 6.2.6(b) 中的特征参数可知，在异步异速闭闸方式的各情景下，启用漳河退水闸与不启用漳河退水闸相比：①安阳河节制闸闸后水位首次最大降速几乎不变；②漳河节制闸闸前水位最大涨幅仅在 70%设计流量下减小 0.114m，其余情景下均不变。

因此，在同一渠池中，当渠池流量和两座节制闸闭闸过程确定时，开启退水闸可以减小下节制闸闸前最大涨幅和稳定后涨幅，但不能减小上节制闸闸后水位最大降速。

6.2.3　总结

基于上述情景模拟结果，发现下节制闸闸前水位变化趋势可能“先降后升”或“先升后降”，下节制闸闸前水位稳定后涨幅可能大于或小于 0，有必要进行机理分析；此外，可提炼出事故渠池应急调度准则，为快速合理制定应急调度措施提供依据。

6.2.3.1　下节制闸闸前水位变化趋势和稳定后涨幅的机理分析

(1) 下节制闸闸前水位变化趋势的机理分析。当上节制闸开始关闭时，会产生落水波并向下传播；当下节制闸开始关闭时，会产生涨水波并向上传播。落水波向下传播的速度为[75]

$$w = v + \sqrt{gA/B} \tag{6.2.1}$$

式中：w 为落水波向下传播的速度；v 为渠池水流速度；A 为过水断面面积；B 为水面宽度。

落水波传播到下节制闸的临界时间为

$$T = L/w \tag{6.2.2}$$

式中：T 为临界时间；L 为渠池长度。

因此，如果异步间隔时间大于临界时间，下节制闸闸前水位则会“先降后升”；否则会“先升后降”。

通过计算，在第 4 和第 36 个渠池的临界时间分别约为 53.87min 和 29.43min；所以当异步间隔时间为 30min 时，淇河节制闸闸前水位“先升后降”，漳河节制闸闸前水位“先降后升”。

（2）下节制闸闸前水位稳定后涨幅的机理分析。在事故渠池应急调度过程中，基于水量平衡分析：

$$V_{末}=V_{初}+V_{上}-V_{下}-V_{退}-V_{分} \tag{6.2.3}$$

式中：$V_{初}$和$V_{末}$分别为事故渠池初蓄量和末蓄量；$V_{上}$为上节制闸流入事故渠池的水量；$V_{下}$、$V_{退}$和$V_{分}$分别为下节制闸、退水闸和分水口流出事故渠池的水量。

其中，$V_{上}=\int Q_{上,t}\mathrm{d}t$，$V_{下}=\int Q_{下,t}\mathrm{d}t$，$V_{退}=\int Q_{退,t}\mathrm{d}t$，$V_{分}=\int Q_{分,t}\mathrm{d}t$，而$Q_{上,t}$、$Q_{下,t}$、$Q_{退,t}$和$Q_{分,t}$分别是上节制闸、下节制闸、退水闸和分水口的流量过程。

而渠池蓄量与下节制闸闸前水位、渠池流量存在一一对应关系[109]，其形式为

$$V=V(Q,H) \tag{6.2.4}$$

式中：Q为渠池流量；H为下节制闸闸前水位；V为相应的渠池蓄量，可通过水力学模型计算。

稳定后渠池流量为 0，则容易计算出下节制闸闸前水位，从而计算出下节制闸闸前水位稳定后涨幅。

6.2.3.2 事故渠池应急调度准则

通过对比分析事故渠池不同应急调度措施引起的渠道水力响应特性，提炼了应急调度准则。

（1）可不考虑常规条件下的水位降速安全标准。因为，上节制闸闸后水位首次最大降速在各情景下几乎都超过安全标准（0.15m/h）。

（2）认为影响工程安全的指标的重要性为：下节制闸闸前水位最大涨幅>下节制闸闸前水位稳定后涨幅>上节制闸闸后水位首次最大降速。因为，下节制闸闸前水位最大涨幅在部分情景会超过极限值，而下节制闸闸前水位稳定后涨幅在各情景下均未超过极限值，说明下节制闸闸前水位最大涨幅超过极限值的可能性比下节制闸闸前水位稳定后涨幅的超过极限值的可能性大。

（3）认为渠道流量对工程安全的影响最大，其次是闭闸措施。因为，在第 4 个渠池，30%设计流量时，无论如何关闭两座节制闸，淇河节制闸闸前水位最大涨幅都不会超过极限值；50%和 70%设计流量时，部分情景下淇河节制闸闸前水位最大涨幅会超过极限值。在第 36 个渠池，30%和 50%设计流量时，无论如何关闭两座节制闸，漳河节制闸闸前水位最大涨幅都不会超过极限值；70%设计流量时，两座节制闸快速关闭部分情景下漳河节制闸闸前水位最大涨幅会超过极限值，但可通过启用漳河退水闸将其减小至极限值以内。

(4) 在能控制污染范围并保障工程安全的前提下，若要使事故渠池干净水体流入下游段并被有效利用，推荐使用异步同速、同步异速或异步异速的闭闸方式；若要简化闸门操作，推荐使用同步同速的闭闸方式。在污染物到达前关闭分水口即可，而退水闸只在排除污染水体和避免下节制闸闸前水位超过极限值时启用。

6.3　事故渠池上游段应急调度

6.3.1　退水闸参与调控下的事故渠池上游段控制算法

对于事故渠池上游段，尽管其扰动比较单一，但是常规的前馈蓄量补偿控制算法无法处理下游突发流量变化，且应急关闸后上游还需要进行实时正常分水，因此对事故渠池上游段需要结合实时控制算法实时控制渠池的运行。由前述分析可知，在事故渠池上游段最末端渠池内具有退水闸的情况下，事故渠池进口节制闸快速关闭造成水位波动问题时，可通过开启退水闸来达到较好的水位控制。为了完成退水闸的动作优化，可通过构造描述应急情况下退水闸以及节制闸的流量变化与控制点水位变化之间关系的控制模型，并建立合适的控制目标，结合 MPC 预测控制算法来实现退水闸参与调控的事故渠池上游段的渠道反馈控制。

6.3.1.1　基于 ID 模型的退水闸调控控制模型

为了描述系统的控制作用量与控制目标量之间的关系，需要构建系统的控制模型。这里同样采用状态空间方程形式来表述控制模型。由前述可知，状态空间方程的基本格式为

$$\boldsymbol{x}(k+1)=\boldsymbol{A}\boldsymbol{x}(k)+\boldsymbol{B}\boldsymbol{u}(k)+\boldsymbol{D}\boldsymbol{d}(k) \tag{6.3.1}$$

$$\boldsymbol{y}(k)=\boldsymbol{C}\boldsymbol{x}(k) \tag{6.3.2}$$

根据前述的 ID 模型可知，渠池的水位和进出口流量的关系可由公式描述：

$$e(k+1)=e(k)+\Delta e(k)+\frac{T_s}{A_d}\Delta q_{in}(k-k_d)-\frac{T_s}{A_d}[\Delta q_{out}(k)+\Delta q_{offtake}(k)] \tag{6.3.3}$$

$$\Delta e(k+1)=\Delta e(k)+\frac{T_s}{A_d}\Delta q_{in}(k-k_d)-\frac{T_s}{A_d}[\Delta q_{out}(k)+\Delta q_{offtake}(k)] \tag{6.3.4}$$

将式 (6.3.3) 和式 (6.3.4) 联合写为矩阵方程 (6.3.1) 形式，则为

$$\begin{bmatrix} e(k+1) \\ \Delta e(k+1) \\ \Delta q_{in}(k) \\ \vdots \\ \Delta q_{in}(k-k_d) \end{bmatrix}=\begin{bmatrix} 1 & 1 & 0 & \cdots & -\frac{T_s}{A_d} \\ 0 & 1 & 0 & \cdots & -\frac{T_s}{A_d} \\ 0 & 0 & 0 & \cdots & 0 \\ \vdots & \vdots & \vdots & \ddots & \vdots \\ 0 & 0 & 0 & 1 & 0 \end{bmatrix}\begin{bmatrix} e(k) \\ \Delta e(k) \\ \Delta q_{in}(k-1) \\ \vdots \\ \Delta q_{in}(k-k_d-1) \end{bmatrix}+$$

$$
\begin{bmatrix} 0 \\ 0 \\ 1 \\ \vdots \\ 0 \end{bmatrix} [\Delta q_{in}(k)] + \begin{bmatrix} -\dfrac{\Delta T}{A_d} \\ -\dfrac{\Delta T}{A_d} \\ 0 \\ \vdots \\ 0 \end{bmatrix} [\Delta q_{offtake}(k) + \Delta q_{out}(k)] \tag{6.3.5}
$$

在这种情况下，状态空间方程中的控制作用变量为进口流量增量 $\Delta q_{in}(k)$，状态量为渠池的水位偏差和 $k-k_d-1$ 步到 $k-1$ 步的流量增量，而分水口流量 $\Delta q_{offtake}(k)$和下游渠池的出流量 $\Delta q_{out}(k)$作为扰动存在。退水口和分水口的作用类似，若记退水闸流量相对于初始稳态的变化值为 q_{escape}，q_{escape}增量形式记为 Δq_{escape}，则可将 $\Delta q_{escape}(k)$也写为控制作用变量。同时，需要对退水闸的流量进行管理，即退水闸流量需要作为控制输出变量，故渠池的退水流量相对于初始稳态的偏差量 $q_{escape}(k)$也需要作为状态量。其中，$q_{escape}(k)$与 $\Delta q_{escape}(k)$有以下关系：

$$
q_{escape}(k) = q_{escape}(k-1) + \Delta q_{escape}(k) \tag{6.3.6}
$$

用 $\Delta q_{escape}(k)$替换 $\Delta q_{offtake}(k)$，并将 $\Delta q_{escape}(k)$写入控制变量，将 $q_{escape}(k)$写入状态变量，则式（6.3.5）变为

$$
\begin{bmatrix} e(k+1) \\ \Delta e(k+1) \\ \Delta q_{in}(k) \\ \vdots \\ \Delta q_{in}(k-k_d) \\ q_{escape}(k) \end{bmatrix} = \begin{bmatrix} 1 & 1 & 0 & \cdots & -\dfrac{T_s}{A_d} \\ 0 & 1 & 0 & \cdots & -\dfrac{T_s}{A_d} \\ 0 & 0 & 0 & \cdots & 0 \\ \vdots & \vdots & \vdots & \ddots & \vdots \\ 0 & 0 & 0 & 1 & 0 \\ 0 & 0 & 0 & 0 & 0 \end{bmatrix} \begin{bmatrix} e(k) \\ \Delta e(k) \\ \Delta q_{in}(k-1) \\ \vdots \\ \Delta q_{in}(k-k_d-1) \\ q_{escape}(k-1) \end{bmatrix} +
$$

$$
\begin{bmatrix} 0 & -\dfrac{T_s}{A_d} \\ 0 & -\dfrac{T_s}{A_d} \\ 1 & 0 \\ \vdots & \vdots \\ 0 & 0 \\ 0 & 1 \end{bmatrix} \begin{bmatrix} \Delta q_{in}(k) \\ \Delta q_{escape}(k) \end{bmatrix} + \begin{bmatrix} -\dfrac{T_s}{A_d} \\ -\dfrac{T_s}{A_d} \\ 0 \\ \vdots \\ 0 \\ 0 \end{bmatrix} [\Delta q_{out}(k)] \tag{6.3.7}
$$

以上方程中的状态量既包含了水位偏差 $e(k)$，也包含了退水流量 $q_{escape}(k-1)$。控制量为当前时刻节制闸和退水闸的动作量——上游进口节制闸的增量 $\Delta q_{in}(k)$以及退水闸的流量增量 $\Delta q_{escape}(k)$。

状态空间方程（6.3.2）中的 $\boldsymbol{C}$ 可写为 $\boldsymbol{C}=[1 \quad 0 \quad 0 \quad \cdots \quad 0 \quad 1]^{\mathrm{T}}$，输出变量

$\boldsymbol{y}(k)=[e(k)\quad q_{\text{escape}}(k-1)]^{\mathrm{T}}$，既包含了水位偏差 $e(k)$，又包含了退水流量变化量 $q_{\text{escape}}(k-1)$。

6.3.1.2　MPC 优化目标及目标权重设置

MPC 优化控制的控制目标可描述为二次规划优化形式：

$$\min_{\boldsymbol{u}(k)} J=\sum_{j=1}^{p}\{[\boldsymbol{y}^{\mathrm{T}}(k+j\mid k)-\boldsymbol{y}_{\mathrm{r}}^{\mathrm{T}}(k+j)]\boldsymbol{Q}[\boldsymbol{y}(k+j\mid k)-\boldsymbol{y}_{\mathrm{r}}(k+j)]\}+\sum_{j=0}^{m-1}[\boldsymbol{u}^{\mathrm{T}}(k+j\mid k)\boldsymbol{R}\boldsymbol{u}(k+j\mid k)] \tag{6.3.8}$$

通过在控制目标中考虑，退水闸的流量和渠池的水位，即可实现水位和退水闸流量的最优控制。对于退水闸流量 $q_{\text{escape}}(k-1)$，以尽可能不使用退水闸为目标，故可把退水闸流量 $q_{\text{escape}}(k-1)=0$ 也作为目标。这样，目标函数 $\boldsymbol{y}_r$ 中的元素都为 0，控制目标可简化为

$$\min_{\boldsymbol{u}(k)} J=\sum_{j=1}^{p}[\boldsymbol{y}^{\mathrm{T}}(k+j\mid k)\boldsymbol{Q}\boldsymbol{y}(k+j\mid k)]+\sum_{j=0}^{m-1}[\boldsymbol{u}^{\mathrm{T}}(k+j\mid k)\boldsymbol{R}\boldsymbol{u}(k+j\mid k)] \tag{6.3.9}$$

初始状态下，事故渠池上游段正常供水且整体基本满足流量平衡关系。而应急调度会致使上游段各渠池水位发生波动，渠池的水位在非稳态转换过程中可能会过高，导致渠池漫溢，在此情况下需要设定一个水位上限，在调控过程中，最大水位不能超过此上限。这里将渠池的调控过程中的水位上限记为限制水位。而实际上，由于退水闸一般位于节制闸上游附近，其对水位的调控影响和当前节制闸对其上游水位的调控影响类似。在退水闸参与调控的情况下，较容易满足水位的调控目标，但如何尽可能地少启用退水闸、减少退水量是一个需关注的问题。综上，节制闸及退水闸的联合调控目标可定为：①保持渠池的水位在调控过程中不超过限制水位；②退水闸尽可能不参与调控，即让渠池的弃水量尽可能少。为了完善以上的目标，还需要对 MPC 控制目标的权重及前述控制模型中的参数进行细节处理。

(1) 水位约束控制处理。由前述要求可知，水位的控制目标为不超过限制水位。在 MPC 算法中，对状态变量约束的处理只能采用柔性约束，也就是对超过限值的水位施加更大的权重。这种情况下，要保证水位不超过限制水位，需要在限制水位以下设置一个预警水位，对超过预警水位部分需要施加更大的目标函数权重。这里假设预警水位与初始水位的偏差为 $u_{\max}$，限制水位与初始水位的偏差为 u_{con}，则可对水位进行以下处理，定义

$$e^{*}(k)=\begin{cases}e(k)-u_{\max} & e(k)>u_{\max}\\ 0 & \end{cases} \tag{6.3.10}$$

在算法中，则以 e 和 e^{*} 作为控制输出变量，在优化目标函数中对水位偏差 e 和 e^{*} 进行加权计算。控制目标 $\boldsymbol{y}(k)=[e(k)\quad q_{\text{escape}}(k-1)]^{\mathrm{T}}$ 则变为 $\boldsymbol{y}(k)=$

$[e(k)\ e^*(k)\ q_{\text{escape}}(k-1)]^{\text{T}}$。因此，目标函数中的权重矩阵的赋值包括控制系统输出变量的权重矩阵 $\boldsymbol{Q}$ 中的权重系数 q_{e}、q_{e}^* 和 $q_{q_{\text{escape}}}$，控制作用变量的权重矩阵 R 中的权重系数$r_{\Delta q}$和$r_{\Delta q_{\text{escape}}}$。其中，$q_{\text{e}^*}$是对应于超过预警水位的水位偏差的权重值；$q_{q_{\text{escape}}}$是对应于退水口流量变化值的权重值，用于保证退水闸最终流量为0；$r_{\Delta q_{\text{escape}}}$对应于退水闸流量增量的权重值。通过对这些目标的权重进行差异赋值来体现不同控制目标的重要性。

在将 $r_{\Delta q}$ 设定为1，常态控制参数 q_{e} 已经确定的情况下，可以此为基础对其他参数的初步取值进行推导，由于 q_{e} 包含了所有类型的水位误差的权重，所以只要 q_{e^*} 的值大于0，就能对超过预警水位部分的施加额外权重。这里为了尽可能保证水位不超过预警水位，q_{e^*} 可按以下公式取值：

$$q_{\text{e}^*}=2q_{\text{e}} \tag{6.3.11}$$

（2）退水闸处流量控制处理。状态变量 $\boldsymbol{y}(k)=[e(k)\ e^*(k)\ q_{\text{escape}}(k-1)]^{\text{T}}$，虽然 $q_{\text{escape}}(k-1)$ 为 $k-1$ 步的状态变量，但是由于预测控制考虑的是有限时域内的多个时段，$q_{\text{escape}}(k-1)$ 可等同 $q_{\text{escape}}(k)$。而状态变量 $q_{\text{escape}}(k)$ 的值由控制动作 $\Delta q_{\text{escape}}(k)$ 决定，有可能出现状态变量变化剧烈的情况，故为了避免退水闸流量变化过于频繁，这里设置退水闸最小流量变化值 $\Delta q_{\text{escape,w}}$，当计算得到的退水闸流量变化值 $\Delta q_{\text{escape}}(k)$ 大于等于 $\Delta q_{\text{escape,w}}$时，退水闸才执行流量变化动作。这种加入的最小控制变幅约束为“死区约束”。处理此类约束的常用方法是在目标函数求解中不考虑该类约束的影响，计算结果向控制结构传输时则直接忽略不满足死区约束结果的方法。若采用上述方法处理死区约束，进行小幅调整时直接忽略了最优控制量，会导致系统产生稳定性的破坏，因而一般会采用“累积器”方法处理死区约束问题。但是在这里不采用“累积器”的处理方式。考虑到退水闸的流量与水位差并不完全呈现比例关系，若以预警水位为退水闸开启限，限制水位为退水闸达到的最大流量限，则在预警水位之前退水闸是不开启的，而在限制水位时退水闸流量又会达到最大。而在构造状态空间方程的过程中，退水闸的流量与水位差呈线性关系，即使水位低于预警水位的，退水闸也会开启。因此，在退水闸流量从零变为 $\Delta q_{\text{escape,w}}$，也就是退水闸的开启的时候，不采用“累积器”的处理方式能够达到限制退水闸开启的作用。这样在 $q_{\text{escape}}(k-1)=0$ 的时候，实际执行的退水闸流量变化值 $\Delta q_{\text{escape,real}}$与控制算法生成的 $\Delta q_{\text{escape,calc}}$之间的关系为

$$\Delta q_{\text{escape,real}}=\begin{cases}\Delta q_{\text{escape,calc}} & \Delta q_{\text{escape,calc}}\geqslant\Delta q_{\text{escape,w}}\\ 0 & \text{其他}\end{cases} \tag{6.3.12}$$

这样可在 $q_{\text{escape}}(k-1)=0$，即初始退水闸未启用时过滤掉小的开启值。

若退水闸是在水位达到预警水位时开启的，则可认为 $\Delta q_{\text{escape,w}}$ 和 $u_{\max}$ 对应。由于这里 $\Delta q_{\text{escape,w}}$ 采用的死区处理方法为忽略计算值小于死区的情况，对第一步的 $\Delta q_{\text{escape,w}}$的惩罚具有累计效应，和状态变量的状态惩罚效果类似。因此可假设 $r_{\Delta q_{\text{escape}}}$ 的权重与实际期望值的平方呈反比，可对 $r_{\Delta q_{\text{escape}}}$ 进行如下权重赋值分析：

$$r_{\Delta q_{\text{escape}}}=(q_{\text{e}^*}+q_{\text{e}})\left(\frac{u_{\max}}{\Delta q_{\text{escape,w}}}\right)^2 \tag{6.3.13}$$

由于到达限制水位的情况为最危险工况，假设这种工况下退水闸的流量需要达到期望达到的退水闸流量 $q_{escape,w}$，而 $q_{q_{escape}}$ 与 q_e 同样属于状态变量，则 $q_{q_{escape}}$ 的值可设置为

$$q_{q_{escape}}=(q_{e^*}+q_e)\left(\frac{u_{con}}{q_{escape,w}}\right)^2 \tag{6.3.14}$$

其中，期望达到的退水闸流量 $q_{escape,w}$ 的值可设置为出口节制闸初始流量。

由以上内容即可实现水位约束控制和退水闸流量控制的细节处理以及各个控制输出变量、控制作用变量的权重初始化赋值。

6.3.1.3　案例分析

以南水北调中线工程中的最后 6 段明渠输水渠段为例，分析下游突发水污染后这 6 个渠池在退水闸开启下的应急调控方式。渠池初始的流量工况为前述大流量工况。假设在 10min 时，第 6 个节制闸下游发生突发应急事件，节制闸 6 需要在 20min 内关闭，在节制闸 6 的上游方向有退水闸。渠池应急前后的输水流量工况见表 6.3.1。从表 6.3.1中可以看出，渠池 3、渠池 4、渠池 5 和渠池 6 中的应急后目标流量都小于等于初始流量的一半，且在渠池 5 和渠池 6 中，应急后基本只以 $7m^3/s$ 的流量输水，这表明在应急过程中流量变化情况极大。这里每个渠池的限制水位都设置为初始水位以上 0.4m，预警水位设置为初始水位以上 0.3m。

表 6.3.1　研究渠池应急前及应急后流量

编　号	初始流量		应急后目标流量	
	下游流量/(m^3/s)	分水流量/(m^3/s)	下游流量/(m^3/s)	分水流量/(m^3/s)
进口闸门	94.5	—	59.5	—
1	87	7.5	52	7.5
2	70	17	35	17
3	55	15	20	15
4	42	13	7	13
5	42	0	7	0
6	35	7	0	7

针对这种大流量转换变化工况，采用 MPC 控制算法对应急工况下的节制闸和退水闸进行控制，并将不开启退水闸情况和开启退水闸情况进行对比。在不开启退水闸的情况下，MPC 控制算法在进行状态空间矩阵构造时不考虑退水闸流量，主要通过对水位偏差施加不同的权重来完成水位约束控制。而在开启退水闸的情况下，MPC 控制算法在构造状态空间矩阵时考虑退水闸流量，同时对水位偏差施加不同的权重，来实现退水闸的合理开启。

在退水闸参与调控的情况下，首先需要对 MPC 优化算法的控制目标的权重进行赋值。由第 3 章的内容可知，在流量变化权重 $r_{\Delta q}$ 为 1 时，q_e 可设置为 10，这样 q_{e^*} 的值可设置为 20。而退水闸的流量变化间隔可设置为 $5m^3/s$，退水闸流量偏差权重 $r_{\Delta q_{escape}}$

可根据式（6.3.13）计算，设置为0.1～0.2，这里设置为0.2来使退水闸第一次开启条件较为严格。对于期望最大流量 $q_{escape,w}$ 的值可设置为初始的出口节制闸流量，也就是35m³/s。$q_{q_{escape}}$ 则可根据式（6.3.14）计算，设置为0.3～0.4，这里将 $q_{q_{escape}}$ 的值设置为0.3，让退水闸在水位高于预警水位情况下更容易开启。而对于不开启退水闸情况，需要确定的参数为 q_{e*}。由前述分析，q_{e*} 的值可设置为20，但这里设置3种 q_{e*} 的值来进行不同柔性约束程度的对比，q_{e*} 的值分别设置为0、20、40，q_{e*} 设置为0代表不采用柔性约束，设置为20代表和前述开启退水闸的约束程度相同，设置为40代表约束更加剧烈。这样，设置的方法及其控制参数见表6.3.2。方法1为不开启退水闸且不采用水位约束控制方法的情况；方法2为不开启退水闸但采用水位约束控制的情况；方法3为不开启退水闸但采用较大权重情况下的水位约束控制的情况；方法4则为开启退水闸的情况。4种方法的控制效果如图6.3.1～图6.3.4所示。同时为了直观描述控制效果，这里统计了仿真时间内的每个渠池的最大水位偏差（MAE）、渠池上游控制节制闸的流量变化绝对值积分（IAQ），以及渠池的稳定时间（ST），水位稳定判断标准为水位稳定在目标水位0.05m附近。其他指标定义为

$$MAE=\max[|e_i(t)|] \tag{6.3.15}$$

$$IAQ=\frac{\Delta t}{T}\sum_{t=0}^{T}(|Q_t-Q_{t-1}|)-|Q_{\text{initial}}-Q_{\text{Final}}| \tag{6.3.16}$$

表6.3.2　4种方法的目标权重参数汇总

方　法	退水闸开启情况	q_e	q_{e*}	$r_{\Delta q}$	$r_{\Delta q_{escape}}$	$q_{q_{escape}}$
方法1	否	10	0	1	无	无
方法2	否	10	20	1	无	无
方法3	否	10	40	1	无	无
方法4	是	10	20	1	2	0.3

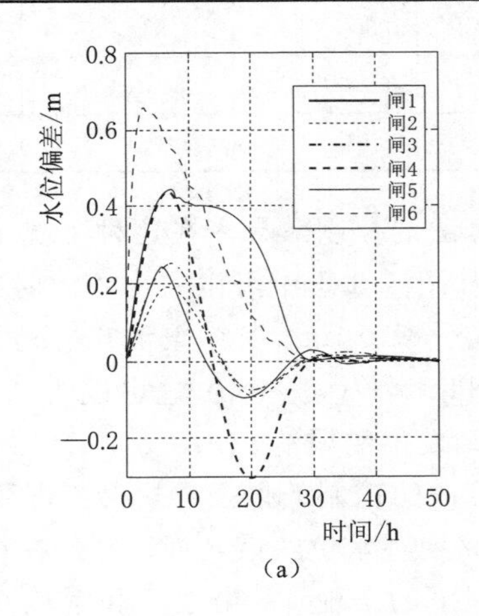

（a）

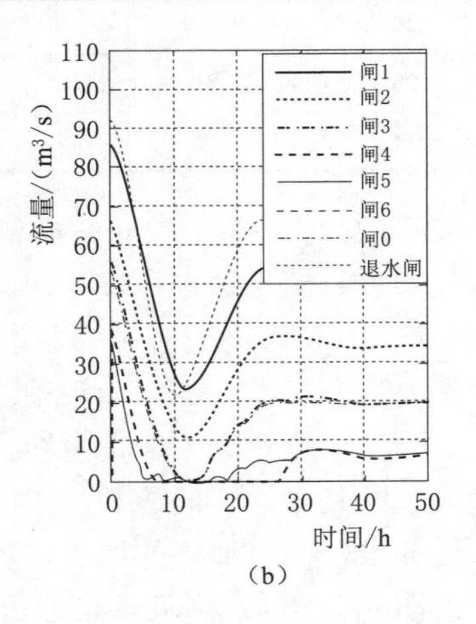

（b）

图6.3.1　方法1下的控制结果

（a）节制闸闸前水位偏差变化；（b）节制闸过闸流量变化

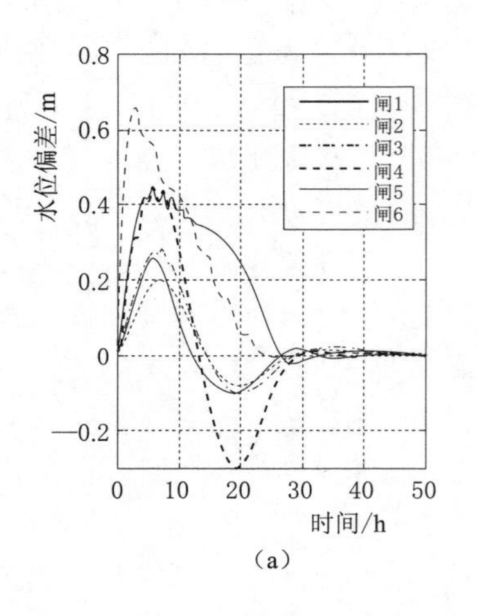

(a)

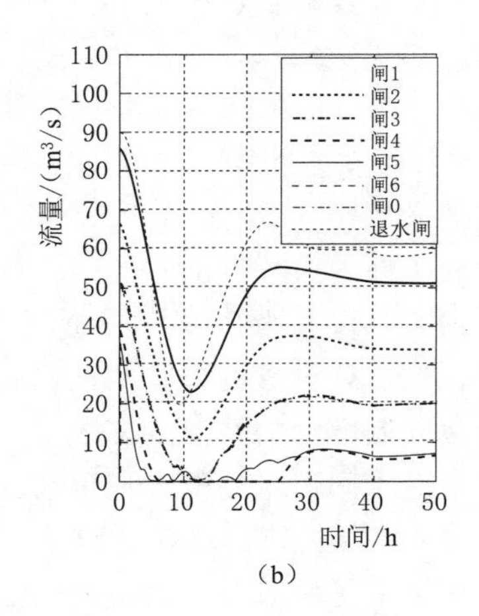

(b)

图 6.3.2　方法 2 下的控制结果

(a) 节制闸闸前水位偏差变化；(b) 节制闸过闸流量变化

指标统计结果见表 6.3.3。

表 6.3.3　　4 种方法调控下的主要指标参数汇总

渠　池	方　法　1			方　法　2			方　法　3			方　法　4		
	MAE /m	ST /h	IAQ /(m^3/s)	MAE /m	ST /h	IAQ /(m^3/s)	MAE /m	ST /h	IAQ /(m^3/s)	MAE /m	ST /h	IAQ /(m^3/s)
渠池 1	0.24	23.5	111	0.26	23.1	116	0.31	19.9	108	0.11	9.2	28
渠池 2	0.19	24.1	66	0.21	23.7	69	0.24	19.5	66	0.08	9.4	22
渠池 3	0.25	25	56	0.29	24.6	59	0.37	22	113	0.09	12.7	19
渠池 4	0.44	26.8	52	0.45	26.3	55	0.47	24.4	146	0.17	17	26
渠池 5	0.44	26.8	22	0.45	25.2	27	0.44	24	83	0.15	16.3	26
渠池 6	0.66	24.5	33	0.65	21.7	46	0.61	23.8	133	0.39	47.5	30

图 6.3.1 展示的是方法 1 的 MPC 控制算法的控制效果，在这种工况下，不对超过预警水位的水位差进行额外加权权重处理。从图 6.3.1 中可以看出，此时渠池 4、渠池 5 和渠池 6 中的最大水位壅高超过了限制水位——0.4m。其中渠池 6 情况下的水位壅高最为明显，水位差达到了 0.66m，而渠池 4 和 5 均为 0.44m。这也说明了在 MPC 控制算法的控制下，最大水位变化一般发生在扰动发生的渠池。

图 6.3.2 展示的是方法 2 的 MPC 控制算法的控制效果。在这种工况下，尝试通过给超过预警水位的水位差施加额外加权权重来实现水位约束处理，额外权重为初始水位权重的 2 倍。由图 6.3.2(a) 可见，这种情况下的渠池 4、渠池 5 和渠池 6 中的最大水位壅高超过了限制水位。工况 2 下渠池 6 最大雍高水位为 0.65m，相比于方法 1 只降低了 0.01m，而渠池 4 和渠池 5 的水位为 0.45m，相比于方法 1 增加了 0.01m。同时其他

渠池的 MAE 相比于方法 1 也略有增加。这说明尽管对超过预警水位的水位偏差施加了更大的权重，但是水位控制效果有限，无法使所有渠池的水位都位于限制水位以内。从表 6.3.3 中可以看出，在稳定时间 ST 上，方法 2 中的所有渠池的稳定时间都要略微小于方法 1，但在流量变化绝对值积分值 IAQ 上，方法 2 中所有渠池的流量变化绝对值积分值都略微大于方法 1。由此可见，相比于方法 1，可认为方法 2 采用了更显著的流量调控措施来实现更快的水位稳定。

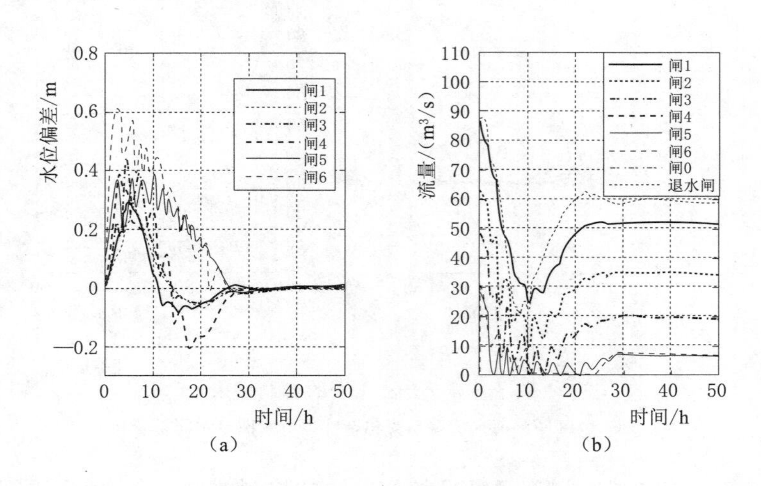

图 6.3.3 方法 3 下的控制结果

(a) 节制闸闸前水位偏差变化；(b) 节制闸过闸流量变化

图 6.3.3 展示的是方法 3 的 MPC 控制算法的控制效果。这种情况下可尝试给超过预警水位的水位差的额外权重赋值更大的权重，来实现水位限值控制，额外权重为初始水位权重的 3 倍。水位调控结果显示，渠池 4、渠池 5 和渠池 6 中的最大水位壅高，超过了限制水位。方法 2 下渠池 6 的最大壅高水位为 0.61m，相比于方法 1 降低了 0.05m，而渠池 4 的水位为 0.44m，渠池 5 的水位为 0.47m，相比于方法 3 升高了 0.03m。这说明继续加大权重系数还是无法解决水位限制问题，在柔性约束情况下，还是会有渠池的水位超过限制水位。并且从表 6.3.3 中可以看出，方法 3 情况下渠池 1～5 的稳定时间 ST 相比于方法 1 有所缩短，但是渠池 6 的稳定时间却增加了；而且在流量变化绝对值积分 IAQ 上，渠池 6 上游节制闸的 IAQ 比方法 1 增加了几乎 3 倍，从原先的 $33m^3/s$ 变化到 $133m^3/s$。这种情况下，渠池 6 上游节制闸超调极其严重。同时，从图 6.3.2 的流量变化和水位变化也可以看出，方法 3 情况下所有渠池的水位变化和流量变化过程极其不平滑，水位波动及流量波动都特别明显。这也说明，增加水位偏差权重可能会造成渠池的超调，使渠池发生明显的振荡现象，控制效果变差。

因此，对比不开启退水闸情况下的方法 1、方法 2 和方法 3 的 MPC 控制效果，可以看出在 MPC 控制作用下，最大水位偏差发生在扰动发生的渠池。而这种由于最下游的节制闸流量变化造成的扰动，只能通过调整上游节制闸来进行水位调整，通过其他节

制闸的动作来降低水位壅高较为困难。另外，由于水位偏差约束只能转化为柔性约束来进行优化求解，在突发的大流量扰动情况下，给超过限值的水位施加额外权重可能仍然无法保证水位不超过其限值。额外权重过大还可能使得系统过阻尼，流量超调明显，造成水位波动过大。

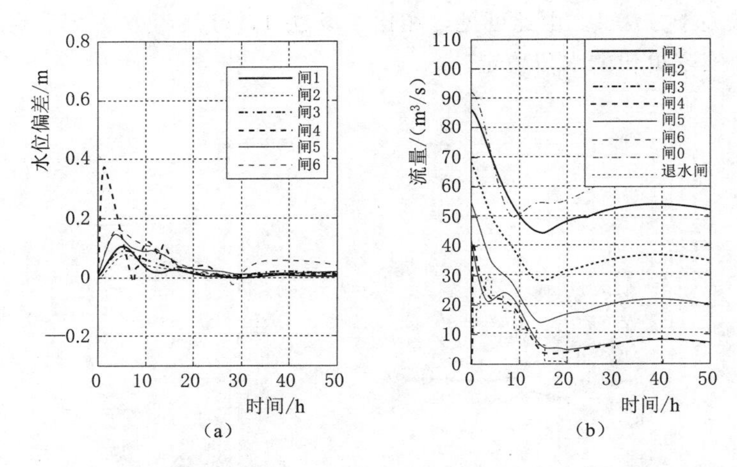

图 6.3.4　方法 4 下的控制结果

(a) 节制闸闸前水位偏差变化；(b) 节制闸过闸流量变化

图 6.3.4 展示的是方法 4 的 *MPC* 控制算法的控制效果。在这种工况下由于考虑了退水闸的控制作用并且进行了合理的目标设置，在水位到达预警水位时就开启了退水闸，而且保持了较大的退水流量，达到了调控过程中水位不超过水位限值的目的。从图 6.3.4中可以看出，由于开启了退水闸，渠池 6 的最大水位偏差只有 0.39m；而且渠池 6 的最大水位偏差相对于没有开启退水闸的情况较小，因此渠池 6 上游其他节制闸的流量调控动作也相对较小，上游渠池的最高水位也远远小于没开启退水闸的情况。而且从表 6.3.3 中可以看出，方法 4 的流量变化绝对值积分 *IAQ* 都比较小，这说明开启退水闸情况下的闸门调控过程回调较少。从稳定时间 *ST* 上看，渠池 6 中的退水闸直到 28h 才关闭为 0，表明渠池 6 中长时间内有流量变化，使得渠池 6 中的 *ST* 时间变长。而其他渠池由于节制闸流量变化较小，相比于方法 1、方法 2、方法 3，其他渠池的 *ST* 时间缩短。

由此可看出，在突发水污染事故渠池上游段，可在 MPC 控制算法中考虑退水闸流量与水位的关系，同时将退水闸流量变化过程也作为目标进行考虑，可实现退水闸开启过程的优化以及事故渠池上游段的节制闸最优动作，保持渠池的水位安全和稳定。

6.3.2　出口节制闸参与调控下的事故渠池上游段控制算法

通过不采用退水闸情况下事故渠池上游段出口节制闸 20min 关闭的水位波动情况可以看出，不采用退水闸的事故渠池上游段的最末端渠池的水位变幅特别大，即使在 MPC 算法中加大水位偏差的权重也无法令最高水位不超过限制水位。这说明即使采用这种先进的控制算法，也无法保证在大流量降低时，水位壅高不超过限制水位。渠池

6 中的水位壅高主要是由出口节制闸的快速关闭造成的，在没有退水闸的情况下，出口节制闸快速关闭势必会导致水位壅高超过限制水位。而要满足渠池 6 的最大水位不超过限制水位，就需要放慢渠池 6 出口节制闸的关闭过程。而渠池 6 下游为污染渠池，这种情况下会使得进入污染渠池的水体增加。这就体现了保证事故渠池上游段的水位安全和尽可能减少进入污染渠池的水体两种目标之间的矛盾。

如果以保证事故渠池上游段的水位安全为主要目的，就需要将出口节制闸的流量增量 $\Delta q_{out}(k)$ 加入控制模型。另一方面，由于最终还需要关闭出口节制闸，也就是需要达到流量为 0 的目标状态，故在系统输出变量还需要包含渠池的出口节制闸流量 $q_{out}(k)$。

6.3.2.1 基于 ID 模型的出口节制闸调控控制模型

出口节制闸与退水闸的作用类似，因此和前述的退水闸纳入控制模型的情况类似。只需要将方程（6.3.7）中的退水闸流量增量 $\Delta q_{escape}(k)$ 替换为 $\Delta q_{out}(k)$，将退水闸流量相对于初始的变化量 $q_{escape}(k)$ 替换为出口节制闸流量相对于初始状态的变化量 $q_{out}(k)$即可，这样原方程（6.3.7）变为

$$\begin{bmatrix} e(k+1) \\ \Delta e(k+1) \\ \Delta q_{in}(k) \\ \vdots \\ \Delta q_{in}(k-k_d) \\ q_{out}(k) \end{bmatrix} = \begin{bmatrix} 1 & 1 & 0 & \cdots & -\dfrac{T_s}{A_d} \\ 0 & 1 & 0 & \cdots & -\dfrac{T_s}{A_d} \\ 0 & 0 & 0 & \cdots & 0 \\ \vdots & \vdots & \vdots & \ddots & \vdots \\ 0 & 0 & 0 & 1 & 0 \\ 0 & 0 & 0 & 0 & 0 \end{bmatrix} \begin{bmatrix} e(k) \\ \Delta e(k) \\ \Delta q_{in}(k-1) \\ \vdots \\ \Delta q_{in}(k-k_d-1) \\ q_{out}(k-1) \end{bmatrix} + \begin{bmatrix} 0 & -\dfrac{T_s}{A_d} \\ 0 & -\dfrac{T_s}{A_d} \\ 1 & 0 \\ \vdots & \vdots \\ 0 & 0 \\ 0 & 1 \end{bmatrix} \begin{bmatrix} \Delta q_{in}(k) \\ \Delta q_{out}(k) \end{bmatrix} + \begin{bmatrix} -\dfrac{\Delta T}{A_d} \\ -\dfrac{\Delta T}{A_d} \\ 0 \\ \vdots \\ 0 \end{bmatrix} [\Delta q_{offtake}(k)] \tag{6.3.17}$$

式（6.3.17）中的状态量既包含了水位偏差 $e(k)$，也包含了出口节制闸流量变化量 $q_{out}(k-1)$。而控制量即为当前时刻节制闸和退水闸的动作量——上游进口节制闸的增量 $\Delta q_{in}(k)$ 以及出口节制闸的流量增量 $\Delta q_{out}(k)$。

状态空间方程中的 $\boldsymbol{C}$ 可写为 $\boldsymbol{C}=[1\ 0\ 0\ \cdots\ 0\ 1]^T$，输出变量 $\boldsymbol{y}(k)=[e(k)\ q_{out}(k-1)]^T$，既包含了水位偏差 $e(k)$，也包含了出口节制闸流量变化量 $q_{out}(k-1)$。

6.3.2.2 MPC 优化目标及目标权重设置

不同于前述的退水闸流量变化量，对于退水闸流量变化量 $q_{escape}(k)$，其目标值

为0，也就是说退水闸初始状态为关闭，目标状态也是关闭。对出口节制闸而言，设出口节制闸初始流量为 $Q_{out|0}$，而目标状态为节制闸关闭，则出口流量变化量 $q_{out}(k)$ 的目标值 $q_{out,r}$ 为 $-Q_{out|0}$。即输出变量 $\boldsymbol{y}(k)=[e(k)\ q_{out}(k-1)]^T$ 的目标值为 $\boldsymbol{y}_r=[0\ -Q_{out|0}]^T$。其中 $\boldsymbol{y}(k)$ 代表的是第 k 步的实测值，$e(k)$ 代表的是水位偏差，其值直接由实测的水深 $h(k)$ 减去 h_r 得到。而对于 $q_{out}(k-1)$，其值为

$$q_{out}(k-1)=Q_{out}(k-1)-Q_{out|0} \tag{6.3.18}$$

节制闸的流量一般没有监测，即使在有监测的情况下，有水位波动时监测的误差也会比较大，因此 $Q_{out}(k-1)$ 不能直接采用测量值。另外，由 q_{out} 的含义可知理论上 $q_{out}(k-1)$ 可根据节制闸流量增量累计求和得到，即

$$q_{out}(k-1)=\sum_{i=0}^{k-1}\Delta q_{out}(i) \tag{6.3.19}$$

实际上渠池的 $q_{out}(k-1)$ 并不等同于 $\sum_{i=0}^{k-1}\Delta q_{out}(i)$，因为节制闸的流量变化量除了在控制时刻由节制闸调控外，在非控制时刻，节制闸的流量也会受到其进、出口水位的影响。因此，为了实现每一个监测时刻的流量信息反馈，这里用过闸流量公式进行当前时刻的流量估计。若记过闸流量方程为

$$Q=f(h_{up},h_{down},e) \tag{6.3.20}$$

则每一个控制步 k 的流量 $Q_{out}(k-1)$ 为

$$Q_{out}(k-1)=f[h_{up}(k-1),h_{down}(k-1),e(k-1)] \tag{6.3.21}$$

同样的，$Q_{out|0}$ 的值也可采用过闸流量方程来进行估算，即

$$Q_{out|0}=f(h_{up|0},h_{down|0},e_{|0}) \tag{6.3.22}$$

这样，每一个控制步 k 反馈的流量变化值 $q_{out}(k-1)$ 为

$$q_{out}(k-1)=f[h_{up}(k-1),h_{down}(k-1),e(k-1)]-f(h_{up|0},h_{down|0},e_{|0}) \tag{6.3.23}$$

采用式（6.3.23）即可完成控制输出变量 $q_{out}(k-1)$ 的实时状态估计。控制输出的目标为 $-Q_{out|0}$，即在目标状态下

$$Q_{out}(k-1)-Q_{out|0}=-Q_{out|0} \tag{6.3.24}$$

由式（6.3.24）可知，目标状态为过闸流量 $Q_{out}(k-1)$ 变为0，此时闸门开度必定为0，因此过闸流量方程（6.3.20）的精度不影响最终的调控结果。

在这种情况下的MPC控制算法同样需要对优化目标的权重进行赋值分析。由于出口节制闸的动作不同于前述具有初始变动约束的退水闸流量，这里的最小控制变幅约束直接采用累积器方法处理死区约束问题。而 $r_{\Delta q_{out}}$ 的取值则较为随意，可假设 $r_{\Delta q_{out}}$ 和 $r_{\Delta q}$ 的取值都为1。

同样，若以水位到达限制水位情况下为最危险工况，假设在这种工况下出口节制闸的流量不能继续调控，理论上的出口节制闸流量变化值与目标流量变化值的差值最大为

$Q_{out|0}$。$q_{q_{out}}$ 和 q_{e^*2} 属于对状态量的权重，则 $q_{q_{out}}$ 的值可设置为

$$q_{q_{out}}=(q_{e^*}+q_e)\left(\frac{u_{con}}{Q_{out|0}}\right)^2 \tag{6.3.25}$$

式（6.3.25）默认了渠池在限制水位情况下的对应的流量偏差为 $Q_{out|0}$，故这种情况下的取值偏为保守。

以上内容即可实现出口节制闸关闭目标的细节处理以及各个控制输出变量及控制作用变量的权重初始化赋值。

6.3.2.3　案例分析

这里以4.3节中的案例渠池来进行算法可靠性分析，不同的是渠池6中没有退水闸，而通过放慢渠池6的出口节制闸的关闭过程来进行水位控制。渠池初始的流量工况仍为前述大流量工况。假设在0时刻下游突发水污染事件，渠池6的出口节制闸，也就是水污染事故渠池的进口节制闸，需要执行关闸指令来防止水体进入污染渠池并保持渠池的水位安全。针对这种大流量变化工况，采用MPC控制算法对应急工况下的这6个渠池的节制闸进行控制。同样的，每个渠池的限制水位都设置为初始水位以上0.4m，预警水位设置为初始水位以上0.3m。模拟仿真的时间间隔为1min，控制时间间隔为10min。有关MPC中的权重 $\boldsymbol{Q}$ 和 $\boldsymbol{R}$ 的取值，权重系数 $r_{\Delta q}$、q_e、q_{e^*} 可参考4.3节中的取值。$q_{q_{out}}$ 的值由式（6.3.25）计算，可取值为0.34，这里取值为0.3。各个目标权重的结果汇总见表6.3.4。

表6.3.4　出口节制闸参与调控下各个目标权重系数汇总

q_e	q_{e^*}	$r_{\Delta q}$	$r_{\Delta q_{out}}$	$q_{q_{out}}$
10	20	1	1	0.3

这种情况下的调控结果见图6.3.5。为了直观描述控制效果，同样采用最大水位偏

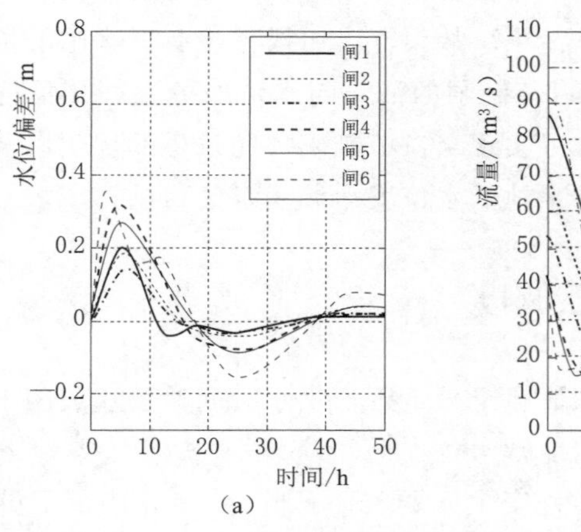

(a)

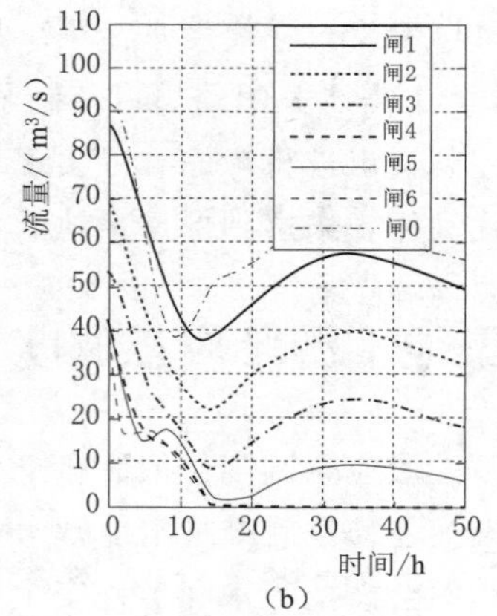

(b)

图6.3.5　出口节制闸参与调控下的水位及流量变化过程

(a) 节制闸闸前水位偏差变化；(b) 节制闸过闸流量变化

差（MAE）、稳定时间（ST），以及渠池上游控制节制闸的流量变化绝对值积分（IAQ）作为调控指标。指标统计结果见表 6.3.5。

表 6.3.5　出口节制闸参与调控下的统计指标结果汇总

渠　池	MAE/m	ST/h	IAQ/(m^3/s)
渠池 1	0.20	9.6	59
渠池 2	0.15	11.1	28
渠池 3	0.19	12.2	41
渠池 4	0.32	13.8	54
渠池 5	0.27	14.7	56
渠池 6	0.36	49.6	56

图 6.3.5 展示的是出口节制闸参与调控下的 MPC 控制算法的控制效果。这种工况下出口节制闸不再是 6.3.1 节中人为设定的快速 20min 关闭，而是通过控制算法来控制其逐步缓慢关闭，从而达到满足水位约束的效果。从图 6.3.5(a) 中可以看出，由于出口节制闸也参与调控，渠池 6 的最大水位只有 0.36m，而且由于渠池 6 的水位较为安全，渠池 6 上游其他节制闸的调控幅度也较小，上游渠池的最高水位也偏安全。和前述退水闸开启情况下的结果类似，从稳定时间 ST 上来看，渠池 6 中的出口节制闸流量变化一直持续到 18h，即分水扰动时间持续到了 18h，导致渠池 6 中的 ST 时间变长，水位在 49h 才恢复到目标水位。而其他渠池由于节制闸流量变化较小，ST 时间较小。

同时对比退水闸参与调控与出口节制闸参与调控的结果，若统计在调控过程中退出到渠池外和进入到下游污染段的水量，退水闸参与调控情况时水量为 969975m^3，而在出口节制闸参与调控时水量为 691222m^3。退水闸调控情况下的出流总量更大，因此相比于出口节制闸参与调控，退水闸参与调控下的渠池 6 的稳定时间会短一点。

由前述结果可看出，在突发水污染事故渠池上游段中没有退水闸的情况下，可通过在 MPC 控制算法中需要关闭的出口节制闸的流量与水位的关系，并且将出口节制闸流量变化也作为控制输出进行考虑，可实现出口节制闸关闭过程的优化以及事故渠池上游段的节制闸最优动作，来达到保持渠池的水位安全和稳定的目的。

6.4　事故渠池下游段应急调度

事故渠池下游段应急调度仅依靠自身蓄量延长供水时间，逐步关闭下游段各节制闸和分水口，各渠池在稳定后维持闸前常水位[86]（图 6.4.1）。事故渠池下游段应急调度过程比较简单，不会涉及弃水和工程安全问题，而且陈翔[86]详述了下游段各渠池维持闸前常水位的应急调度方法，此处不再赘述。

事故渠池下游段应急调度的可供水量在中线干渠应急调度管理中极其重要，主要由

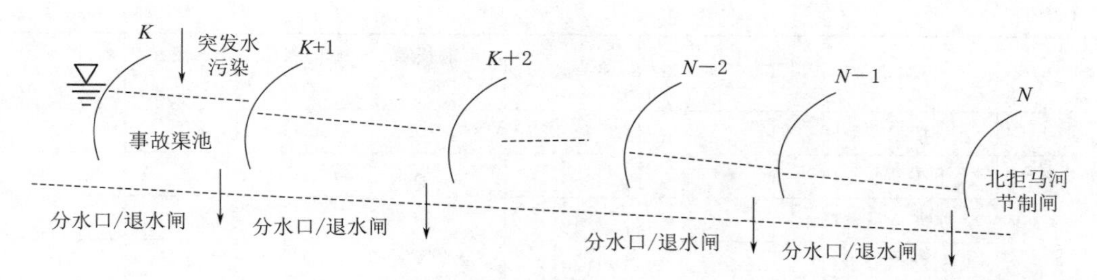

图 6.4.1 事故渠池下游段示意图

事故渠池下节制闸流向下游段的水量和下游段各渠池的初末蓄量差之和两部分组成，计算方法如下：

$$V_{供}=V_{K+1}+\sum_{i=K+1}^{N-1}(V_{初,i}-V_{末,i}) \tag{6.4.1}$$

式中：$V_{供}$为事故渠池下游段的可供水量；V_{K+1}为事故渠池下节制闸流向下游段的水量；$V_{初,i}$和$V_{末,i}$分别为第i个渠池的初蓄量和末蓄量。

为了对事故渠池下游段可供水量的计算方法进行说明，设置案例进行应用分析。假设中线干渠初流量为70%设计流量，第54个渠池发生突发水污染事故，事故渠池下游段则为第55～60个渠池。各节制闸闸前水位（设计水位）以及各节制闸、分水口和退水闸在初、末状态的流量等信息见表6.4.1。假设蒲阳河节制闸在发现突发水污染事故后经过60min关闭。利用水力学模型可计算出（表6.4.2）第55～60个渠池的初、末蓄量，则下游段可供水量为1484929m³。

表 6.4.1　　事故渠池下游段基本信息表

渠池编号	控制建筑物	桩号/km	渠池长度/km	闸前水位/m	初流量/(m³/s)	末流量/(m³/s)
55	蒲阳河节制闸	1085.024	27.115	68.64	95	0
	界河退水闸	1096.976		—	0	0
	郑家佐分水口	1104.313		—	7.5	0
	漕河退水闸	1110.179		—	0	0
	岗头节制闸	1112.139		65.99	87.5	0
56	徐水刘庄分水口	1117.631	9.701	—	0.5	0
	西黑山分水口	1121.72		—	45	0
	西黑山节制闸	1121.84		65.28	42	0
57	瀑河退水闸	1135.088	14.921	—	0	0
	瀑河节制闸	1136.761		64.07	42	0
58	荆轲山分水口	1156.414	20.826	—	0	0
	北易水退水闸	1157.002		—	0	0
	北易水节制闸	1157.587		62.84	42	0

续表

渠池编号	控制建筑物	桩号/km	渠池长度/km	闸前水位/m	初流量/(m³/s)	末流量/(m³/s)
59	坟庄河节制闸	1172.289	14.702	62.00	42	0
60	下车亭分水口	1180.707	25.38	—	0	0
	水北沟退水闸	1184.713		—	0	0
	三岔沟分水口	1195.724		—	7	0
	北拒马河退水闸	1197.636		—	0	0
	北拒马河节制闸	1197.669		60.30	35	0

表 6.4.2 **初、末状态各渠池蓄量** 单位：m^3

渠池编号	55	56	57	58	59	60
初状态	2868453	1340191	1274693	1395323	900429	1202029
末状态	2096352	1307644	1192235	1231762	833338	1005858

6.5 本章小结

针对中线干渠闸门群多目标应急调度优化决策的需求，解析了闸门群应急调度引起的渠道水力响应特性，提出了“安全—经济”多目标协同的闸门群应急调度方法。

在事故渠池，提出两座节制闸同步同速、同步异速、异步同速和异步异速 4 种闭闸方式及其与退水闸的联合运用方式，在两个渠池设置流量、闸门关闭历时等大量组合情景并利用中线干渠一维水力学模型进行模拟，采用上节制闸闸后水位首次最大降速、下节制闸闸前水位最大涨幅、下节制闸闸前水位稳定后涨幅和稳定时间 4 个特征参数来对比分析事故渠池不同应急调度措施引起的渠道水力响应特性，并提炼了应急调度准则：①可不考虑常规条件下的水位降速安全标准；②影响工程安全的指标的重要性为：下节制闸闸前水位最大涨幅＞下节制闸闸前水位稳定后涨幅＞上节制闸闸后水位首次最大降速；③渠道流量对工程安全的影响最大，其次是闭闸措施；④在能控制污染范围并保障工程安全的前提下，若要使事故渠池干净水体流入下游段并被有效利用，推荐使用异步同速、同步异速或异步异速的闭闸方式；若要简化闸门操作，推荐使用同步同速的闭闸方式。在污染物到达前关闭分水口即可，而退水闸只在排除污染水体和避免下节制闸闸前水位超过极限值时启用。

对于事故渠池上游段的渠池应急控制，本章分析了不采用退水闸时考虑水位约束的 MPC 控制算法在应对突发快速关闸的局限性，因此在优化控制模型中考虑了退水闸的水位控制作用，并分析了 MPC 中多个目标的权重赋值经验公式，通过合理的权重参数实现了事故渠池上游段在应对下游突发快速关闸情况下的节制闸调控和退水闸优化动作；对于事故渠池上游段的末端渠池内没有退水闸的情况，本章采用事故渠池上游段出口节制闸（也是事故渠池进口节制闸）慢关的方法来降低事故渠池上游段的水位壅高，同样推导了此种情况下的 MPC 中多个目标的权重取值公式。通过合理的权重参数实现了事故渠池上游段出口节制闸的合理关闭和事故渠池上游段的节制闸优化动作。

在事故渠池下游段，遵循各渠池维持闸前常水位的应急调度方法，提出了事故渠池下游段可供水量的计算方法，并通过案例应用证明了计算方法的适用性。

第 7 章 结论与展望

7.1 结论

本书以实现大型明渠输水工程的常态运行中的实时自动控制、突发水污染情况下的应急调控以及部分控制建筑突发不可操控下的应急调控为目的，对明渠控制模型的建模技术、控制策略及算法实现等一系列问题展开研究，建立了针对前述工况下的明渠调控思路和控制算法，并基于明渠仿真模型对本书提出的调控思路和控制算法进行了效果分析和评价，主要结论和成果如下。

（1）归纳总结了用于明渠实时控制的积分时滞模型的基本假设和推导过程，基于积分时滞模型在水深 H 不变情况下的参数 A_d 和 τ_d 的理论解公式，分别对大型明渠输水工程中的均匀流区和回水区的 A_d 和 τ_d 参数进行近似估计，得出了只利用渠池上游实测水深、下游实测水深及渠池基础参数计算两个区域内的 A_d 和 τ_d 参数的简化公式；将简化公式的参数计算值与基于仿真模型的参数识别方法得到的参数值进行对比，简化公式的计算精度维持在13%以内，具有较高的精度。

（2）开展了明渠常态小扰动情况下的实时控制算法研究，基于控制领域常用的经验公式，设计了直接基于参数 A_d 和 τ_d 计算比例积分控制算法的参数的公式；通过对积分时滞模型方程进行离散，得到了全系统状态空间控制矩阵，以此进行了线性二次型反馈算法和预测控制算法设计；并在 3 种算法中采用加入水位信号的低通滤波器 F，减少控制过程中发生的共振现象。

（3）探讨了在进口节制闸不可控情况下的渠池调控方式，在进口控制建筑物不可调控单元内构造了水位差控制模式以及常水位控制模式下的状态空间方程，进行了常水位控制和水位差控制模式下的渠池控制算法设计，结果表明相比于常水位控制模式，水位差控制模式能使得渠池分水扰动对水位的影响被均匀地分摊到每个渠池；并通过在水位差控制目标中加入水位偏差权重，来体现不同渠池对水位偏差值的容许度，考虑了各渠池水位偏差容许度下的误差分摊。

（4）揭示了中线干渠突发水污染事故时的污染物输移扩散规律：对于某一水质控制点，突发水污染事故位置越近、污染物质量越大、渠池流量越大，污染物到达时间越早；突发水污染事故位置越近、污染物质量越大、渠池流量越小，污染物峰值浓度越大；突发水污染事故位置越近、渠池流量越大，污染物峰值浓度出现时间越早，但污染

物峰值浓度出现时间与污染物质量无关；基于量纲分析提出了污染物到达时间、峰值浓度和峰值浓度出现时间3个特征参数的快速预测方法，可用相应数据来快速确定公式的各项系数；利用突发水污染事故情景模拟结果，确定了中线干渠突发水污染快速预测公式。

（5）针对明渠调水工程的突发水污染应急调度，将干渠分为事故渠池、事故渠池上游段和事故渠池下游段3个区域来进行应急工况下的渠池调度。在事故渠池提出了两座节制闸同步同速、同步异速、异步同速和异步异速4种闭闸方式及其与退水闸的联合运用方式，并根据大量情景模拟结果，提炼了事故渠池应急调度准则；在事故上游渠池，考虑到供水需求，结合MPC预测控制算法来实现出口退水闸或出口节制闸参与调控的事故渠池上游段的渠道反馈控制；在事故渠池下游段遵循各渠池维持闸前常水位的应急调度方法，提出了事故渠池下游段可供水量的计算方法。

7.2 展望

本书基于理论分析、数值模拟和算法构造，对大型明渠输水工程在多种工况下的调控问题进行了研究，基于积分时滞模型建立了一系列的控制模式和控制算法。然而，受限于实际条件与时间精力，未来可在以下4个方面继续深入研究。

（1）本书的控制模型基于积分时滞模型，积分时滞模型假定渠池的特性在调控过程中为常数，流量工况变化时可能会导致控制效果变差乃至渠池失稳，因此需要进一步分析积分时滞模型的参数变化对控制效果的影响。

（2）本书主要采用前馈预测来实现点源水污染的控制范围扩散，在突发面源污染且污染物危险较小的情况下，可不通过限制污染物的扩散，而是针对污染浓度进行调控。需要进一步分析建立在污染物浓度具有监测信息下的污染浓度反馈控制模型及污染浓度变化简化模型。

（3）由于积分时滞模型是在对部分计算项做概化处理后的结果，模型精度、适用范围等方面仍需进一步提高。可开展圣维南方程组线性模型下的控制算法研究，尝试通过此模型来提高控制的精度。

（4）本书的研究主要是在数学模型上开展，后期可尝试在实际工程渠道上进行应用，以进一步检验算法的有效性。

参 考 文 献

[1] 刘韶斌，王忠静，刘斌，等．黑河流域水权制度建设与思考［J］．中国水利，2006（21）：21－23.

[2] Rogers D C，Goussard J. Canal control algorithms currently in use［J］. Journal of Irrigation and Drainage Engineering，1998，124（1）：11－15.

[3] 王长德，韦直林，张礼卫．上游常水位自动控制渠道明渠非恒定流动态边界条件［J］. 水利学报，1995（2）：46－51.

[4] 周斌，吴泽宇．调水工程渠道运行控制方案设计［J］. 人民长江，1999，30（4）：10－11.

[5] 范杰，王长德，管光华，等．美国中亚利桑那调水工程自动化运行控制系统［J］. 人民长江，2006，37（2）：4－5.

[6] 欧阳增发，陈峰，程建明．AVIS水力自控闸门性能研究及应用［J］. 西部探矿工程，2010，22（1）：192－194.

[7] William W G，Graves A L，Toy D，et al. Central Arizona Project：Operations Model［J］. Journal of the Water Resources Planning and Management Division，1980，106（2）：521－540.

[8] 王长德，宋光爱，张礼卫．自动闸门步进控制的设计原理［J］. 中国农村水利水电，1997（6）：20－22.

[9] Clemmens A J，Bautista E，Wahlin B，et al. Simulation of Automatic Canal Control Systems［J］. Journal of Irrigation and Drainage Engineering，2005，131：324－332.

[10] Chvereau G，Gauthier M. Use of mathematical models as an approach to flow control problems［J］. International Symposium on Unsteady Flow in Open Channels，1977：7－11.

[11] Buyalski C P，Ehler D G，Falvey H I，et al. Canal systems automation manual［M］. Denver：Bureau of Reclamation，1991.

[12] Dewey H W，Payne R，Romanoff N. Ivan the Terrible［J］. The Slavic and East European Journal，1976，20（3）：335.

[13] 崔巍，陈文学，穆祥鹏．明渠运行控制算法研究综述［J］. 南水北调与水利科技，2009，7（6）：113－117.

[14] Fubo Liu，Jan Feyen，Pierre－Olivier Malaterre. Development and evaluation of canal automation algorithm CLIS［J］. Journal of Irrigation and DrainageEngineering，1998，124（1）：40－46.

[15] Litrico X，D Georges. Robust continuous－time and discrete－time flow control of a dam－river system（Ⅱ）：Controller design［J］. Applied Mathematical Modeling，1999，23（11）：829－846.

[16] Liu F，J Feyen，J Berlamont. Downstream Control Algorithm for Irrigation Canals［J］. Journal of Irrigation and Drain age Engineering，1994，120（3）：468－483.

[17] Xu M，Overloop P J V，Giesen N C V D. On the study of control effectiveness and computational efficiency of reduced Saint－Venant model in model predictive control of open channel flow［J］. Advances in Water Resources，2011，34（2）：282－290.

[18] Malaterre P O. and Rodellar J. Multivariable predictive control of irrigation canals：Design and

evaluation on a 2 - pool model [C]. International Workshop on the Regulation of Irrigation Canals: state of the art of research and applications. Marakech, Morocco, 1997, 4: 230 - 238.

[19] 王念慎，郭军，董兴林．明渠瞬变最优等容量控制 [J]. 水利学报，1989 (12): 12 - 20.

[20] Reddy J M , Jacquot R G . Stochastic Optimal and Suboptimal Control of Irrigation Canals [J]. Journal of Water Resources Planning & Management, 1999, 125 (6): 369 - 378.

[21] Schuurmans, J Bosgra, Brouwer R. Open - channel Flow Model Approximation for Controller Design [J]. Applied Mathematical Modelling. 1995, 1 (19): 525 - 530.

[22] Sawadogo S , Faye R M , Mora - Camino F . Decentralized adaptive predictive control of multireach irrigation canal [J] . International Journal of Systems Science, 2001, 32 (10): 1287 - 1296.

[23] Rodellar J, C Sepúlveda, D Sbarbaro, et al. Constrained predictive control of irrigation canals [C]. Proceedings of the 2nd International Conference on Irrigation and Drainage, 2003 (5): 477 - 486.

[24] 崔巍，王长德，管光华，等．渠道运行自调整模糊控制系统设计与仿真 [J]. 武汉大学学报（工学版），2005, 38 (1): 104 - 1161.

[25] Wylie E B. Control of transient free - surface flow [J]. Journal of the Hydraulics Division, 1969, 1 (95): 347 - 361.

[26] Bautista E, Clemmens A J. Volume Compensation Method for Routing Irrigation Canal Demand Changes [J]. Journal of Irrigation and Drainage Engineering, 2005, 131 (6): 494 - 503.

[27] Bautista E, Clemmens A J, Strelkoff T S, et al. Routing demand changes with volume compensation: an update [C]. Proc of the USCID/EWRI Conference. San Luis Obispo: American Society of Civil Engineers, 2002, 367 - 376.

[28] Liu F B, Feyen J, Malaterre P O, et al. Development and evaluation of canal automation algorithm CLIS [J]. Journal of Irrigation and Drainage Engineering, 1998, 124 (1): 40 - 46.

[29] Liu F, Feyen J, Berlamont J. Downstream control algorithm for irrigation canals [J]. Journal of Irrigation and Drainage Engineering, 1994, 120 (3): 468 - 483.

[30] 阮新建．渠道运行 GSM 算法及其适用条件 [J]. 中国农村水利水电，1999 (5): 17 - 19.

[31] Wahlin B T, Clemmens A J. Automatic downstream water - level feedback control of branching canal networks: Simulation results [J]. Journal of Irrigation and Drainage Engineering, 2006, 132 (3): 208 - 219.

[32] Wahlin B, Zimbelman D. Canal Automation for Irrigation Systems: American Society of Civil Engineers Manual of Practice Number 131 [J] . Irrigation and Drainage, 2018, 67 (1): 22 - 28.

[33] 崔巍，陈文学，穆祥鹏，等．明渠运行前馈控制改进蓄量补偿算法研究 [J]. 灌溉排水学报，2011, 30 (3): 12 - 17.

[34] 姚雄，王长德，丁志良，等．渠系流量主动补偿运行控制研究 [J]. 四川大学学报（工程科学版），2008, 40 (5): 38 - 44.

[35] Wahlin B T. Remote downstream feedback control of branching canal networks [D]. Arizona: Arizona State Universtiy, 2002.

[36] Clemmens A J, Strand R J. Application of Software for Automatic Canal Management (SacMan) to the WM Lateral Canal [J]. Journal of Irrigation and Drainage Engineering, 2010, 136 (7): 451 - 459.

[37] Clemmens A J, Strand R J, Bautista E. Routing Demand Changes to Users on the WM Lateral

Canal with SacMan [J]. Journal of Irrigation and Drainage Engineering, 2010, 136 (7): 470 - 478.

[38] 崔巍，陈文学，郭晓晨，等. 明渠调水工程闸前常水位运行控制解耦研究 [J]. 灌溉排水学报，2009，28 (6)：9 - 13.

[39] Isapoor S, Montazar A, Van Overloop P J, et al. Designing and evaluating control systems of the Dez main canal [J]. Irrigation and Drainage, 2011, 60 (1): 70 - 79.

[40] Malaterre P O. Pilote: linear quadratic optimal controller for irrigation canals [J]. Journal of Irrigation and Drainage Engineering, 1998, 124 (4): 187 - 194.

[41] Clemmens A J, Schuurmans J. Simple Optimal Downstream Feedback Canal Controllers: Theory [J]. Journal of Irrigation and Drainage Engineering, 2004, 130 (1): 26 - 34.

[42] 崔巍，王长德. 调水工程运行最优控制研究 [J]. 南水北调与水利科技，2007，5 (2)：6 - 8.

[43] 王忠静，郑志磊，徐国印，等. 基于线性二次型的多级联输水渠道最优控制 [J]. 水科学进展，2018，29 (3)：383 - 389.

[44] Xu M. Model Predictive Control on Irrigation Canals Application on the Central Main Canal in Arizona [M]. Delft: Delft Universtiy of Technology, 2007.

[45] Xu M. Real - time Control of Combined Water Quantity & Quality in Open Channels [D]. Delft: Delft Universtiy of Technology, 2013.

[46] 邱训平，杨丽莉. 地表水水量和水质的联合实时控制 [J]. 水利水电快报，2012，33 (11)：1 - 5.

[47] Wahlin B T. Performance of model predictive control on ASCE test canal 1 [J]. Journal of Irrigation and Drainage Engineering, 2004, 130 (3): 227 - 238.

[48] Van Overloop P J, Clemmens A J, Strand R J, et al. Real - Time Implementation of Model Predictive Control on Maricopa - Stanfield Irrigation and Drainage District's WM Canal [J]. Journal of Irrigation and Drainage Engineering, 2010, 136 (11): 747 - 756.

[49] Cen L, Wu Z, Chen X, et al. On Modeling and Constrained Model Predictive Control of Open Irrigation Canals [J]. Journal of Control Science and Engineering, 2017: 1 - 10.

[50] 王长德，郭华. 动态矩阵控制在渠道运行系统中的应用 [J]. 武汉大学学报（工学版），2005，38 (3)：6 - 9.

[51] 安宁. 渠道运行广义预测控制技术及其仿真 [J]. 武汉大学学报（工学版），2003，36 (3)：4 - 6.

[52] 崔巍，王长德，管光华，等. 渠道运行管理自动化的多渠段模型预测控制 [J]. 水利学报，2005，36 (8)：1000 - 1006.

[53] Grifoll M, Jordà G, Espino M, et al. A management system for accidental water pollution risk in a harbour: The Barcelona case study [J]. Journal of Marine Systems, 2011, 88 (1): 60 - 73.

[54] Galabov V, Kortcheva A, Marinski J. Simulation of Tanker Accidents in The Bay of Burgas, Using Hydrodynamic Model [C]. Proceedings of the International Multidisciplinary Scientific Ge, 2012, 3: 993 - 1000.

[55] Saadatpour M, Afshar A. Multi Objective Simulation - Optimization Approach in Pollution Spill Response Management Model in Reservoirs [J]. Journal of Water Resource Management, 2013, 27: 1851 - 1865.

[56] Zhang B, Qin Y, Huang M, et al. SD - GIS - based temporal - spatial simulation of water quality in sudden water pollution accidents [J]. Computers &Geosciences, 2011, 37: 874 - 882.

[57] Hou D, Ge X, Huang P, et al. A real - time, dynamic early - warning model based on uncertainty analysis and risk assessment for sudden water pollution accidents [J]. Environ Sci Pollut Res, 2014, 21: 8878 - 8892.

[58] Fan F M, Fleischmann A S, Collischonn W, et al. Large - scale analytical water quality model coupled with GIS for simulation of point sourced pollutant discharges [J]. Environmental Modelling & Software, 2015, 64: 58 - 71.

[59] 王庆改，赵晓宏，吴文军，等．汉江中下游突发性水污染事故污染物运移扩散模型 [J]. 水科学进展，2008，19 (4)：500 - 504.

[60] 白莹．黄河突发性水污染事故预警及生态风险评价模型研究 [D]. 南京：南京大学，2013.

[61] 解建仓，李维乾，李建勋，等．基于 Multi - Agent 的流域突发水污染扩散模拟 [J]. 西安理工大学学报，2013，29 (1)：13 - 19.

[62] 封桂敏．黄河宁夏段突发性水污染风险研究 [D]. 天津：天津大学，2014.

[63] 白辉，陈岩，戴文燕，等．赣江万安段突发水污染事故模拟预警研究 [J]. 环境保护科学，2015，41 (6)：113 - 117.

[64] 宋筱轩，冯天恒，黄平捷，等．基于动态数据驱动的突发水污染事故仿真方法 [J]. 浙江大学学报 (工学版)，2015，49 (1)：63 - 68.

[65] 吴辉明，雷晓辉，廖卫红，等．淮河干流突发性水污染事故预测模拟研究 [J]. 人民黄河，2016，48 (1)：75 - 78.

[66] Tang C, Yi Y, Yang Z, et al. Water pollution risk simulation and prediction in the main canal of the South - to - North Water Transfer Project [J]. Journal of Hydrology, 2014, 519: 2111 - 2120.

[67] 朱德军．南水北调中线明渠段事故污染特性模拟方法研究 [D]. 北京：清华大学，2007.

[68] 周超，陈政，蒋婷婷，等．突发水污染事故污染云团快速追踪实验研究 [J]. 水资源与水工程学报，2014，25 (2)：200 - 205.

[69] 王兴伟，陈家军，郑海亮．南水北调中线京石段突发性水污染事故污染物运移扩散研究 [J]. 水资源保护，2015，31 (6)：103 - 108.

[70] 宋国栋．南水北调中线工程污染物输移试验模拟研究 [D]. 大连：大连理工大学，2016.

[71] 王俊能，许振成，胡习邦，等．河流突发性水污染事故中水质的快速预测 [C]. 2012 International Conference on Management Sciences and Information Techonogy Lecture Notes in Information Techonogy, Vol. 26.

[72] 刘婵玉．突发水污染事故下明渠输水工程应急调控研究 [D]. 天津：天津大学，2011.

[73] 龙岩，徐国宾，马超，等．南水北调中线突发水污染事件的快速预测 [J]. 水科学进展，2016，27 (6)：883 - 889.

[74] Haddad O B, Beygi S, Mariño M A. Reservoir Water Allocation under Abrupt Pollution Condition [J]. J. Irrig. Drain Eng., 2014, 140 (3): 77 - 104.

[75] Cheng C Y, Qian X. Evaluation of Emergency Planning for Water Pollution Accidents in Reservoir Based on Fuzzy Comprehensive Assessment [J]. Procedia Environmental Sciences, 2010 (2): 566 - 570.

[76] Lian J, Yao Y, Ma C, et al. Reservoir Operation Rules for Controlling Algal Blooms in a Tributary to the Impoundment of Three Gorges Dam [J]. Water, 2014 (6): 3200 - 3223.

[77] 辛小康，叶闽，尹炜．长江宜昌江段水污染事故的水库调度措施研究 [J]. 水电能源科学，2011，29 (6)：46 - 49.

[78] 丁洪亮，张洪刚．汉江丹襄段水污染事故水库应急调度措施研究 [J]. 人民长江，2014，45

(5)：75 - 78.

[79] 魏泽彪．南水北调东线小运河段突发水污染事故模拟预测与应急调控研究 [D]．济南：山东大学，2014.

[80] 桑国庆，魏泽彪，薛霞，等．梯级泵站渠段水污染事故仿真及应急调度研究——以南水北调东线工程为例 [J]．人民长江，2015，46 (5)：88 - 92.

[81] 王帅．南水北调东线胶东干线应急调度研究 [D]．济南：济南大学，2016.

[82] 王家彪．西江流域应急调度模型研究及应用 [D]．北京：中国水利水电科学研究院，2016.

[83] 聂艳华．长距离引水工程突发事件的应急调度研究 [D]．武汉：长江科学院，2011.

[84] 练继建，王旭，刘婵玉，等．长距离明渠输水工程突发水污染事件的应急调控 [J]．天津大学学报（自然科学与工程技术版），2013，46 (1)：44 - 50.

[85] 房彦梅，张大伟，雷晓辉，等．南水北调中线干渠突发水污染事故应急控制策略 [J]．南水北调与水利科技，2014，12 (2)：133 - 136.

[86] 陈翔．南水北调中线工程应急调控与应急响应系统研究 [D]．北京：中国水利水电科学研究院，2015.

[87] 龙岩，徐国宾，马超．同、异步闭闸调控下污染物的输移扩散特征 [J]．环境工程学报，2017，11 (2)：709 - 714.

[88] Long Y，Xu G，Ma C. Emergency control system based on the analytical hierarchy process and coordinated development degree model for sudden water pollution accidents in the Middle Route of the South - to - North Water Transfer Project in China [J]. Environmental Science and Pollution Research，2016，23 (12)：12332 - 12342.

[89] Strelkoff T S，Falvey H T. Numerical Methods Used to Model Unsteady Canal Flow [J]. Journal of Irrigation & Drainage Engineering，1993，119 (4)：637 - 655.

[90] Shahrokhnia M A，Javan M. Dimensionless stage - discharge relationship in radial gates [J]. Journal of Irrigation and Drainage Engineering，2006，4：180 - 184.

[91] Reddy J M. Local Optimal Control of Irrigation Canals [J]. J. Irrig. Drain Eng.，1990，116 (5)：616 - 631.

[92] Litrico X，Belaud G，Baume J P，et al. Hydraulic modeling of an automatic upstream water - level control gate [J]. Journal of Irrigation and Drainage Engineering，2005，131 (2)：176 - 189.

[93] Bijankhan M，Kouchakzadeh S，Bayat E. Distinguishing condition curve for radial gates [J]. Flow Measurement and Instrumentation. 2011，22：500 - 506.

[94] 李炜，徐孝平．水力学 [M]．武汉：武汉水利电力大学出版社，2000.

[95] Henry H R. Discussion of "Diffusion of Submerged Jets" by M. L. Albertson，Y. B. Dai，R. A. Jensen，H. Rouse [J]. Transaction of ASCE，1950，115：687 - 694.

[96] Rajaratnam N，Subramanya K. Flow Equations for the Sluice Gate [J]. Journal of Irrigation and Drainage Engineering，1967，93 (IR3)：167 - 186.

[97] Buyalski C P. Discharge algorithms for canal radial gates [M]. REC - ERC - 83 - 9，Engineering and Research Center，Denver：Bureau of Reclamation，1983.

[98] Swamee P K. Sluice - gate Discharge Equation [J]. J. Irrig. Drain Eng.，1992，118 (1)：56 - 60.

[99] Jain S C. Open - channel flow [M]. New York：Wiley，2001.

[100] Hinton E，Campbell J S. Local and global smoothing of discontinuous finite element functions using a least squares method [J]. International Journal for Numerical Methods in Engineering，

1974，8（3）：461-480.

[101] 张大伟．南水北调中线干线水质水量联合调控关键技术研究［D］．上海：东华大学，2014.

[102] 周赤，黄薇，何勇．大型渠道倒虹吸水力特性试验研究［J］．人民长江，1991，28（3）：35-37.

[103] 吴持恭．水力学：上册［M］．北京：高等教育出版社，2008.

[104] Litrico X，Fromion V. Analytical approximation of open-channel flow for controller design［J］. Applied Mathematical Modelling，2004，28（7）：677-695.

[105] Litrico X，Fromion V. Simplified Modeling of Irrigation Canals for Controller Design. Journal of Irrigation and Drainage Engineering［J］. Journal of Irrigation and Drainage Engineering，2004，130（5）：373-383.

[106] Litrico X，Malaterre P O，Baume J P，et al. Automatic tuning of PI controllers for an irrigation canal pool［J］. Journal of Irrigation and Drainage Engineering，2007，133（1）：27-37.

[107] Schuurmans J，Hof A，Dijkstra S，et al. Simple Water Level Controller for Irrigation and Drainage Canals［J］. Journal of Irrigation and Drainage Engineering. 1999，125（4）：189-195.

[108] 易颖．水质现场快速检测技术［D］．湘潭：湘潭大学，2013.

[109] 桑国庆．基于动态平衡的梯级泵站输水系统优化运行及控制研究［D］．济南：山东大学，2012.